スペクトラム拡散技術のすべて
CDMAからIMT-2000, Bluetoothまで

松尾憲一 著

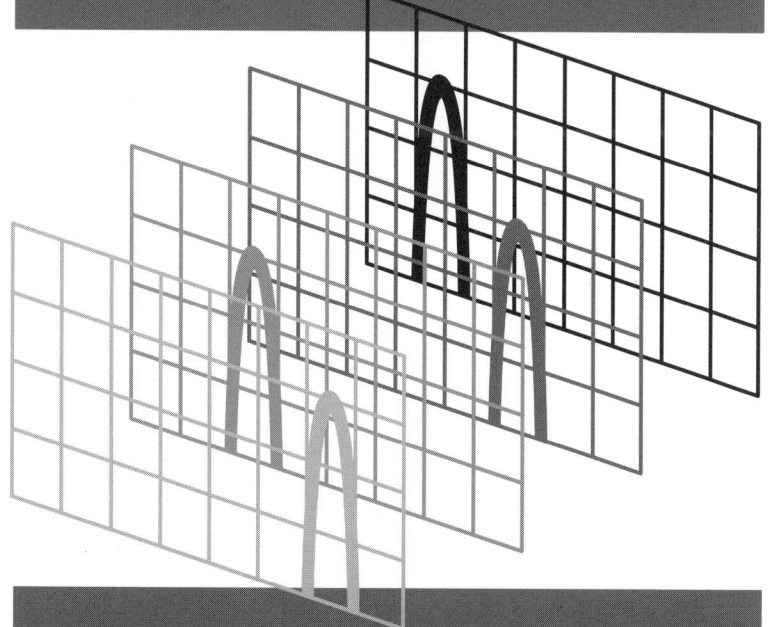

 東京電機大学出版局

本書の全部または一部を無断で複写複製（コピー）することは，著作権法上での例外を除き，禁じられています。小局は，著者から複写に係る権利の管理につき委託を受けていますので，本書からの複写を希望される場合は，必ず小局（03-5280-3422）宛ご連絡ください。

はじめに

　敵に通信内容を傍受されないよう軍事用に開発された秘話方式であるスペクトラム拡散方式が，GPS（Global Positioning System：全世界測位システム）や携帯電話などの身近な分野に進出するようになり，TV コマーシャルにまで CDMA（Code Division Multiple Access：符号分割多元接続）が登場する時代である．

　従来，多重通信には周波数分割多重（FDM：Frequency Division Multiplex），時分割多重（TDM：Time Division Multiplex）方式が用いられてきたが，これに対してスペクトラム拡散（spread spectrum）方式は，同一周波数，同一時刻上に混在している信号をチャネルに割り当てたスペクトラム拡散符号によって判別しようとする方式である．

　FDM や TDM では設計段階で回線数が限定され，設計回線数を超えるユーザの通信要求には応えられない．一方，スペクトラム拡散方式は，拡散符号（一種の暗号といえる）によって従来の周波数変調，振幅変調の数百から数千倍にスペクトラムを拡散し，同一周波数帯域において FDM，TDM に比較してより多くのユーザの通信要求に応えられる方式である．また，回線数に上限が存在せず，多くのユーザから通信要求があった場合でも，通信品質は劣化するが収容可能である．スペクトラムを拡散することにより信号強度はノイズに埋もれた状態となり，信号の存在を検知することが困難になって，拡散符号を解読できなければ復号も不可能なため，秘匿性にも優れた方式である．

　スペクトラム拡散通信では拡散符号が重要な要素であり，拡散符号を理解するためには数学の助けを借りなければならない．無線伝送における伝送路は空間であり，決して良好な伝送路とはいい難い．特に都市空間においては，伝送途中の

障害により誤った情報を受信した場合の誤りの検出と誤りの訂正は必須の技術であり，これにも数学の力を借りる必要がある．また，限られた伝送容量の中で情報を伝達するには，データの圧縮も大事な技術である．

　これら要素技術を理解するために多数の文献を読み，理解するには相当の努力が必要である．そこで，微分も積分も忘れ，集合論など知らないという人達を対象に，なんとか現場感覚でスペクトラム拡散をやさしく表現できないかと挑戦した次第である．理論的には正しくない部分があるかも知れないが，それは各分野の専門書を参照していただきたい．

　なお，スペクトラム拡散の応用例として直接拡散方式の IMT-2000 を，周波数ホッピング拡散方式の Bluetooth を仕様書を基に取り上げた．また，身近な GPS，電子透かしについても取り上げている．

　本書を執筆するにあたり多数の文献を参考にさせていただいた．また，出版に際してお世話になった東京電機大学出版局の植村八潮，菊地雅之両氏をはじめ関係各位に感謝する次第である．

2002 年 4 月

著者しるす

目次

第1章 多元接続方式の概要　1
- 1.1 FDMA　1
- 1.2 TDMA　2
- 1.3 CDMA　3
- 参考文献　6

第2章 スペクトラム拡散通信方式とCDMA　7
- 2.1 スペクトラム拡散方式とは？　7
- 2.2 ベースバンドによるスペクトラム拡散　8
- 2.3 ベースバンドSS信号の復調　10
- 2.4 変調と排他的論理和　11
- 2.5 SS方式の無線伝送　12
- 2.6 SS方式の特徴　14
- 2.7 SSからCDMAへ　15
- 参考文献　17

第3章 CDMAのための拡散符号　19
- 3.1 拡散符号に要求される条件　19
- 3.2 M系列符号　22
  - 3.2.1 モデューロ演算　24
  - 3.2.2 符号の多項式表現と原始多項式　25

    3.3　Gold 系列符号 29
    3.4　FH 方式のための拡散符号 32
        3.4.1　多値符号の表現 33
        3.4.2　符号間距離 38
        3.4.3　多値 M 系列符号 39
        3.4.4　リードソロモン符号（RS 符号）.......................... 44
    参考文献 52

第 4 章　ディジタル変復調　　53

    4.1　ディジタル変復調の種類 53
    4.2　BPSK 54
    4.3　遅延検波による BPSK（DBPSK）............................... 58
    4.4　QPSK 60
    4.5　遅延検波による QPSK（DQPSK）............................... 65
    4.6　$\pi/4$ シフト QPSK 70
    4.7　FSK 76
    4.8　位相変調とビット誤り 81
    参考文献 83

第 5 章　同期　　85

    5.1　同期とは 85
    5.2　同期捕捉 86
        5.2.1　スライディング相関器による同期捕捉 87
        5.2.2　整合フィルタによる同期捕捉 90
    5.3　同期保持 96
        5.3.1　ベースバンド DLL 96
        5.3.2　ノンコヒーレント DLL 98
        5.3.3　タウ・ディザループ 99

5.4 FH方式における同期捕捉と保持 102
参考文献 109

第6章 音声信号の符号化 ... 111
6.1 符号化とは 111
6.2 波形符号化 112
6.3 伝送周波数帯域と伝送ビットレート 120
6.4 音声の効率的符号化 122
6.5 発声のメカニズム 128
6.6 分析合成符号化 129
参考文献 136

第7章 移動体通信とCDMA ... 137
7.1 マルチパス伝送路とフェージング 137
7.2 遠近問題とパワーコントロール 143
7.3 多元接続とセルラー方式 144
7.4 多元接続数 147
参考文献 150

第8章 誤り訂正符号 ... 151
8.1 誤り訂正符号の必要性 151
8.2 線形符号と巡回符号 152
8.3 巡回符号による誤り検出 153
8.4 ハミング符号による誤り訂正 155
8.5 伝送系における誤りの発生と誤りシンドローム 159
8.6 多項式演算による符号化,復号化回路 161
8.7 BCH符号 167
8.8 リードソロモン符号 173

8.9	トレリス符号	....	177
8.10	畳み込み符号の復号	....	181
8.11	連接符号	....	183
8.12	ターボ符号	....	186
参考文献		....	190

第9章　第3世代移動体通信システム　191

9.1	IMT-2000	....	191
9.2	IMT-DS（W-CDMA）	....	194
	9.2.1 無線インタフェース	....	196
	9.2.2 データフレーム構成	....	202
	9.2.3 伝送路符号化とレートマッチング	....	204
	9.2.4 拡散符号	....	207
	9.2.5 上り回線の拡散処理	....	211
	9.2.6 HPSK	....	214
	9.2.7 下り回線の拡散処理	....	223
	9.2.8 同期捕捉	....	224
	9.2.9 送信電力制御	....	229
	9.2.10 ソフトハンドオーバ	....	230
9.3	cdmaOne	....	231
	9.3.1 伝送路符号化	....	236
	9.3.2 拡散符号	....	238
	9.3.3 同期捕捉とソフトハンドオフ	....	239
9.4	IMT-MC（cdma 2000）	....	240
	9.4.1 無線構成	....	241
	9.4.2 チャネル構造	....	243
	9.4.3 伝送路符号化	....	251
	9.4.4 拡散符号	....	255

参考文献 258

第 10 章 スペクトラム拡散方式の応用　261
10.1 スペクトラム拡散方式による距離測定 261
10.2 GPS 263
10.3 電子透かし 269
10.4 Bluetooth 276
10.4.1 Bluetooth の階層構造 278
10.4.2 Bluetooth のネットワークと Bluetooth アドレス 279
10.4.3 パケットの構成と誤り検出 280
10.4.4 データの白色雑音化 287
10.4.5 誤り訂正 288
10.4.6 アクセスコード 290
10.4.7 Bluetooth クロック 293
10.4.8 Bluetooth の無線伝送 295
10.4.9 Bluetooth の接続制御（同期捕捉と保持） 295
10.4.10 ホッピングパターン 304
参考文献 313

索引　314

第1章

多元接続方式の概要

　多元接続方式とは中継器あるいは中継基地を経由して，多数の利用者が共通して利用できる効率的な通信回線の構成方法をいう．衛星通信あるいは陸上の移動体通信はその代表例といえる．

　多元接続として従来から使用されている方式に**周波数分割多元接続**（**FDMA**：Frequency Division Multiple Access）と**時分割多元接続**（**TDMA**：Time Division Multiple Access）がある．そして，現在脚光を浴びている方式に**符号分割多元接続**（**CDMA**：Code Division Multiple Access）がある．

　まず最初に，多元接続方式を理解するためにFDMA, TDMA, およびCDMAの3方式について考えてみよう．

1.1　　FDMA

　FDMAも**FDM**（Frequency Division Multiplex：**周波数分割多重**）には違いなく，広く解釈すれば放送から通信まであらゆる情報伝達はFDMで行われているといえる．

　FDMAでは利用者ごとに異なる周波数を割り当てている．周波数の割り当てにあたっては，利用者固有の周波数の場合もある．しかし，利用者は24時間通信路を占有しているわけではないので，利用者の通信要求に対してその都度未使用の周波数を割り当てる**DAMA**（Demand Assign Multiple Access）方式を採用する場合もある．利用者は通信空間上で異なった周波数を使用することにより，他の利用者との混信を避けることができる．この様子を図示すれば，図1-1

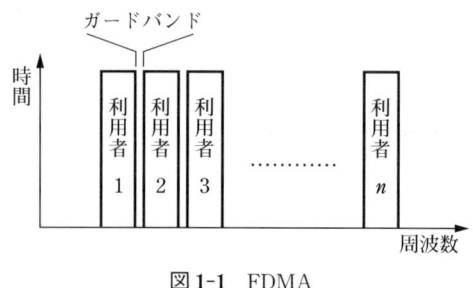

図 1-1　FDMA

になる．

　FDMA においては図 1-1 のように，混信を避けるためにはガードバンドを利用者チャネル間に設けなければならない．また，一定の周波数帯域幅における利用者数を多くするためには，利用者の使用する帯域をできる限り狭くしなければならない．

　利用者の使用する帯域幅が決まれば一定帯域幅に収容できる利用者数も決定され，収容数以上の通信要求には対応できなくなる．図 1-1 においては，$n+1$ 以上の通信要求には応えられない．かりに利用者に許される帯域幅を 10 kHz とし，これを 1 MHz の帯域に収容したならば，100 を超える利用者の要求には応えられない．

1.2　TDMA

　ラジオ，テレビジョンの番組は与えられた時間枠にしたがって切り換えられているから，広義に解釈すれば **TDM**（Time Division Multiplex：**時分割多重**）によって番組は放送されているといえる．しかし，通信における TDMA は各利用者に非常に短い時間枠を与え，同一周波数帯域内で周期的に訪れる与えられた時間枠を利用して通信を行う方式である．連続量である音声等の情報を短時間枠の周期を利用して通信を行うのであるから，次の時間枠が訪れるまではメモリに情報を保存しなければならない．したがって，アナログ方式では対応が非常に困

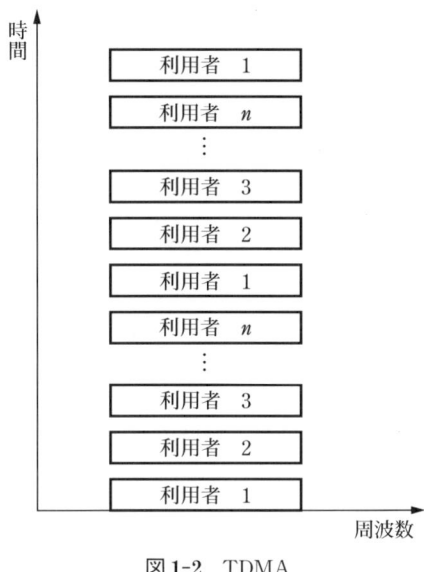

図 1-2　TDMA

難であり，ディジタル方式でなければ実用化できない．限られた時間内に全情報を伝送しなければならず，当然ながら伝送速度は多重しない場合よりも高速になり，伝送帯域幅は広くなる．

　TDMA の様子を図示すれば図 1-2 になる．

　TDMA の場合も，同一周波数上に時分割で割り当てた利用者数を超える通信要求に応じられなくなるのは，FDMA の場合と同様である．しかし，FDMA においては利用者の数に応じた送受信機を設置しなければならないが，TDMA においては収容可能な利用者数までは送受信機は 1 台で対応可能であり，経済的な方式である．

1.3　CDMA

　CDMA はスペクトラム拡散（**SS**：Spread Spectrum）方式を応用したものであり，**SSMA**（Spread Spectrum Multiple Access）とも呼ばれる方式である．

スペクトラム拡散方式とは振幅変調（AM：Amplitude Modulation），周波数変調（FM：Frequency Modulation），位相変調（PM：Phase Modulation）によって発生した狭帯域変調信号を数百〜数千倍のスペクトラムに拡散させて信号伝送を行う方式である．スペクトラム拡散した信号は，ノイズレベル以下の非常に微弱なものになる．

CDMA は情報を同一周波数帯域，同一時刻上に混在させ，情報の分離は利用者に割り当てた一種の暗号ともいえるスペクトラム拡散符号により行う方式である．

CDMA の様子を図示すると図 1-3 になる．

CDMA の基本になるスペクトラムを拡散する方法には，次のようなものがある．

①**チャープ（chirp）変調**

スイープ信号によって搬送波周波数を連続的に変化させ，周波数帯域を拡大する方法．しかし，この方法はあまりにもアナログ的な要素が強く，レーダ，探査などに使用されることはあるが，符号化には馴染まないため，CDMA には適さない．

②**周波数ホッピング（FH：Frequency Hopping）**

FH 方式は，定められた順序（ホッピングパターン）にしたがって搬送波周波数を切り換えてスペクトラムを拡散する方法．したがって，FH 方式では広帯域のスペクトラムが同一時刻に発生しているのではなく，図 1-4 に示

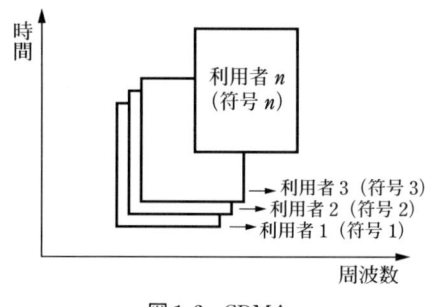

図 1-3　CDMA

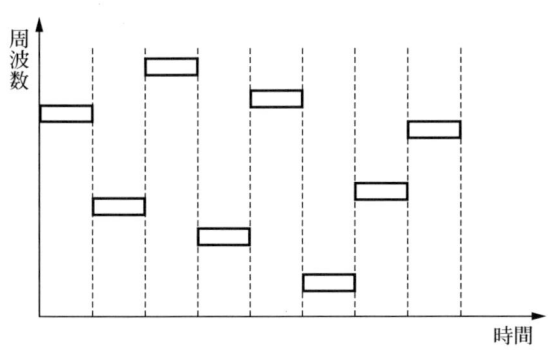

図 1-4 ホッピングパターンの例

すように時間経過にしたがって周波数が変化している狭帯域通信といえる．

この方式は，受信側で送信したホッピングパターンが解読できなければ復調不可能であり，秘匿性にすぐれている．なお，この方式は TDMA と組み合わせて使用される場合もある．

③**直接拡散**（**DS** : Direct Sequence）

FM，PM 等の通常の変調によって得られた狭帯域信号を生成した後，暗号ともいえる拡散符号を用いて直接拡散してしまう方式．

拡散符号に疑似雑音信号を用いるため，送信側の拡散符号を解読できなければ復調できず，FH 方式と同様に秘匿性にすぐれている．

CDMA に使われるスペクトラム拡散は通常 DS 方式であり，次章以降の説明は DS 方式を中心にして行うことにする．

参考文献

[1] 渡辺正一郎，服部雅美：従事者のための無線工学計算法，朝倉書店（1963）

[2] Robert C. Dixon（山之内和彦，竹内嘉彦訳）：スペクトル拡散通信の基礎，科学技術出版（1999）

[3] 髙木誠利：アマチュアのスペクトラム拡散通信，CQ誌（1997-12）

第2章

スペクトラム拡散方式とCDMA

2.1　スペクトラム拡散方式とは？

　スペクトラム拡散方式では狭帯域信号を拡散符号によって広帯域信号に変換して伝送し，受信側でもとの狭帯域信号に変換した後に復調する通信方式といえる．広帯域信号への変換は通常，拡散符号という一種の暗号を用い，1.3で述べた直接拡散方式によって行われる．

　直接拡散をイメージするために振幅変調を考えてみよう．周波数 f_c の搬送波を周波数 f_p の変調波で振幅変調した場合に発生するスペクトラムは，図2-1(a)になる．また，平衡変調により搬送波を抑圧した場合には，図2-1(b)のスペクトラムが得られる．仮に伝送すべき情報が f_c であるとするならば，変調信号 f_p によってスペクトラムを (f_c-f_p) から (f_c+f_p) に拡散して，情報伝送しているといえる．

　f_c を図2-1(b)のスペクトラムをもつ信号で振幅変調して得られるスペクトラムは，図2-2になる．図2-2のスペクトラムからフィルタを用いて f_p を取り出

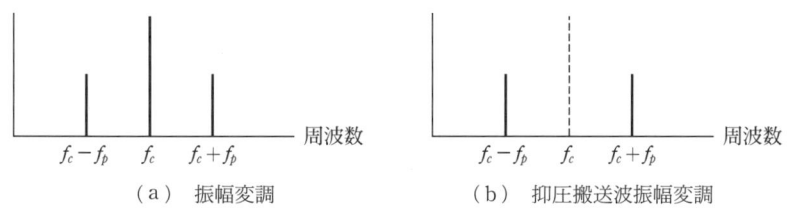

(a)　振幅変調　　　　　　　　(b)　抑圧搬送波振幅変調

図2-1　振幅変調により発生するスペクトラム

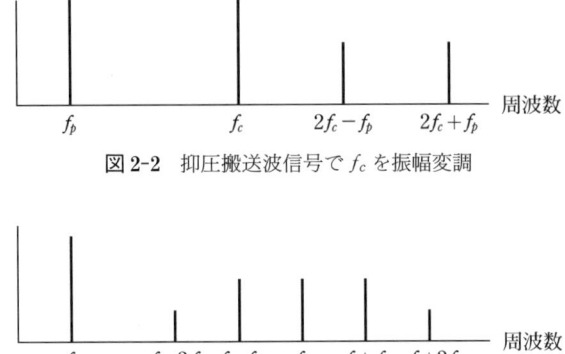

図 2-2　抑圧搬送波信号で f_c を振幅変調

図 2-3　f_p で抑圧搬送波信号を振幅変調

せば乗積検波であり，また，$(2f_c-f_p)$ あるいは $(2f_c+f_p)$ を取り出せば周波数変換になる．

逆に，図 2-1（b）の信号を f_p で振幅変調した場合を考えてみよう．この場合のスペクトラムは，図 2-3 になる．図 2-3 のスペクトラムから帯域フィルタを通して f_c を取り出せば，スペクトラムを拡散して伝送している信号からもとの狭帯域信号 f_c が復元できることになる．

このように伝送信号を f_p でスペクトラム拡散して伝送し，受信側では f_p によって狭帯域信号に変換する方式がスペクトラム拡散方式であり，変調の繰り返しによって実現できる．

2.2　ベースバンドによるスペクトラム拡散

ベースバンド信号のみでも DS は可能である．いま，伝送すべき情報信号（携帯電話ならばディジタル音声データ）が図 2-4（a）のような振幅 1，パルス幅 T（情報符号 1 ビットの継続時間）の信号とすると，右図のように $1/T$（Hz）ごとにエネルギーが 0 になるスペクトラムになる．

情報符号 1 ビットに対して，図 2-4（b）に示すように N ビット（図 2-4 では 7

2.2 ベースバンドによるスペクトラム拡散

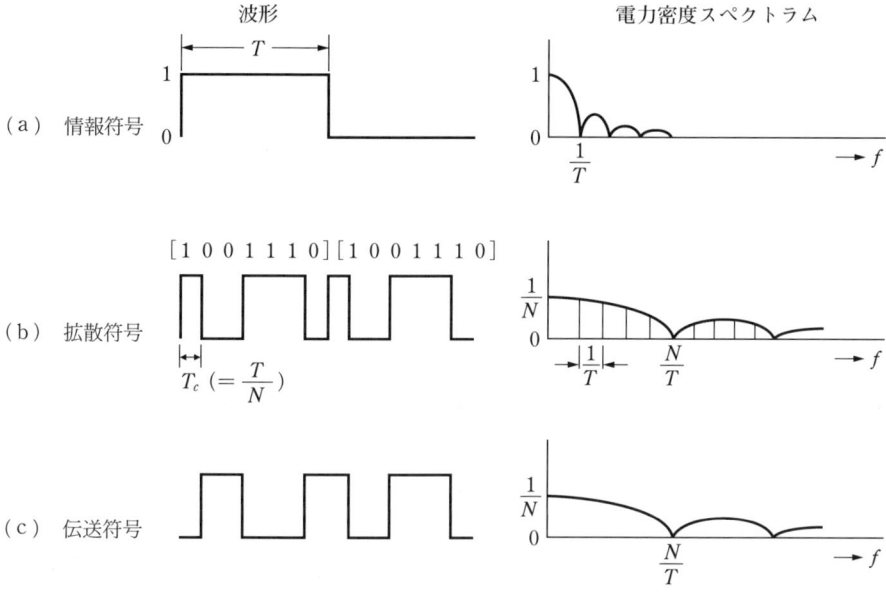

図 2-4 拡散符号によるスペクトラムの拡散

ビットの場合を例としてあげている)ごとに繰り返す振幅 1,パルス幅 $T_c(=T/N)$ の拡散符号を割り当てる.

拡散符号のスペクトラムは,右図のように情報符号に比較して N 倍に広がった $1/T$ 間隔の線スペクトラムで構成されていて,N/T 〔Hz〕ごとにエネルギが 0 になる.なお,情報符号の時間幅 T を**ビット区間**(bit duration),拡散符号の時間幅 T_c を**チップ区間**(chip duration)と呼び,それぞれの逆数が**ビット速度**(bit rate),**チップ速度**(chip rate)である.

情報符号と拡散符号の EXOR(Exclusive OR:排他的論理和)をとれば,図 2-4(c)の伝送符号が得られる.伝送符号は,情報符号ビットが 1 の場合は拡散符号の位相反転した形で表れ,0 の場合には拡散符号そのものが表れる.したがって,伝送符号のスペクトラムは拡散符号のスペクトラムにほぼ等しくなる.N を**拡散比**(spreading ratio),または**拡散率**(spreading factor)という.また,情報符号も伝送符号も振幅は同じであるので両方の電力は等しい.したがって,

伝送符号のスペクトラム強度は情報符号の $1/N$ に低下する．

2.3　ベースバンドSS信号の復調

受信した伝送信号は，まず LPF（Low Pass Filter：低域フィルタ）を通して不要なノイズ成分を除去する．しかし，拡散比 N が大きくてスペクトラム幅が広い場合には，LPF の通過帯域内で拾うノイズも多くなり，伝送符号のスペクトラムはノイズに埋もれてほとんど検知できない状態になっている．

いま，受信符号が図 2-5（a）であるとしよう．送信符号に同期した図 2-5（b）の拡散符号を受信側で発生させ，受信符号との EXOR をとると，図 2-5（c）の復調符号が得られる．この操作を**逆拡散**（despread）という．

逆拡散によって得られた復調符号はもとの狭帯域スペクトラム信号となり，受信符号スペクトラム強度の N 倍となって表れる．しかし，伝送途中で混入した

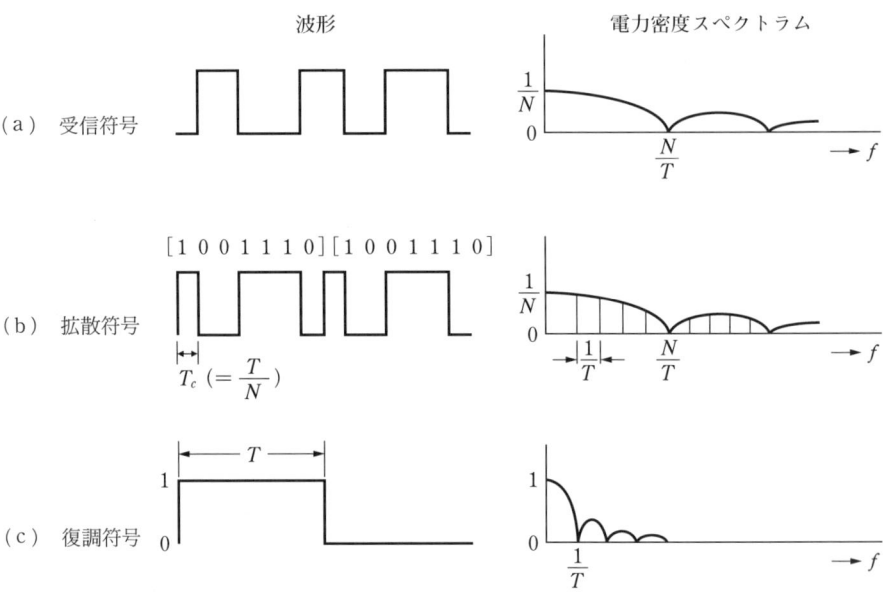

図 2-5　SS 信号の復調

拡散符号と同期しない狭帯域ノイズは，逆拡散によって逆に広帯域信号にスペクトラム拡散されてしまう．また，ホワイトノイズのようにもともと広帯域なノイズは，逆拡散によってもスペクトラム帯域はほとんど変化せず，広帯域ノイズのままである．

逆拡散によって得られた信号の SN 比と逆拡散前の SN 比の比を**処理利得**（processing gain）と呼んでいる．直接拡散方式における処理利得は拡散比と同じ値になるが，周波数ホッピング方式には適用できない．

2.4　変調と排他的論理和

互いに振幅が 1 である搬送波と変調波をそれぞれ $\sin \omega t$ と $\cos pt$ とする．このとき，振幅変調は次のように表すことができる．

$$(1+\cos pt)\cdot \sin \omega t = \sin \omega t + \sin \omega t \cdot \cos pt$$
$$= \sin \omega t + \frac{1}{2}\sin(\omega+p)t + \frac{1}{2}\sin(\omega-p)t$$

この式から，搬送波以外のスペクトラムは搬送波と変調波の積によって発生していることがわかる．周波数変調，位相変調も 2 信号の積から成り立っていることにはかわりはない．

信号の振幅が $+1, -1$ である 2 値のパルス波形の場合には，二つのパルス信号の振幅の積は常に $+1, -1$ であり，表 2-1(a) のようになる．

一方，振幅が 1，0 である二つのパルス信号間の**排他的論理和**（**EXOR**: Exclusive OR）を求めると，表 2-1(b) になる．

表 2-1　掛け算と EXOR の関係

(a) 掛け算	(b) EXOR
$+1 \times +1 = +1$	$0 \oplus 0 = 0$
$+1 \times -1 = -1$	$0 \oplus 1 = 1$
$-1 \times +1 = -1$	$1 \oplus 0 = 1$
$-1 \times -1 = +1$	$1 \oplus 1 = 0$

振幅+1を0に，−1を1に対応させると両方とも同じ結果になり，パルス波形におけるEXORは変調と等価である．したがって，**2.2**におけるEXORと**2.1**における振幅変調は同じ信号処理を行っていることになり，図2-4においては拡散符号を情報符号で変調していることに等しい．

2.5　SS方式の無線伝送

搬送波を図2-4(c)で示す伝送符号で平衡変調すれば，SS方式の送信機はできあがる．したがって，SS方式送信機の構成は図2-6のようになる．しかし，回路製作の容易さから，現実の送信機は図2-7の構成になっている場合が多い．

図2-7の構成においては，最初に搬送波を情報符号で行う狭帯域変調を**一次変調**といい，次に行う変調を**二次変調**あるいは**拡散変調**という．二次変調における

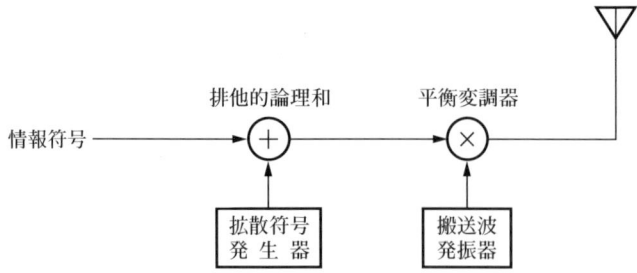

図2-6　DS方式送信機の構成

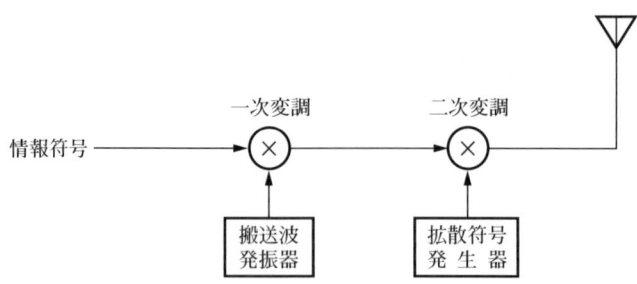

図2-7　DS方式送信機の実用的な構成

2.5 SS方式の無線伝送

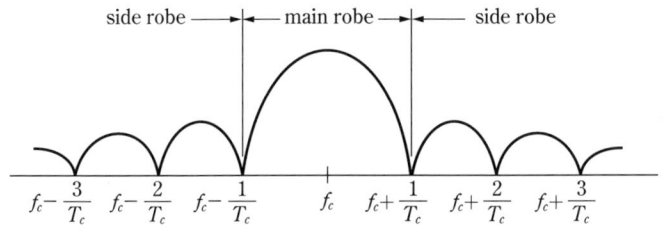

図 2-8　無線伝送 DS 信号のスペクトラム

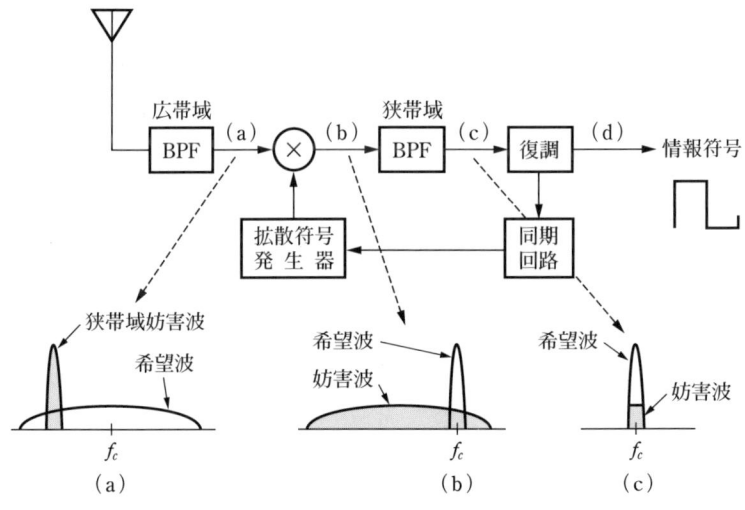

図 2-9　DS 方式受信機の構成

拡散符号は **2.1** で述べた変調信号 f_p に相当する．図 2-6 の構成では 2 値信号しか扱えないが，伝送ビットレートを大きくするためには多値伝送も考慮しなければならない．この場合，たとえば図 2-7 における一次変調を QPSK（Quadrature Phase Shift Keying：4 相 PSK）にすれば，2 ビットパラレル伝送が可能になる．

　拡散符号は歪波であり，**2.1** の f_p のように単一のスペクトラムではない．したがって，二次変調によって得られる送信信号のスペクトラムは，図 2-8 に示すように搬送波周波数 f_c を中心に $1/T_c$ ごとにスペクトラム強度が 0 になる

$(\sin x)/x$ の形になり，図 2-4 と同じ分布になる．

図 2-8 のように無限に広がるスペクトラムを持つ信号の帯域幅は，通常中心周波数 f_c の前後の最初にスペクトラム強度が 0 になる幅（**メインローブ**）の帯域を指すことが多く，それ以外を**サイドローブ**という．

受信機は図 2-9 のように構成できる．受信信号を広帯域 BPF（Band Pass Filter：帯域フィルタ）に通して不要なノイズ成分を除去すると，図 2-9(a) のスペクトラム分布になる．次に，送信側の拡散回路と同じ構成の逆拡散回路を通すと，希望波は狭帯域の一次変調信号になるが，混入した妨害波は拡散されてしまい図 2-9(b) のようなスペクトラム分布になる．これを狭帯域 BPF を通してノイズ成分を除去すると，図 2-9(c) のスペクトラム分布になる．その後は通常の受信機であり，変調方式に応じた復調回路でベースバンド波形に戻せばよい．

2.6 SS方式の特徴

SS 方式は極めて広い範囲にスペクトラムを拡散しているため，従来の狭帯域伝送とは異なった特徴を有している．これらの特徴を列記すると，次のようになる．

① 拡散符号によりスペクトラムを拡散して伝送するため，送信側の拡散符号を解読できなければ復号が不可能であり，秘話通信に適した方式である．
② 数百～数千倍にスペクトラムを拡散させるので，信号はノイズに埋もれてしまう．したがって，信号の存在を検出するのが非常に困難になり，秘匿性の強い通信が可能．
③ 他からの妨害に強く，また，他に対して妨害を与えない．このため条件の良くない伝送路にも強い．
④ 符号分割による多元接続が可能．
⑤ 同時通話チャネル数が規定値を超えた場合でも，FDMA あるいは TDMA と異なり，若干の品質低下はあるが通話は可能．
⑥ 既知の場所から到来する複数電波の到着時間差を極めて正確に測定できるた

め，距離測定に適している．GPSによるナビゲーションシステムもSSの応用である．

SS方式もいいところばかりではなく，次のような問題が存在する．

① 受信機の拡散符号発生器の位相を送信拡散符号に合わせる符号同期が困難．符号同期が完了するまではノイズしか表れない．

② ノイズに埋もれた信号であるため電波監視が困難になり，不法電波の把握が難しくなる．

③ 基地局から遠方に存在する携帯局と至近距離にある携帯局が同時に電波を発射した場合，至近距離にある携帯局は基地局にとって強烈な妨害局になる．このような現象を**遠近問題**（near-far problem）という．この問題の解決には，基地局での受信電界強度が等しくなるように，携帯局の送信電力を細かく制御しなければならない．

2.7　SSからCDMAへ

SS方式はこれまでに述べたように，ベースバンド信号を拡散符号によってスペクトラム拡散して伝送する方式である．いま，2種類の情報符号を異なった拡散符号によってスペクトラム拡散して伝送する場合を考えてみよう．

図2-10に示す二つの伝送符号を同一周波数帯域で伝送すると，従来の伝送方式では同一チャネル混信となり，分離することは不可能であった．しかし，これら二つの信号は受信機において発生させる拡散符号（逆拡散）をどちらか一つの送信拡散符号に同期させると，図2-11のように復号が可能になる．

復号符号を情報符号1ビット内で積分すれば，図2-11(B)の復号符号はほとんど消え，図2-11(A)のみの符号が取り出せる．

2種類に限らず，拡散符号が異なっていれば必要とする情報符号の復号は可能であり，SS方式において符号分割多重（CDM：Code Division Multiplex）通信が可能になる．

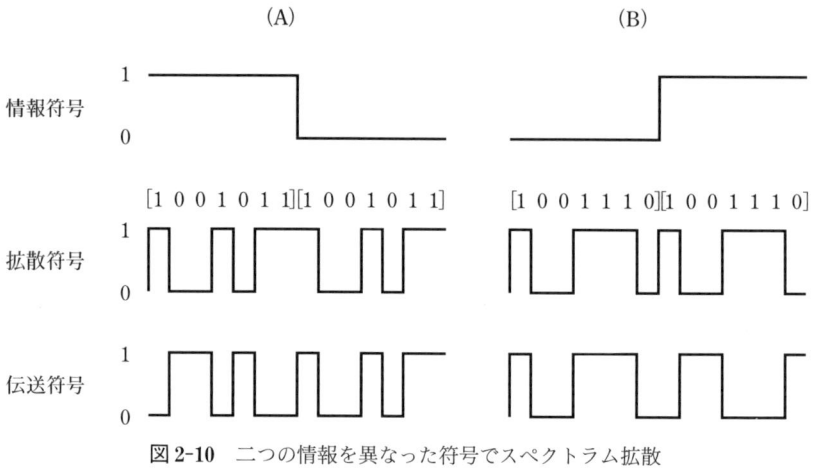

図 2-10　二つの情報を異なった符号でスペクトラム拡散

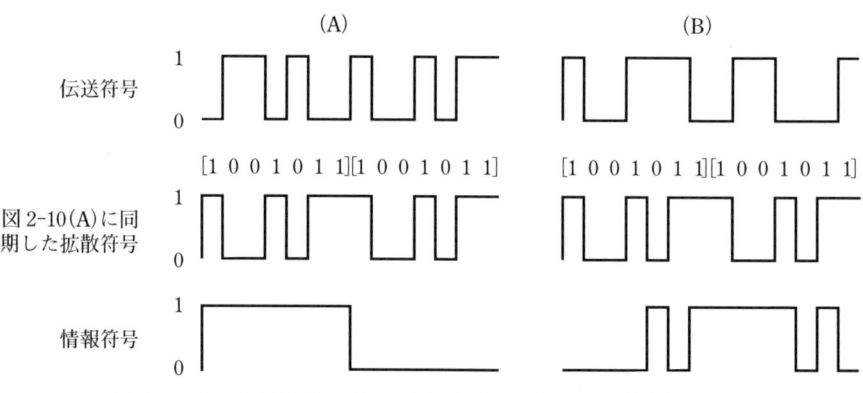

図 2-11　同一周波数帯に存在する2信号から希望する符号を復号する

参考文献

[1] 横山光雄：スペクトル拡散通信システム，科学技術出版（1988）

[2] Robert C. Dixon（山之内和彦，竹内嘉彦訳）：スペクトル拡散通信の基礎，科学技術出版（1999）

[3] 丸林　元，中川正雄，河野隆二：スペクトル拡散通信とその応用，電子情報通信学会（1998）

[4] 古谷恒雄：国家試験問題の徹底研究（無線工学 A・B/スペクトル拡散通信），電波受験界（1999-10）

[5] 梶本慈樹："スペクトラム拡散の方式と原理"無線データ伝送とインターネット，CQ出版（1998）

第3章
CDMAのための拡散符号

3.1　拡散符号に要求される条件

　2.2 の説明においては 7 ビット拡散符号の例として {1001110} を用いているが，これは特殊なシフトレジスタ回路から得られる M 系列符号と称する符号である．
　拡散符号を適当に選ぶことはできない．かりに，{0000000} あるいは {1111111} を拡散符号として選択するならば，両符号ともに直流であり，スペクトラム拡散符号として不適切であることはいうまでもない．また，{1010011} は例にあげた {1001110} と異なっているように見えるが {1001110} を 2 ビットシフトさせただけであり，これら二つの符号は位相が異なってはいるが同一符号であると見なせる．このように位相のみが異なる拡散符号は，複数の情報を同じタイミングで同期をとって伝送する**同期 CDMA**（synchronous CDMA）では使用可能である．しかし一般の通信においては，一斉に各利用者がタイミングを合わせることは不可能であり，**非同期 CDMA**（asynchronous CDMA）を通常は使用することになる．拡散符号の位相の違いは単にタイミングの違いにすぎず，非同期 CDMA においては位相のみが異なる符号の使用は困難である．したがって，同一周波数帯域を使用して通信を行う CDMA においては，各ユーザに割り当てる拡散符号はすべて異なり，それぞれの符号間に相関（類似性）がない符号でなければならないことは容易に想像できる．CDMA においては拡散符号の構成は非常に重要であり，拡散符号によってシステム全体の良否が決定するといえるだろう．
　これらのことを考慮し，拡散符号に求められる条件は次のようになる．
① 位相差ゼロにおいて自己相関が鋭く，位相差ゼロ以外の時は相関が十分に小

さいこと．

周期 T で繰り返す信号を $a(t)$ とし，$a(t)$ と時間差 τ の信号を $a(t-\tau)$ とする．この二つの信号に関して，次式で表される R_{aa} を**自己相関関数**（auto-correlation function）という．

$$R_{aa}(\tau) = \frac{1}{T}\int_0^T a(t)\cdot a(t-\tau)dt$$

$a(t)$ を拡散符号のように，パルス幅 T_c，周期 $T=N\cdot T_c$ のパルス信号で，T_c ごとにサンプリングして得られる値 $A_k(-1,+1)$ を元（element）とする時系列符号集合を $\{A_k\}$（たとえば $\{-1,+1,+1,-1,-1,-1,+1\}$），$\tau=\iota\cdot T_c$ とし，N で正規化しなければ，

$$R_{aa}(\iota) = \sum_{k=0}^{N-1} A_k \cdot A_{k+\iota}$$

と表すことができる．

1，0 で表される符号集合 $\{a_k\}$（たとえば $\{1001110\}$）の元を a_k で表せば，A_k と a_k の関係は **2.4** に述べた通り 0 を $+1$，1 を -1 に対応させているから，次のように書ける．

$$A_k = (-1)^{a_k}$$

したがって，R_{aa} は次のように表される．

$$R_{aa}(\iota) = \sum_{k=0}^{N-1} (-1)^{a_k} \cdot (-1)^{a_{k+\iota}} = N - 2\sum_{k=0}^{N-1} a_k \oplus a_{k+\iota}$$

例にあげた $\{a_k\}=\{1001110\}$ の自己相関関数は $N=7$ であるから，$\iota=0$ および 7 の倍数の場合

	a_0	a_1	a_2	a_3	a_4	a_5	a_6
	1	0	0	1	1	1	0
$\oplus$	1	0	0	1	1	1	0
	0	0	0	0	0	0	0

となり，$R_{aa}(\iota)=7$ となる．$\iota\neq 0$ および 7 の倍数以外の場合，例えば $\iota=1$ ならば，

3.1 拡散符号に要求される条件

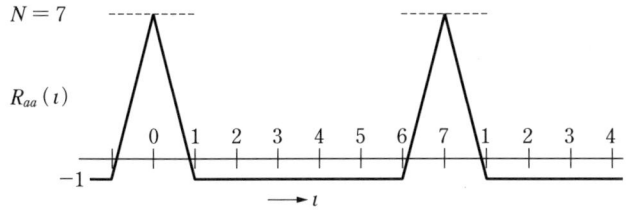

図 3-1 $\{a_k\}=\{1001110\}$ の自己相関関数

```
    1  0  0  1  1  1  0
 ⊕  0  1  0  0  1  1  1
   ─────────────────────
    1  1  0  1  0  0  1
```

となるから，$R_{aa}(\iota)=7-(2\times 4)=(-1)$ である．ι が 2〜6 の場合も同様に，$R_{aa}(\iota)=(-1)$ になる．これをグラフに表せば，図 3-1 になる．

図 3-1 は，符号 {1001110} の自己相関関数では周期 7 ごとに鋭いピークが現れ，それ以外は相関が非常に小さいことを示している．このことは，後述する送信拡散符号と受信拡散符号との同期捕捉，同期保持に対して非常に重要な条件である．

② **CDMA** を行う局それぞれに割り当てた符号間の相関が，すべての位相差において十分小さいこと．

自己相関と同様に他の符号との相関，すなわち相互相関関数はさらに重要である．二つの周期 T で繰り返す信号を $a(t)$，$b(t)$ とし，二つの信号の時間差を τ とする．これらの信号に関して次式で表される R_{ab} を **相互相関関数** (cross-correlation function) という．

$$R_{ab}(\tau)=\frac{1}{T}\int_0^T a(t)\cdot b(t-\tau)dt$$

これらの信号が 1，0 で表されるパルス符号ならば，上の式は自己相関関数の場合と同様に，

$$R_{ab}(\iota)=N-2\sum_{k=0}^{N-1}a_k\oplus b_{k+\iota}$$

と書き表せる．

表 3-1　{1001110} と {1001011} の相互相関関数

ι	0	1	2	3	4	5	6
R_{ab}	3	-1	3	3	-5	-1	-1

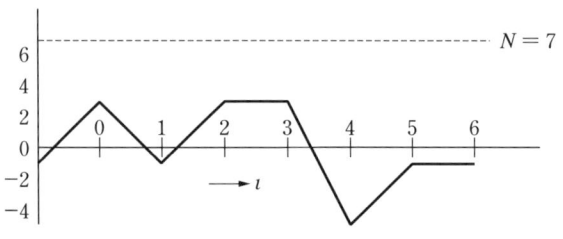

図 3-2　{1001110} と {1001011} の相互相関関数

いま，2.7 で拡散符号の例としてあげた {1001110} と {1001011} の相互相関関数を求めると，表 3-1 になる．

自己相関関数の場合と同じように，表 3-1 をグラフで表すと図 3-2 になる．

CDMA において，受信信号は送信している全ユーザの信号が重なったものである．したがって，拡散符号によって同期捕捉・保持を行う場合に，相互相関の大きな符号は自己相関のピーク検出の障害となり，場合によっては同期，復号が不可能になる．

また，相互相関の小さな符号であっても使用できる符号の数が少なければ，通信できる局数に制限を与えることになる．

3.2　M系列符号

3.1 の条件を満足する符号に **M 系列符号**（maximum length code）がある．これは，シフトレジスタと EXOR を組み合わせた回路で発生器が構成できる．これまでたびたび符号の例として使用した {1001011} は M 系列符号であり，この符号の発生器は 3 段のシフトレジスタと EXOR で構成した図 3-3 の回路であ

3.2 M系列符号

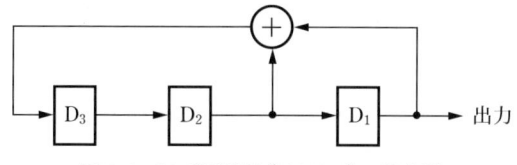

図 3-3 M 系列符号 {1001011} の発生器

表 3-2 M 系列符号発生器（図 3-3）の動作

クロック	0（初期値）	1	2	3	4	5	6	7
D_1	1	0	0	1	0	1	1	1
D_2	0	0	1	0	1	1	1	0
D_3	0	1	0	1	1	1	0	0

る（クロック回路は省略している）.

　図 3-3 において，$D_1 \sim D_3$ は 1 ビット遅延素子である．$D_1 \sim D_3$ の初期設定値をすべて 0 とすると，シフトレジスタがクロックに従ってシフトを繰り返しても出力は常に 0 である．しかし，$D_1 \sim D_3$ の中でかりに D_1 の初期値を 1 とするならば，シフトレジスタの動作は表 3-2 のようになる．

　表 3-2 において，D_1 の出力値が発生器の出力であり，M 系列符号 {1001011} が周期 7 ごとに現れる．

　図 3-4 の回路で発生する符号は表 3-3 のように周期が 4 となり，この場合には M 系列符号とはならない．

　図 3-3 と図 3-4 は同じ 3 段のシフトレジスタ回路であるが，D_1 から D_3 へのフィードバック回路に挿入されている EXOR の挿入位置に違いがある．図 3-3 の回路では表 3-2 のように，$D_1 \sim D_3$ には 000 を除く 2 進数 1〜7（001〜111）がクロックごとに 1 度だけ周期的に表れている．このように図 3-3 では，3 段シフトレジスタで表現できる最も長い $7(=2^3-1)$ を周期とする符号が作成できる．この回路を**最大長シフトレジスタ系列**（maximum length shift register sequence）といい，省略して **M 系列**（M-sequence）という．M 系列から得ら

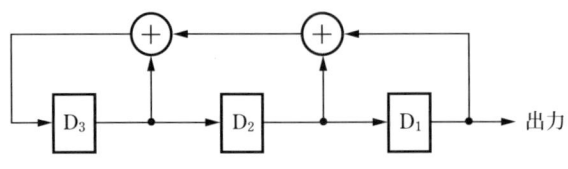

図 3-4 M 系列でないシフトレジスタ回路

表 3-3 M 系列でない回路（図 3-4）の動作

クロック	0（初期値）	1	2	3	4	5	5	7
D_1	1	0	0	1	1	0	0	1
D_2	0	0	1	1	0	0	1	1
D_3	0	1	1	0	0	1	1	0

れる符号が M 系列符号である．

　熱雑音などの白色雑音における自己相関関数は位相差 0 で鋭いピークをもち，位相差 0 以外では 0 になるまったく相関のない信号である．M 系列符号の自己相関関数は，図 3-1 に示すように符号周期の整数倍ごとに鋭いピークが現れ，それ以外の位相差では 0 に近い小さな値になる．また，1 周期中に出現する 0 と 1 の差は 1 ビットであり（したがって，M 系列符号の符号長は必ず奇数ビットになる），非常にバランスのとれた符号である．このことは雑音と同様のランダム性があり，M 系列符号は**疑似ランダムノイズ**，あるいは**疑似雑音信号**（pseudo noise：**PN 信号**と略す）と呼ばれる信号の一種である．

3.2.1　モデューロ演算

　2.2 において，情報符号をスペクトラム拡散する場合に情報符号と拡散符号との EXOR をとっているが，EXOR では桁上がりのない加算が行われている．このような演算を**モデューロ演算**という．モデューロ（modulo）とは 2 進法，10 進法などの「法」という意味である．

　信号のレベルが 0 か 1 で表される 2 値信号の場合，計算に用いる数字も 0，1

の二つである．モデューロ演算における加算は

$$0+0=0 \quad 0+1=1 \quad 1+0=1 \quad 1+1=0$$

のように行い，ディジタル回路における EXOR とまったく同じである．2 進法であれば $1+1=10$ となるが，2 で進まずに $1+1=0$ とするので，この演算を **2 を法とする演算**（modulo 2 演算）と呼び，通常 **mod 2** と省略する．mod 2 演算では $1+1=0$ なので $1=-1$ となり，加算と減算は同じになる．mod 2 演算における乗算は

$$0\times 0=0 \quad 0\times 1=0 \quad 1\times 0=0 \quad 1\times 1=1$$

のように行い，通常の算術演算と同じである．ディジタル回路で言えば and 回路そのものである．我々も無意識のうちにモデューロ演算を使用している．例えば，1 週間の曜日と数字を次のように対応させてみよう．

日	月	火	水	木	金	土
0	1	2	3	4	5	6

このとき，日曜日の 7 日後は $0+7=7=0$（日曜日）のように計算できる．また，2002 年 1 月 1 日は火曜日．では 2003 年 1 月 1 日は何曜日？

$$2+365=367=7\times 52+3=3 \text{（水曜日）}$$

と計算できる．曜日の場合は，日曜日〜土曜日を一つの周期とした桁上がりのない演算である．したがって，ここでは $367\div 7=52$，余り 3 の計算を行い，367 を 7 で割った余りを答えとする mod 7 の演算が行われている．

一般に $\mathrm{mod}(p)$ 演算とは，p で割った余りを答えとする演算である．

3.2.2　符号の多項式表現と原始多項式

多段シフトレジスタによる M 系列符号発生器を理解するために，まず，符号を多項式で表現する方法を考えてみよう．

M 系列符号の例としてあげた 1001011（このような表現方法はベクトル空間上に符号が配置されていると考え，通常**ベクトル表現**と呼んでいる）の最下位ビット（**LSB**: Least Significant Bit）を x^0 の項，順次 x^1, x^2, x^3, ……とし，最

上位ビット（**MSB**: Most Significant Bit）を x^6 と表現することにすれば，1001011 は，

$$1\times x^6+0\times x^5+0\times x^4+1\times x^3+0\times x^2+1\times x^1+1\times x^0$$
$$=x^6+x^3+x+1$$

と表現できる．すなわち，x の次数が符号の場所を，係数が信号の on/off を示している．

多項式表現は符号の演算処理，すなわち符号の信号処理を考える上でベクトル表現とは違って数学的に行えるため，非常に有効な表現方法である．

多項式の計算においてもモデューロ演算は使用され，その演算は次のようになる．

$$x\times 0=0 \quad x\times 1=x \quad x\times x=x^2 \quad x+x=(1+1)x=0$$

したがって，$(x+1)^2=x^2+(x+x)+1=x^2+1$ となり，算術演算においては，実数の範囲で因数分解できない x^2+1 が $(x+1)^2$ のように因数分解できることになる．

x^7+1 を x^3+x+1 で割り算すると

$$\begin{array}{r}
x^4+x^2+x+1 \\
x^3+x+1\overline{\smash{\big)}\,x^7+1} \\
\underline{x^7+x^5+x^4} \\
x^5+x^4 \\
\underline{x^5+x^3+x^2} \\
x^4+x^3+x^2 \\
\underline{x^4+x^2+x} \\
x^3+x+1 \\
\underline{x^3+x+1} \\
0
\end{array}$$

のように演算できる．

符号多項式 x^6+x^3+x+1（ベクトル表現では 1001011）で表される M 系列符号発生器は，図 3-3 のように 3 段のシフトレジスタで構成しているが，$D_1 \sim D_3$ の入出力の状態を x のべき乗で表すと図 3-5 になる．

図 3-5 により，この M 系列符号発生器のフィードバック回路では，x^3+x+1 の演算が行われている．一方，図 3-4 に示す符号周期 4 の非 M 系列符号発生回

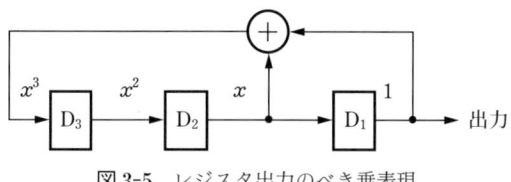

図3-5 レジスタ出力のべき乗表現

路のフィードバック回路では，x^3+x^2+x+1 の演算が行われている．このことから，M系列を発生させるにはフィードバック回路で行う演算がある特定の多項式によるものでなければならないことが理解できる（これらの演算はすべてモジューロ演算であることに注意願いたい）．

因数分解できない多項式を**既約多項式**（irreducible polynomial）という．x^3+x+1 は既約多項式である．しかし，x^3+x^2+x+1 は $(x+1)^3$ と因数分解できるので既約多項式ではない．既約多項式の中で次の条件を満たすものを**原始多項式**（primitive polynomial）という．

多項式 x^e+1 が $G(x)$ を含む既約多項式で，

$$x^e+1 = G(x) \times P(x)$$

のように因数分解できるとき，いいかえれば x^e+1 を割り切る $G(x)$ が存在するとき，この式が成立する最小の e と n 次の多項式 $G(x)$ の次数との間に，算術演算において，

$$e = 2^n - 1$$

が成立する多項式を原始多項式という．たとえば，多項式 x^7+1 は

$$x^7+1 = (x^3+x+1)(x^3+x^2+1)(x+1)$$

と因数分解できる．このとき，$7=2^3-1$ が成立するから，図3-5のM系列符号発生器で使用した x^3+x+1 は原始多項式である．x^3+x^2+1 に関しても同様の関係が成立するので原始多項式であり，**2.7** で使ったもう一つの拡散符号 {1001110} を発生させるフィードバック回路の演算に使われる．したがって，M系列符号 {1001110} の発生器は図3-6になる．

x^3+x^2+x+1 は既約多項式ではないので，原始多項式ではない．しかし，既

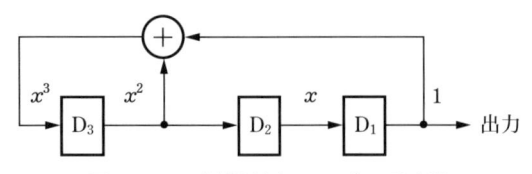

図 3-6　M 系列符号 {1001110} の発生器

図 3-7　周期 31 の M 系列符号発生器の例

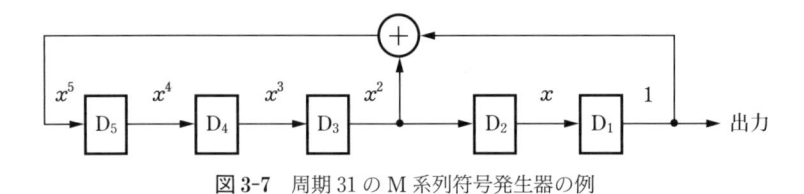

表 3-4　20 次までの原始多項式の例

次数	原始多項式	次数	原始多項式
1	$x+1$	11	$x^{11}+x^2+1$
2	x^2+x+1	12	$x^{12}+x^6+x^4+x+1$
3	x^3+x+1	13	$x^{13}+x^4+x^3+x+1$
4	x^4+x+1	14	$x^{14}+x^{10}+x^6+x+1$
5	x^5+x^2+1	15	$x^{15}+x+1$
6	x^6+x+1	16	$x^{16}+x^{12}+x^3+x+1$
7	x^7+x+1	17	$x^{17}+x^3+1$
8	$x^8+x^4+x^3+x^2+1$	18	$x^{18}+x^7+1$
9	x^9+x^4+1	19	$x^{19}+x^5+x^2+x+1$
10	$x^{10}+x^3+1$	20	$x^{20}+x^3+1$

約多項式であっても $x^4+x^3+x^2+x+1$ は $x^5+1=(x^4+x^3+x^2+x+1)(x+1)$ の関係が成立するため，$5 \neq 2^4-1$ となり原始多項式にはならない．したがって，フィードバック回路を原始多項式による演算回路で構成した場合のみ，シフトレジスタ回路は M 系列符号発生器になる．

　原始多項式を定義にしたがって求めるのは大変であるから，表 3-4 に主なもの

を示しておこう．たとえば，周期 $31(2^5-1)$ の M 系列符号発生器は，表 3-4 の 5 次の原始多項式 x^5+x^2+1 による演算をフィードバック回路に用いた，図 3-7 の回路で構成できる．

3.3　Gold系列符号

符号長（1 周期の長さ）$N=2^k-1$ の M 系列符号は k 次の原始多項式からのみ生成されるのであるから，原始多項式の数が符号数を決定することになる．しかし，原始多項式は限られた数しか存在せず，その数は N が素数の場合には $(N-1)/k$ 個である．たとえば，符号長 31 の M 系列符号を生成できる 5 次の原始多項式は，

x^5+x^2+1　　$x^5+x^3+x^2+x+1$　　$x^5+x^4+x^2+x+1$

x^5+x^3+1　　$x^5+x^4+x^3+x^2+1$　　$x^5+x^4+x^3+x+1$

の六つしか存在せず，符号長 127 の M 系列符号でもわずか 18 である．

原始多項式 x^5+x^2+1 から生成される M 系列符号 {1000010010110011111000110111010} と $x^5+x^3+x^2+x+1$ から生成される M 系列符号 {1000010110101000111011111001001} との相互相関関数を求めると，7，−1，−9 の三つの値のみをとり，図 3-8 のようになる．

一方，x^5+x^2+1 と x^5+x^3+1 から生成される M 系列符号の相互相関関数は −9，−5，−1，3，7，11 の六つの値となり，図 3-9 のようになる．

できる限り相互相関の小さな符号の組合せが拡散符号として望ましいのは，いうまでもない．したがって，図 3-9 の組合せよりも図 3-8 の組合せが拡散符号と

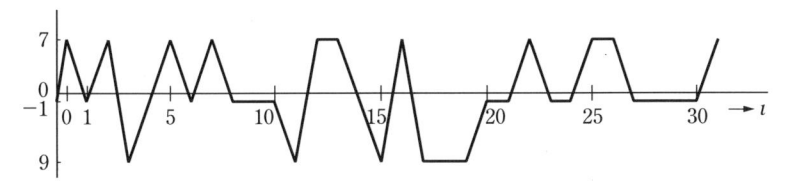

図 3-8　周期 31 のプリファード M 系列の相互相関関数

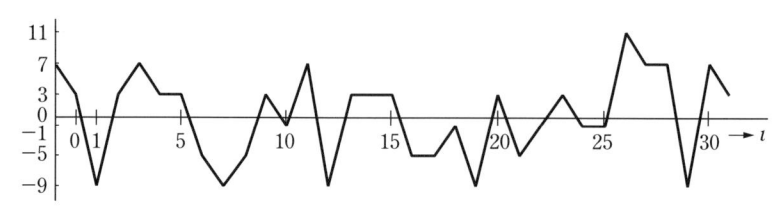

図3-9　x^5+x^2+1 と x^5+x^3+1 から生成される M 系列符号の相互相関関数

して適している．

　図3-8のように，相互相関の値が自己相関のピーク値 31 に対して十分に小さな 3 値だけになる良好な M 系列のペアを**プリファードペア**（preferred pair）M 系列，略して**プリファード M 系列**という．符号周期 31 の M 系列でプリファードペアを生成できる 5 次の原始多項式の組合せは，x^5+x^2+1，$x^5+x^3+x^2+x+1$，$x^5+x^4+x^2+x+1$ と，x^5+x^3+1，$x^5+x^4+x^3+x+1$，$x^5+x^4+x^3+x^2+1$ の 2 組しかない．

　このことは，CDMA において拡散符号を M 系列符号のみ，中でもプリファード M 系列のみで構成すると，1 周波数帯域に収容できる通話数はごくわずかしかなく，CDMA が FDMA あるいは TDMA と比較して周波数利用効率の優れた方式とはいえなくなることを表している．

　そこで，相互相関特性が良好な M 系列以外の符号を使用しなければならない．このような系列に **Gold 系列**がある．Gold 系列は周期の等しい 2 種類の M 系列を mod 2 加算して得られる系列であり，その回路は図 3-10 のようになる．

　図3-10 は，5 次の原始多項式 x^5+x^2+1 と $x^5+x^3+x^2+x+1$ から生成された M 系列符号 {1000010010110011111000110111010} と {10000101101010001110111 11001001} を次のように EXOR で mod 2 加算して，**Gold 系列符号** {00000001000 11011000011001110011} を作り出している．

```
       1000010010110011111000110111010
   +)  1000010110101000111011111001001
       ─────────────────────────────
       0000000100011011000011001110011
```

いま，$x^5+x^3+x^2+x+1$ から生成された M 系列符号のみを 1 ビットシフトし

3.3 Gold 系列符号

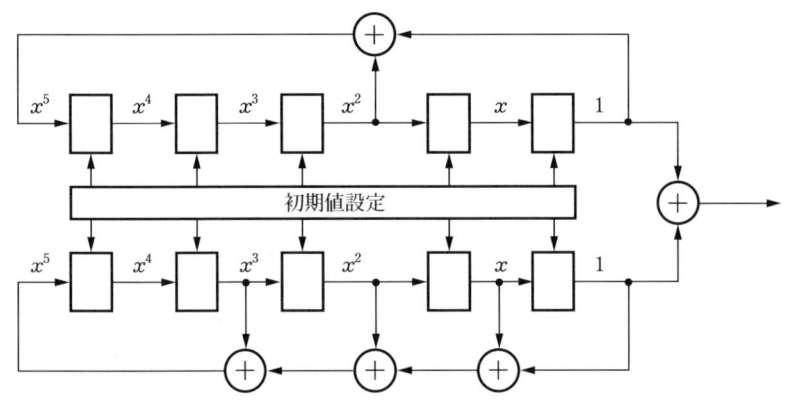

図 3-10 Gold 系列符号発生器の例

て mod 2 加算すれば，

```
   1000010010110011111000110111010
+) 0000101101010001110111110010011
   ───────────────────────────────
   1000111111000100011111000101001
```

となって，まったく新しい符号が得られる．

このように二つの M 系列符号の一つを固定し，他の一つを 1 ビットずつシフトして得られる符号はすべて異なった符号になり，二つの M 系列符号から 31 の Gold 系列符号が生成できることになる．Gold 系列符号をスペクトラム拡散符号に使用するならば，Gold 系列符号の生成に用いた M 系列符号二つを加え，33 の拡散符号が作成できる．

すなわち，k 次の原始多項式二つからは M 系列符号を二つ，および Gold 系列符号 (2^k-1) が生成可能であり，合計 (2^k+1) 個の拡散符号が作成できる．

さて，図 3-10 から得られた Gold 系列符号 {0000000100011011000011001110011} の自己相関関数を求めると，図 3-11 になる．

次に，Gold 系列符号 {0000000100011011000011001110011} と {1000111011111001001100001101010} の相互相関関数を求めると，図 3-12 になる．

Gold 系列符号，中でもプリファード M 系列符号から生成した Gold 系列符号

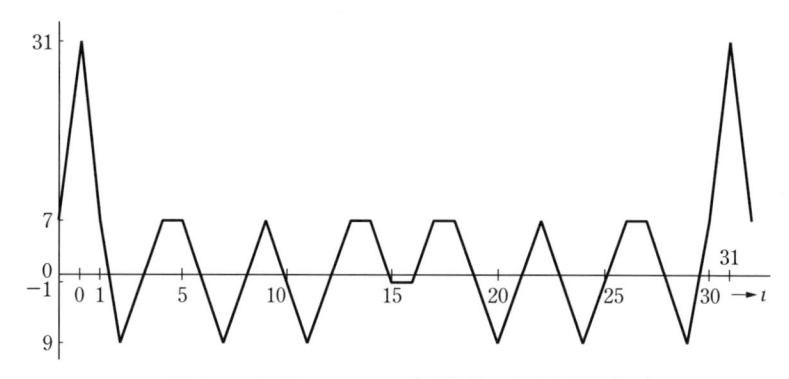

図 3-11　周期 31 の Gold 系列符号の自己相関関数

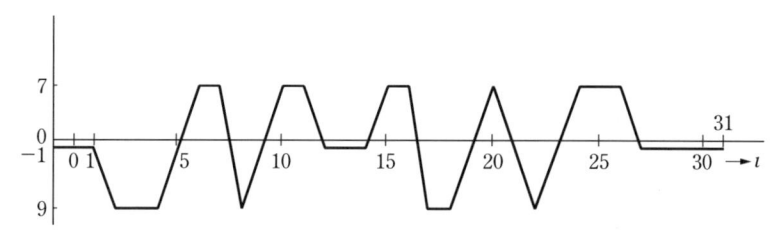

図 3-12　周期 31 の Gold 系列符号の相互相関関数の例

の相互相関関数は，プリファード M 系列符号と同じように自己相関関数のピーク値に比べて小さな 3 値になる．

　Gold 系列符号でもまだ符号の数が足りない場合には，嵩博士らの提案による **Kasami 符号**がある．これは，三つの M 系列出力を排他的論理和で合成して生成するものであり，相関関数の値は自己相関のピーク値に対して小さな 5 値のみになる．

3.4　FH方式のための拡散符号

　FH 方式では，拡散符号によりホッピングパターンが決定される．ホッピングパターンを決定する拡散符号には，直接拡散と同様に **3.1** で述べた条件①，②を

満足することが要求される．直接拡散の場合は，他局から希望波への障害を軽減するために拡散符号の相互相関を小さくする必要があったが，FH方式では2局以上の信号が同一時刻において周波数が衝突（ヒット：hit）して同一周波数になるとデータ誤りが発生する．したがって，このような事態ができる限り発生しないように考慮した符号でなければならない．また，伝送帯域内の特定の周波数に偏ることなく一様に巡回させなければならない．

SS方式で用いた2値の拡散符号では周波数の変化は二つの値しか指定できず，図1-4に示すような形のパターンは得られない．

いま，図3-3に示す3段シフトレジスタにおいて，各シフトレジスタ D_3，D_2，D_1 の状態は，表3-2のように {001, 100, 010, 101, 110, 111, 011} となっている．したがって，各シフトレジスタ出力には000を除く3ビットで表される1～7のすべての値が1周期中に1回現れている．これを拡散符号とするならば，周波数のとりうる値は七つに拡大できる．このように，FH方式では一般に多値の拡散符号を使用して周波数を切り換える．

多値符号としてよく用いられる代表的なものに，**多値M系列符号およびリードソロモン（Reed-Solomon：RS）符号**がある．RS符号はコンパクトディスク（CD），VTRなどのディジタル記録からディジタル通信，放送まで幅広く用いられる誤り訂正符号として知られている．

3.4.1　多値符号の表現

1符号を1バイトで構成するような多値符号を表現するにはいろいろな方法がある．よく知られた方法に4ビットずつに区切った16進表現があるが，これを符号多項式の x の係数に用いた場合，mod 2演算を16進数のままで行うことは困難であろう．符号の演算処理に適した表現に**ガロア体**（Galois field）による表現がある．

実数全体を元（element）とする集合のように，元の間に加減乗除の四則演算が可能な集合を**体**（field）という．しかし，ディジタル符号で扱うのは実数全体のように元が無限にある集合ではなく，有限の元しかない集合である．たとえ

ば，8ビット量子化された電話の音声では256の元しか存在しない．このような有限の元の間に四則演算が可能な場合，この集合を**有限体**あるいは**ガロア体**と呼び，$GF(q)$と書く．qは集合の元の数を表し，qが素数ならびに素数のべき乗のときのみガロア体は存在する．

いま，$q=2$の$GF(2)$を考えてみよう．$GF(2)$における体の元は$(0, 1)$の二つのみである．$GF(2)$の四則演算は簡単である．

　　足し算と掛け算：普通に算術演算を行い，その結果を2で割った余りが答え．

　　　　引き算：$b-a=b+(-a)=0$になる元$-a$が存在すればよい．

　　　　割り算：$a\times a^{-1}=1$になる元a^{-1}が存在すればよい．

これらを表にすると表3-5になる．

表3-5から理解できるように，$GF(2)$演算はmod 2演算そのものである．

$GF(2)$では簡単すぎるので，$GF(5)$を考えてみよう．$GF(5)$の元は$(0, 1, 2, 3, 4)$の五つである．これら五つの元に対してmod 5演算を行うと，表3-6が得られる．

$GF(2)$，$GF(5)$のように，qが素数の場合にはガロア体は作成可能である．しかし，$GF(4)$を作成するのは容易ではない．$GF(4)$の元$(0, 1, 2, 3)$の四

表3-5　$GF(2)$の加減乗除

+	0	1	a	$-a$	×	0	1	a	a^{-1}
0	0	1	0	0	0	0	0	0	—
1	1	0	1	1	1	0	1	1	1

表3-6　$GF(5)$の加減乗除

+	0	1	2	3	4	a	$-a$	×	0	1	2	3	4	a	a^{-1}
0	0	1	2	3	4	0	0	0	0	0	0	0	0	0	—
1	1	2	3	4	0	1	4	1	0	1	2	3	4	1	1
2	2	3	4	0	1	2	3	2	0	2	4	1	3	2	3
3	3	4	0	1	2	3	2	3	0	3	1	4	2	3	2
4	4	0	1	2	3	4	1	4	0	4	3	2	1	4	4

表 3-7 整数を元とする $GF(4)$ が存在すると仮定すれば加減乗算は可能

+	0	1	2	3	a	$-a$	×	0	1	2	3
0	0	1	2	3	0	0	0	0	0	0	0
1	1	2	3	0	1	3	1	0	1	2	3
2	2	3	0	1	2	2	2	0	2	0	2
3	3	0	1	2	3	1	3	0	3	2	1

表 3-8 $(0, 1, x, x+1)$ に対する mod (x^2+x+1) 演算

+	0	1	x	$x+1$	a	$-a$
0	0	1	x	$x+1$	0	0
1	1	0	$x+1$	x	1	1
x	x	$x+1$	0	1	x	x
$x+1$	$x+1$	x	1	0	$x+1$	$x+1$

×	0	1	x	$x+1$	a	a^{-1}
0	0	0	0	0	0	—
1	0	1	x	$x+1$	1	1
x	0	x	$x+1$	1	x	$x+1$
$x+1$	0	$x+1$	1	x	$x+1$	x

つに対して mod 4 演算を行うと,足し算,引き算,掛け算に関しては表 3-7 が成立する.

割り算に関しては $a \times a^{-1} = 1$ になる a^{-1} が元の中に存在すればよいのだが,$1 \times 1 = 1$,$3 \times 3 = 1$ のように元 1 と元 3 に関しては $a \times a^{-1} = 1$ が成立する元が存在する.しかし,2 に関しては

$2 \times 1 = 2$　　$2 \times 2 = 0$　　$2 \times 3 = 2$

となって,$2 \times x = 1$ となる元 x が存在しない.したがって,すべての元に関して四則演算が不可能であり,整数を元とする $GF(4)$ を作ることはできない.

$(0, 1, 2, 3)$ のかわりに $(0, 1, x, x+1)$ について mod (x^2+x+1) 演算を行えば,表 3-8 が得られる.

表3-8では，$(0, 1, x, x+1)$ を集合の元とした場合に$\mathrm{mod}\,(x^2+x+1)$による四則演算が可能になっている．したがってこの集合は体である．整数を元とする $GF(4)$ は作成不可能であったが，$(0, 1, x, x+1)$ の四つを集合の元とする $GF(4)$ は作成可能である．

表3-8において，たとえば$(x+1)\times(x+1)=x$ となっている．ごく普通に計算すれば，

$$(x+1)\times(x+1)=x^2+1$$

になる．いま，x^2+1 を x^2+x+1 で割り算すれば

$$
\begin{array}{r}
1 \\
x^2+x+1\,\overline{\smash{)}\,x^2+1} \\
\underline{x^2+x+1} \\
x
\end{array}
$$

となる．$\mathrm{mod}\,(x^2+x+1)$ 演算は x^2+x+1 で割って，余りを答えとする演算であるから，

$$x^2+1=(x+1)\times(x+1)=x$$

が成立する．移項して整理すると

$$x^2+x+1=0$$

となる．したがって $\mathrm{mod}\,(x^2+x+1)$ 演算においては，その都度割り算を実行しなくても $x^2+x+1=0$ から直ちに $x^2+1=x$ が求まる．

しかし，x は変数である．いま，$x^2+x+1=0$ の根を α とすれば $\alpha^2+\alpha+1=0$ も成立するから，$\mathrm{mod}\,(\alpha^2+\alpha+1)$ 演算においては，

$$\alpha^2=\alpha+1 \qquad \alpha=\alpha^2+1 \qquad 1=\alpha^2+\alpha$$

が成立する．

表3-9　x^2+x+1 の根を α とする拡大体 $GF(2^2)$ の四則演算

+	0	1	α	α^2	α	$-\alpha$	×	0	1	α	α^2	α	α^{-1}
0	0	1	α	α^2	0	0	0	0	0	0	0	0	—
1	1	0	α^2	α	1	1	1	0	1	α	α^2	1	1
α	α	α^2	0	1	α	α	α	0	α	α^2	1	α	α^2
α^2	α^2	α	1	0	α^2	α^2	α^2	0	α^2	1	α	α^2	α

原始多項式 $x^2+x+1=0$ の根を α として表 3-8 を書き直すと，表 3-9 になる．
x^2+x+1 の根を α とした場合，$(0, 1, \alpha, \alpha^2)$ を元とする新しい体 $GF(4)$ ($=GF(2^2)$) ができる．この $GF(4)$ の元は，$GF(2)$ の元 $(0, 1)$ によって，次のように表すことができる．

$$
\begin{aligned}
& 0 = (0\ 0) \\
&\alpha^0 = 1 = (0\ 1) \\
&\alpha^1 = \alpha = (1\ 0) \\
&\alpha^2 = \alpha+1 = (1\ 1)
\end{aligned}
$$

すなわち，2 値 2 ビットの符号は，x^2+x+1 の根を α として作成した $GF(4)$ の元ですべて表すことが可能である．

このように，新しい体 $GF(4)$ は $GF(2)$ をベースにして導き出したものであり，$GF(2)$ の 2 次の**拡大体**（extension field）といい，ベースになっている $GF(2)$ を**基礎体**（ground field）という．

実数の範囲では $x^2+1=0$ の根が求められないため，虚数を導入し，$x^2+1=0$ の根を i としたように（我々には j のほうが馴染みがあるけれど），体を拡大するために α を導入したことになる．

拡大体 $GF(4)$ は x^2+x+1 の根を α として作られているため，x^2+x+1 は**体生成多項式**とも呼ばれる．

3 ビット以上の多値符号は，表 3-4 の 3 次以上の原始多項式を体生成多項式として表せる．たとえば，8 ビットの符号は体生成多項式に 8 次の原始多項式 $x^8+x^4+x^3+x^2+1$ を用い，その根を α として作成した $GF(2^8)$ の元 $(0, 1, \alpha, \alpha^2, \ldots\ldots, \alpha^{254})$ ですべてを表すことができる．このように，$GF(q)$ の元が 0 を除き，ある元 α のべき乗で表されるとき，α を**原始元**（primitive element）という．原始元は一つとは限らない．たとえば，$x^3+x+1=0$ 根を α として作成した $GF(2^3)$ の 0 を除く元 1, α, α^2, α^3, α^4, α^5, α^6 は，α, α^2, α^3, α^4, α^5, α^6 のべき乗ですべて表せるから，これらはすべて原始元である．

3.4.2 符号間距離

符号間距離を考えるために，いま，x，y，zの3ビットで構成される000, 001, 010, 011, 100, 101, 110, 111の八つの符号を，3次元空間に配置した立方体で表してみよう．

図3-13において，各符号はx，y，zを座標とする符号空間上の3次元ベクトルとして表現されている．したがって，このような表現を**ベクトル表現**という．ただし，4ビット以上の符号になると4次元以上の空間を想定しなければならず，適当な図形表現の方法が見当たらない．

この場合の符号間距離は立方体の頂点間の直線距離，すなわち，**ユークリッド距離**（Euclidean distance）とする表現も可能である．ユークリッド距離は後述する送信，受信系を表現するには適しているが，符号構成を考える上では**ハミング距離**（Hamming distance）が適している．

ユークリッド距離は符号間の直線距離で定義しているが，ハミング距離は二つの符号間の最小の稜線の数で距離を定義する．たとえば，図3-13において101と110は稜線の数が二つである $101 \to 100 \to 110$ の経路と，四つの稜線で結ばれる $101 \to 111 \to 011 \to 010 \to 110$ の経路がある．この場合，二つの符号を結ぶ最小の稜線数2をハミング距離と定義する．いま，ハミング距離が2である二つの符号101と110をmod 2加算すると011になり，加算した符号に含まれる1の数は2になっている．したがってハミング距離は，二つの符号aとbをmod 2

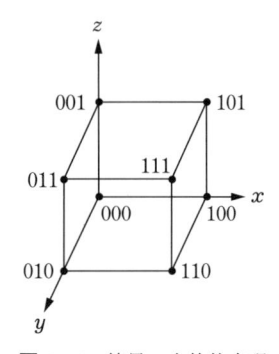

図 3-13　符号の立体的表現

加算したとき $a+b$ に含まれる 1 の数であると定義することもできる．

3.4.3　多値M系列符号

3.2 で述べた M 系列符号は 2 値符号としたが，これはガロア体 $GF(2)$ 上の符号として取り扱っていたからである．これを $GF(5)$ 上の符号に拡張してみよう．

たとえば，$GF(5)$ 上の 2 次の原始多項式 x^2+x+2 をフィードバック回路に用いた図 3-14 のシフトレジスタ回路からは，周期 $5^2-1=24$ の 5 値 M 系列符号が得られる．

図 3-14 の回路で行われている演算はすべて表 3-6 に示す $GF(5)$ 演算，すなわち mod 5 の演算である．mod 5 演算においては，表 3-6 に示すように $-1=4$，$-2=3$ であるから，図 3-14 を書き直すと図 3-15 になる．

図 3-15 の回路において，シフトレジスタの初期値を $D_2=1$，$D_1=0$ とすると，表 3-10 のように動作する．

出力には表 3-10 の (c) の値が現れ，24 番目のクロックにおける値は初期値

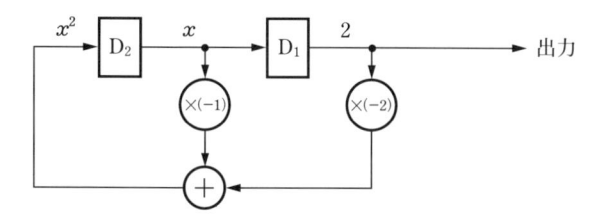

図 3-14　$GF(5)$ 上の M 系列符号発生器

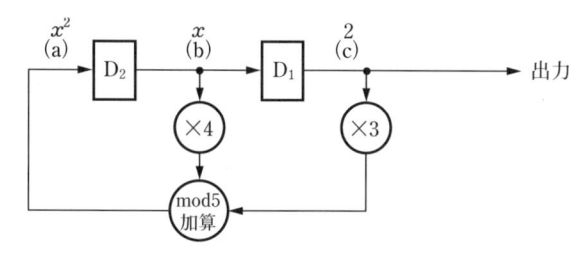

図 3-15　$GF(5)$ 上の M 系列符号発生器

表 3-10　$GF(5)$ 上の M 系列符号発生器の動作

クロック	0	1	2	3	4	5	6	7	8	9	10	11	12	13	14	15	16	17	18	19	20	21	22	23	24
$D_{1\,out}$ (c)	0	1	4	4	3	4	0	2	3	3	1	3	0	4	1	1	2	1	0	3	2	2	4	2	0
$D_{2\,out}$ (b)	1	4	4	3	4	0	2	3	3	1	3	0	4	1	1	2	1	0	3	2	2	4	2	0	1
$D_{2\,in}$ (a)	4	4	3	4	0	2	3	3	1	3	0	4	1	1	2	1	0	3	2	2	4	2	0	1	4

表 3-11　$GF(5)$ における（×3）乗算器の動作

ベクトル表示	a_2	a_1	a_0	a_2	a_1	a_0	a_2	a_1	a_0	a_2	a_1	a_0	a_2	a_1	a_0
入　力	0	0	0	0	0	1	0	1	0	0	1	1	1	0	0
出力（×3）	0	0	0	0	1	1	0	0	1	1	0	0	0	1	0

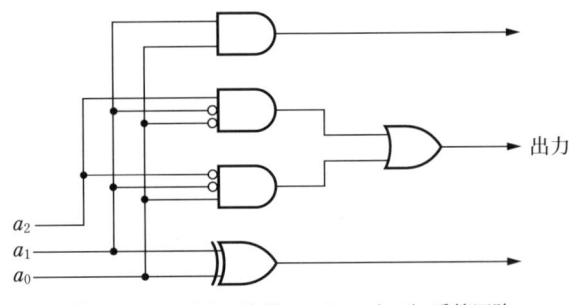

図 3-16　$GF(5)$ の演算における（×3）乗算回路

（0番目のクロック）と同じになり，以後 0～23 を繰り返す．したがって，図 3-15 の回路から発生する多値 M 系列符号は，周期 24 の 014434023313041121032242 となる．

図 3-15 をディジタル回路で構成すると，$GF(5)$ の元 0～4 を表すのに 3 ビットを必要とする．まず $GF(5)$ における 3 倍の乗算器は，表 3-11 の関係を作り出すことである．

この動作を論理回路に置き換えると，図 3-16 のように構成できる．

$GF(5)$ における 4 倍の乗算器は，表 3-12 のように動作させればよい．したが

3.4 FH方式のための拡散符号

表 3-12 $GF(5)$における（×4）乗算器の動作

ベクトル表示	a_2	a_1	a_0	a_2	a_1	a_0	a_2	a_1	a_0	a_2	a_1	a_0	a_2	a_1	a_0
入　力	0	0	0	0	0	1	0	1	0	0	1	1	1	0	0
出力（×4）	0	0	0	1	0	0	0	1	1	0	1	0	0	0	1

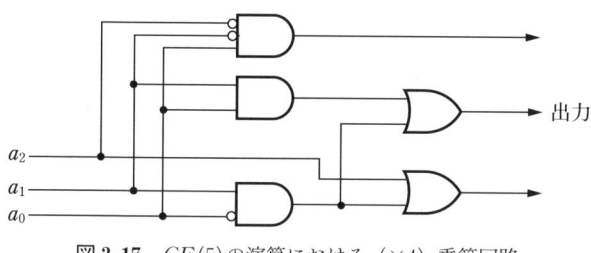

図 3-17 $GF(5)$の演算における（×4）乗算回路

って，$GF(5)$における（×4）乗算器の回路は図 3-17 になる．

mod 5 の加算に関しては，表 3-6 から通常の算術演算を行い，和が 5，6，7，8 になれば，それぞれ 0，1，2，3 に変換すればよい．

2 進数 1 桁における算術演算の加算回路は，加算する二つの数を a と b，下の桁からの桁上げ入力を c_i，和を s，上の桁への桁上げ出力を c_o とすると，表 3-13 の動作を行う回路である．

この動作を論理回路に置き換えると，図 3-18 の**全加算器**（full adder）となる．

なお，下の桁からの桁上げ入力（c_i）がない加算器を**半加算器**（half adder）と

表 3-13 全加算器の動作

c_o	0	0	0	1	0	1	1	1
s	0	1	1	0	1	0	0	1
b	0	0	0	0	1	1	1	1
a	0	0	1	1	0	0	1	1
c_i	0	1	0	1	0	1	0	1

図 3-18 全加算器

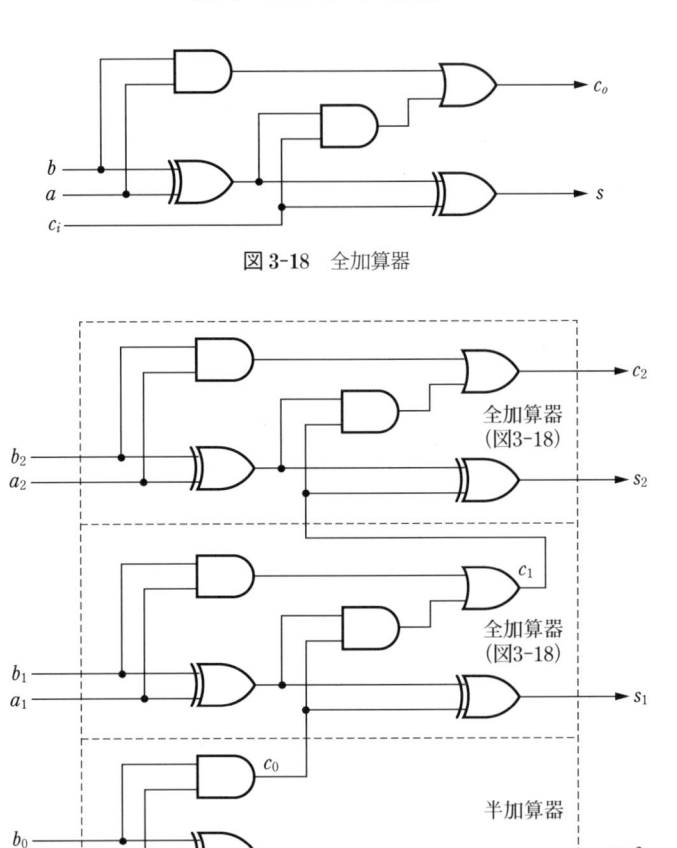

図 3-19 3 ビット算術演算加算器

いう．したがって，3 ビットの加算回路は全加算器二つと半加算器一つで，図 3-19 のように構成できる．

図 3-19 の回路の出力が 5〜8 になった場合，これを 0〜3 に変換する回路を付加すれば，$GF(5)$ の加算器（mod 5 加算器）が図 3-20 のように構成できる．

図 3-16，図 3-17，図 3-20 の回路を組み合わせることにより，図 3-21 に示す多値 M 系列符号発生器ができる．

図 3-21 の多値 M 系列符号発生器において，初期値として D_{20} を 1 に，その他

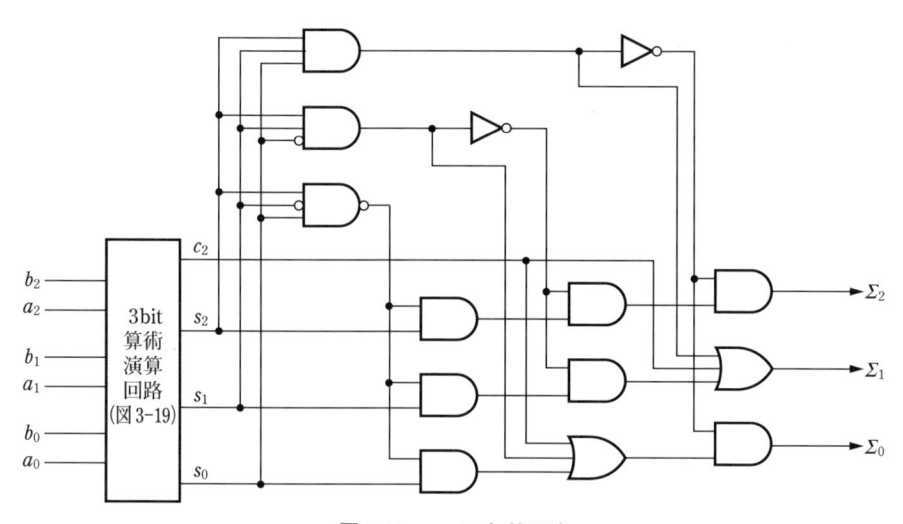

図 3-20　mod 5 加算回路

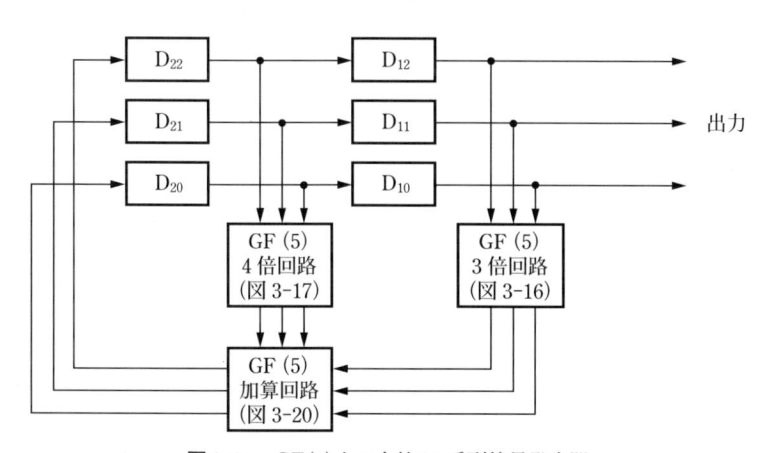

図 3-21　$GF(5)$ 上の多値 M 系列符号発生器

のレジスタを 0 にセットすれば，表 3-10 の動作を実行することになる．

　ここでは mod 5 演算回路をすべて論理回路で構成したが，これらの演算は表 3-6 の関係を ROM に書き込むことによっても実現できる．

　なお，ここで用いた原始多項式 x^2+x+2 は $GF(5)$ 上の原始多項式であり，

表3-4に例示した原始多項式は $GF(2)$ 上の原始多項式である．

$GF(q)$ 上の多項式とは，係数が $GF(q)$ の元で表されている多項式である．たとえば，$GF(5)$ 上の多項式の係数は $GF(5)$ の元 0，1，2，3，4 のいずれかである．

3.4.4　リードソロモン符号（RS符号）

RS符号は誤り訂正符号（誤り訂正が可能な符号）としてコンパクトディスク（CD）への応用にはじまり，現在ではディジタルVTRからディジタル放送，通信まで，あらゆる分野において誤り訂正符号として採用されている．

情報データを0と1とし，伝送しようとする符号を1としよう．この符号が伝送途中で何らかの妨害を受けて0と受信されるようならば，情報を正しく伝達することは不可能である．そこで，送信符号が1であったか0であったかを受信側で判別できるような符号に変換して伝送すれば，情報は正しく伝達できることになる．受信側で誤りが訂正できるように変換した符号を誤り訂正符号という．

かりに，1を伝送する場合，1を111と変換して伝送するならば，誤りなく受信できれば3ビットすべてが111となる．しかし，伝送途中で妨害を受け101と受信すれば，3ビット同一の符号ではないから誤りがあったことを検出できる．さらに，3ビット中2ビットが1であるから受信された情報は1と判断してよい．しかし，2ビット誤りが発生して001となった場合には0と判断することになり，誤りがあったことは検出できるが誤ったデータに訂正することになる．

このように，誤り訂正はもとのデータに余分なビットを付加して，符号にある一定の規則にしたがった**冗長性**（redundancy）を与えて伝送し，受信側では規則に合致しているかどうかをチェックして受信符号の真偽を判断，訂正を行う．新しい符号に変換することを**符号化**（coding, encoding）といい，できあがった新しい符号を**符号語**（code word）という．情報データ0と1のハミング距離は1であるが，新しい符号語000と111のハミング距離は3になっている．情報データを伝送に適した符号に符号化することは，符号間の距離を大きくすることである．

3.4 FH方式のための拡散符号

ハミング距離が1である二つの4ビット情報データ0010と0011に冗長性を与えるために，余分に3ビットを検査ビットとして付加した誤り訂正符号を作ってみよう．

4ビット符号に3ビット付加すると全体で7ビットの符号になり，これを多項式表現するとMSBはx^6の項になる．4ビット符号のMSBはx^3であるから，0010と0011を多項式で表現したx，$x+1$を7ビット符号のMSBからの4ビットになるようにx，$x+1$にx^3を掛けて，x^4，x^4+x^3に変換する．これらの式を表3-4の3次の原始多項式x^3+x+1で割り算すると，次のようになる．

$$
\begin{array}{r}
x \\
x^3+x+1 \overline{\smash{)}x^4} \\
\underline{x^4+x^2+x} \\
x^2+x
\end{array}
\qquad
\begin{array}{r}
x+1 \\
x^3+x+1 \overline{\smash{)}x^4+x^3} \\
\underline{x^4+x^2+x} \\
x^3+x^2+x \\
\underline{x^3+x+1} \\
x^2+1
\end{array}
$$

この割り算の余りをx^4，x^4+x^3に付加したx^4+x^2+x，$x^4+x^3+x^2+1$が，伝送する誤り訂正符号の符号語になる．ベクトル表現すれば，0010を0010110に，0011を0011101に変換している．この場合のハミング距離は3になっているので，1ビットの誤り訂正が可能である．

このようにして作成した誤り訂正符号は，1950年にハミング（R. W. Hamming）によって発表されたので**ハミング符号**（Hamming code）と呼ばれ，この例では符号長7ビット，情報ビットが4ビットであるからハミング（7，4）符号という．

情報データを$I(x)$，割り算に使った原始多項式を$G(x)$，割り算の商を$Q(x)$，割り算の余りを$R(x)$とすると，ハミング符号は$I(x)$にx^3を掛けた$x^3 \cdot I(x)$を$G(x)$で割り算し，割り算の余りを$x^3 \cdot I(x)$に付加した形の符号語になっていて，次の関係が成立している．

$$x^3 \cdot I(x) + R(x) = Q(x) \cdot G(x)$$

したがって，符号語は必ず$G(x)$で割り切れ，受信した符号が$G(x)$で割り切れなければ誤りがあったと判断でき，誤りが1ビットであれば割り算の余りから

誤ったビットの位置が検出できる．たとえば，0011 を 0011101 ($x^4+x^3+x^2+1$) として送信したならば，受信側では

$$(x^4+x^3+x^2+1)/(x^3+x+1)=x+1$$

のように割り算し，この場合は割り切れているので誤りなく受信していると判断できる．しかし，誤って受信されて 0011101 が 1011101 ($x^6+x^4+x^3+x^2+1$) となった場合には，

$$(x^6+x^4+x^3+x^2+1)/(x^3+x+1)=x^3 \text{ 余り } x^2+1$$

となり，割り算の余りが x^2+1(101) となって現れる．この 101 が MSB に誤りがあった場合の値であり，同様に計算すれば MSB から数えて 2 ビット目に誤りがあれば余りは 111 になる．3 ビット目以降は順に 110，011，100，010，001 となって現れる．このハミング符号は 2 値の符号であるから，誤った位置の符号に 1 を加算すれば誤りを訂正できる．割り算の除数として使用した $G(x)=x^3+x+1$ を**生成多項式**（generator polynomial）と呼んでいる．

同じように，$x^n \cdot I(x)+R(x)=Q(x) \cdot G(x)$ の関係を使って多値符号として扱ったものに**リードソロモン符号**（RS 符号：Reed-Solomon code）がある．

いま，情報が 3 ビットから構成される 8 値データの場合を例として取り上げてみよう．八つの値は 3 次の原始多項式 $x^3+x+1=0$ の根を α とするガロア体 $GF(2^3)$ の元で，表 3-14 のように 0 を除いてすべて表現できる．また，α^7 は $\alpha^0(=1)$ に等しくなり，α^7 以降は $\alpha^0 \sim \alpha^6$ を繰り返す．

さて，1 と α を根とする $GF(2^3)$ 上の最小多項式は単に $(x+1)(x+\alpha)$ と表せるから，次式を生成多項式として使用する．

$$\begin{aligned}G(x)&=(x+1)(x+\alpha)\\&=x^2+(\alpha+1)x+\alpha\\&=x^2+\alpha^3 x+\alpha \quad \text{（表 3-14 から}\quad \alpha^3=\alpha+1\text{）}\end{aligned}$$

ここで，**最小多項式**（minimal polynomial）とは拡大体 $GF(p^n)$ の元 α を根にもつ基礎体 $GF(p)$ 上で最も次数が小さく，かつ，最高次の係数が 1 である既約多項式をいう．たとえば，$GF(2)$ 上の原始多項式である x^3+x+1 を 0 とおけば，3 次方程式であるから根は三つ存在するはずである．拡大体 $GF(2^3)$ の元 α

3.4 FH方式のための拡散符号

表 3-14 $GF(2^3)$ の元による符号表現（$x^3+x+1=0$ の根を α とする）

根のべき乗	線形結合	ベクトル表現
	0	0 0 0
α^0	1	0 0 1
α^1	α	0 1 0
α^2	α^2	1 0 0
α^3	$\alpha+1$	0 1 1
α^4	$\alpha^2+\alpha$	1 1 0
α^5	$\alpha^2+\alpha+1$	1 1 1
α^6	α^2+1	1 0 1
α^7	1	0 0 1

表 3-15 x^3+x+1 の根を α とする拡大体 $GF(2^3)$ の四則演算

+	**0**	**1**	$\boldsymbol{\alpha}$	$\boldsymbol{\alpha^2}$	$\boldsymbol{\alpha^3}$	$\boldsymbol{\alpha^4}$	$\boldsymbol{\alpha^5}$	$\boldsymbol{\alpha^6}$	$\boldsymbol{\alpha}$	$\boldsymbol{-\alpha}$
0	0	1	α	α^2	α^3	α^4	α^5	α^6	0	0
1	1	0	α^3	α^6	α	α^5	α^4	α^2	1	1
α	α	α^3	0	α^4	1	α^2	α^6	α^5	α	α
α^2	α^2	α^6	α^4	0	α^5	α	α^3	1	α^2	α^2
α^3	α^3	α	1	α^5	0	α^6	α^2	α^4	α^3	α^3
α^4	α^4	α^5	α^2	α	α^6	0	1	α^3	α^4	α^4
α^5	α^5	α^4	α^6	α^3	α^2	1	0	α	α^5	α^5
α^6	α^6	α^2	α^5	1	α^4	α^3	α	0	α^6	α^6

×	**0**	**1**	$\boldsymbol{\alpha}$	$\boldsymbol{\alpha^2}$	$\boldsymbol{\alpha^3}$	$\boldsymbol{\alpha^4}$	$\boldsymbol{\alpha^5}$	$\boldsymbol{\alpha^6}$	$\boldsymbol{\alpha}$	$\boldsymbol{\alpha^{-1}}$
0	0	0	0	0	0	0	0	0	0	—
1	0	1	α	α^2	α^3	α^4	α^5	α^6	1	1
α	0	α	α^2	α^3	α^4	α^5	α^6	1	α	α^6
α^2	0	α^2	α^3	α^4	α^5	α^6	1	α	α^2	α^5
α^3	0	α^3	α^4	α^5	α^6	1	α	α^2	α^3	α^4
α^4	0	α^4	α^5	α^6	1	α	α^2	α^3	α^4	α^3
α^5	0	α^5	α^6	1	α	α^2	α^3	α^4	α^5	α^2
α^6	0	α^6	1	α	α^2	α^3	α^4	α^5	α^6	α

を一つの根とするならば，α^2，α^4 をそれぞれ代入した場合，

$$\alpha^6+\alpha^2+1=\alpha^2+1+\alpha^2+1=0$$

$$\alpha^{12}+\alpha^4+1=\alpha^5+\alpha^4+1=\alpha^2+\alpha+1+\alpha^2+\alpha+1=0$$

となり，α，α^2，α^4 が三つの根である．したがって，この三つを根とする最高次の係数が1の多項式は，

$$(x+\alpha)(x+\alpha^2)(x+\alpha^4)=x^3+x+1$$

であるから，x^3+x+1 は最小多項式である．

　符号長を7とし，伝送する情報 $I(x)$ が α^6，α^5，α^4，α^3，α^2 であるとかりにしよう．多項式で表せば，

$$I(x)=\alpha^6x^4+\alpha^5x^3+\alpha^4x^2+\alpha^3x+\alpha^2$$

である．ハミング符号の場合と同じように，$x^2 \cdot I(x)$ に変換して $G(x)$ で割り算すると，

$$\begin{array}{r}
\alpha^6x^4+\alpha^3x^3+\alpha x^2+\alpha^3x+\alpha^6 \\
x^2+\alpha^3x+\alpha \overline{)\alpha^6x^6+\alpha^5x^5+\alpha^4x^4+\alpha^3x^3+\alpha^2x^2} \\
\underline{\alpha^6x^6+\alpha^2x^5+x^4} \\
\alpha^3x^5+\alpha^5x^4+\alpha^3x^3 \\
\underline{\alpha^3x^5+\alpha^6x^4+\alpha^4x^3} \\
\alpha x^4+\alpha^6x^3+\alpha^2x^2 \\
\underline{\alpha x^4+\alpha^4x^3+\alpha^2x^2} \\
\alpha^3x^3 \\
\underline{\alpha^3x^3+\alpha^6x^2+\alpha^4x} \\
\alpha^6x^2+\alpha^4x \\
\underline{\alpha^6x^2+\alpha^2x+1} \\
\alpha x+1
\end{array}$$

のように割り算の余りは $\alpha x+1$ と求まる．したがって，$x^2 \cdot I(x)+R(x)$ の形にした伝送符号は，$\alpha^6x^6+\alpha^5x^5+\alpha^4x^4+\alpha^3x^3+\alpha^2x^2+\alpha x+1$ になる．この符号は，1シンボルの誤り訂正と2シンボルの誤り検出が可能な RS（7,5）符号である．誤りに関しては1シンボル3ビットがすべて誤っていてもかまわない．

　誤りの訂正は，生成多項式で割り算した余りから誤りシンボルの位置と誤りの値を計算しなければならないので，ハミング符号よりも複雑になる．

　t シンボル訂正可能なリードソロモン符号のパラメータは次の通りである．

3.4 FH方式のための拡散符号

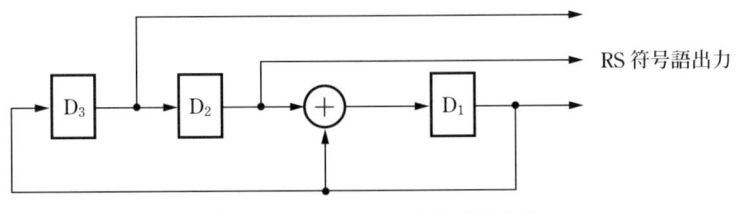

図3-22 リードソロモン符号語発生器

符 号 長　　　$n: n \leq q-1 \quad GF(q) \mathcal{O} q$
情報シンボル数　$k: k \leq n-2t$
最小ハミング距離 $d_{\min}: d_{\min} \geq 2t+1$

したがって，例にあげた $GF(2^3)$ から生成できるリードソロモン符号の符号長は7以下であり，符号長を長くするには q の大きなガロア体を用いなければならない．なお，リードソロモン符号の符号化にあたっては，すべて $GF(2^3)$ の演算，すなわち $\mathrm{mod}(a^3+a+1)$ の演算であることに注意願いたい．

$GF(2^3)$ における四則演算を表3-15に示す．

例にあげたリードソロモン符号の符号語 $\{a^6 \ a^5 \ a^4 \ a^3 \ a^2 \ a \ 1\}$ の発生器は，M系列符号発生器と同様にシフトレジスタで図3-22のように構成できる．図3-22において D_1, D_3 を1に，D_2 を0にセットしてシフトさせれば表3-16のように動作し，D_1, D_2, D_3 の出力にはリードソロモン符号の符号語が生成されている．

表3-16のリードソロモン符号の符号語生成多項式としては単に x が使われ，これに $GF(2^3)$ の元である $a^0 \sim a^6$ を代入して符号語を構成している．生成多項式として $GF(2^3)$ 上の多項式 $(x+1)$, $(x+a)$, $(x+a^2)$, $(x+a^3)$, $(x+a^4)$, $(x+a^5)$, $(x+a^6)$ を使うことも可能であり，これらの式から得られるすべての符号語を表にして8値で表すと表3-17になる．

リードソロモン符号の符号語を拡散符号とした場合，系列の数は表3-17のように0を含むガロア体の元の数だけ作成可能である．表3-17の各数字はホップする周波数の番号を指しているが，表からもわかるように周期的に現れる各系列をどのようにシフトさせても系列間のすべての番号が一致することはない．ま

表 3-16　リードソロモン符号語発生器の動作

クロック	0	1	2	3	4	5	6
D_3	1	1	1	0	1	0	0
D_2	0	1	1	1	0	1	0
D_1	1	1	0	1	0	0	1
α のべき乗	α^6	α^5	α^4	α^3	α^2	α^1	α^0
8値表示	5	7	6	3	4	2	1

表 3-17　RS 符号系列の例

生成多項式	符　号　語　(8 値表示)						
x	5	7	6	3	4	2	1
$x+1$	4	6	7	2	5	3	0
$x+\alpha$	7	5	4	1	6	0	3
$x+\alpha^2$	1	3	2	7	0	6	5
$x+\alpha^3$	6	4	5	0	7	1	2
$x+\alpha^4$	3	1	0	5	2	4	7
$x+\alpha^5$	2	0	1	4	3	5	6
$x+\alpha^6$	0	2	3	6	1	7	4

た，シフトしたときに周波数がヒットするのは最大一つである．

　なお，リードソロモン符号の符号語の作成には，図 3-23 のように M 系列符号発生器をそのまま利用することも可能である．

　たとえば，図 3-23 の回路の D_1，D_2，D_3 をすべて 1 にセットしてシフトさせれば，7652413（α のべき乗で表現すれば α^5 α^4 α^6 α α^2 α^0 α^3）の符号語が得られる．α のべき乗で表現した値に，表 3-17 のように 1〜α^6 を $GF(2^3)$ 演算で加算すれば，表 3-18 に示す八つのリードソロモン符号系列が得られる．

3.4 FH 方式のための拡散符号

表 3-18 M 系列符号発生器から構成した RS 符号系列

生成多項式	符 号 語 (8 値表示)						
x	7	6	5	2	4	1	3
$x+1$	6	7	4	3	5	0	2
$x+\alpha$	5	4	7	0	6	3	1
$x+\alpha^2$	3	2	1	6	0	5	7
$x+\alpha^3$	4	5	6	1	7	2	0
$x+\alpha^4$	1	0	3	4	2	7	5
$x+\alpha^5$	0	1	2	5	3	6	4
$x+\alpha^6$	2	3	0	7	1	4	6

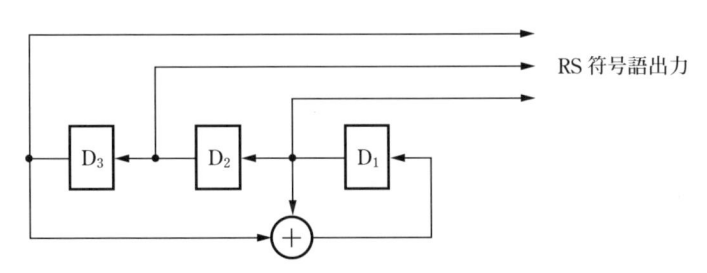

図 3-23 M 系列符号発生器による RS 符号語の作成

参考文献

[1] 松尾憲一:ディジタル放送技術,東京電機大学出版局(1997)

[2] 横山光雄:スペクトル拡散通信システム,科学技術出版(1988)

[3] Robert C. Dixon(山之内和彦,竹内嘉彦訳):スペクトル拡散通信の基礎,科学技術出版(1999)

[4] 宮川 洋,岩垂好裕,今井秀樹:符号理論,昭晃堂(1973)

[5] 丸林 元,中川正雄,河野隆二:スペクトル拡散通信とその応用,電子情報通信学会(1998)

第4章

ディジタル変復調

4.1　ディジタル変復調の種類

　SS方式といえども，1次変調あるいはSS信号の逆拡散によって得られた狭帯域信号の復調には，従来の狭帯域変復調が必要である．これらはあらゆる通信方式に共通した技術であり，復習をかねてディジタル通信における狭帯域変復調について考えてみよう．

　ディジタル変調といっても，アナログの変調と同じように搬送波の三つのパラメータ①振幅，②周波数，③位相を変化させていることには違いない．

　アナログ信号で変調する場合には，

① **AM**（Amplitude Modulation）

② **FM**（Frequency Modulation）

③ **PM**（Phase Modulation）

と呼ばれるが，ディジタル信号で変調する場合には，それぞれ

① **ASK**（Amplitude Shift Keying）

② **FSK**（Frequency Shift Keying）

③ **PSK**（Phase Shift Keying）

という．

　復調には**同期検波**（synchronous detection），あるいは**遅延検波**（delay detection）が用いられる．ディジタル通信においてはAM方式を採用した例はまれであり，したがって，特に受信レベルの変動が激しい移動体通信において**包絡線検波**（envelope detection）を用いるのは適さない．

4.2　BPSK

BPSK（Binary Phase Shift Keying）は，2値のディジタル信号の0と1を搬送波の位相0とπに対応させる位相変調であり，図4-1に変調器の構成を示す．
　図4-1において0，1で表される2値のディジタルデータは，両極性の信号にレベル変換されて乗算器⊗の入力信号になる．いま，乗算器として図4-2のリング変調器を使用すれば，パルス入力信号が0（かりに+1Vとする）ならば，ダイオードa，bが導通して搬送波はそのまま出力される．また，パルス入力信号が1（かりに-1Vとする）ならば，ダイオードc，dが導通して搬送波は位相反転し，π相が出力に現れる．BPSKは1シンボル1ビットの伝送であり，出力波形はビットの状態に応じて位相が180°変化する図4-3(a)の形になる．
　BPSKの動作を搬送波を基準にして図示すると，符号を表す搬送波の状態は図4-4のようになる．このように表示すると，情報点がちょうど夜空の星座のような配置に見えるので，この位相配置図を**コンスタレーション**（constellation：

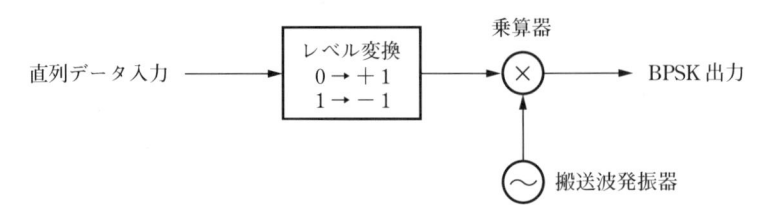

図4-1　BPSK 変調器

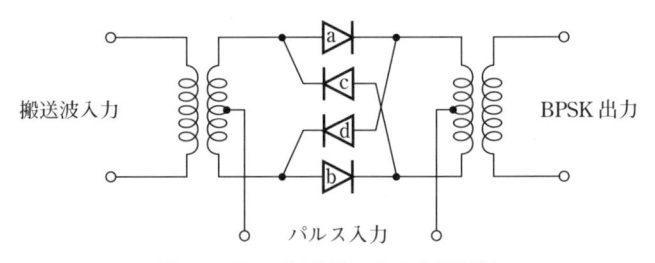

図4-2　リング変調器による位相変調

4.2 BPSK

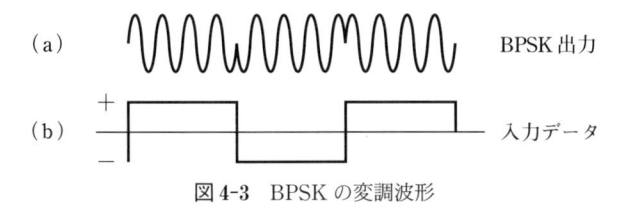

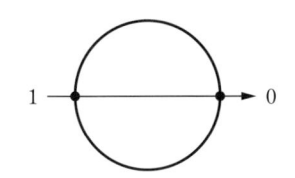

図4-3 BPSKの変調波形
(a) BPSK出力
(b) 入力データ

図4-4 BPSKのコンスタレーション

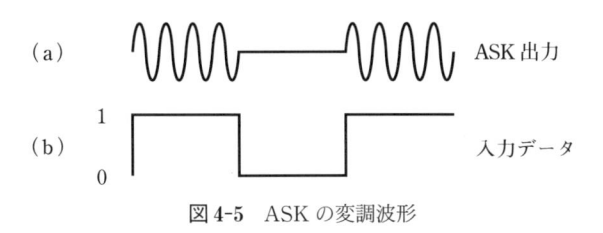

図4-5 ASKの変調波形
(a) ASK出力
(b) 入力データ

星座) と呼んでいる.

　図4-1においてレベル変換を省略すれば,図4-3(a)の波形の逆相部分は出力に現れず,出力波形は図4-5(a)になる.これが**ASK**であり,搬送波周波数を中心として第2章で述べた入力パルスのスペクトラムを有する信号になる.BPSKとASKは入力信号が-1,+1か1,0の違いのみであり,BPSKもASKと同等である.したがって,BPSKのスペクトラムはASKと同じとなる.

　位相変調においては情報を搬送波の位相によって表しているため,BPSKの復調は**同期検波**に頼らざるを得ない.

　同期検波とは,受信信号から同一周波数,同一位相の搬送波を再生し,再生搬送波と受信信号との積をとって復調する方式である.積をとることから**乗積検波**

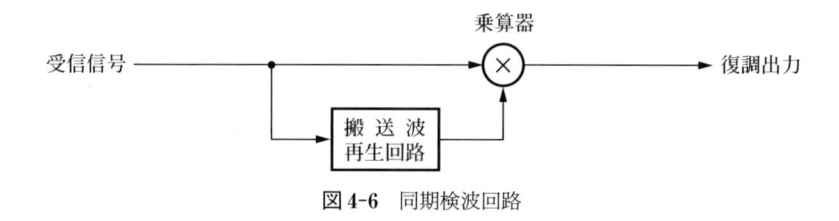

```
          受信信号 ─────────┬──────────→ ⊗ ──────→ 復調出力
                           │            ↑ 乗算器
                           │        ┌───┴───┐
                           └───────→│ 搬送波 │
                                    │再生回路│
                                    └───────┘
```

図 4-6 同期検波回路

(product detection) とも呼ばれ，構成は図 4-6 のようになる．

再生された搬送波を $\sin \omega t$ とすると，検波回路の出力には受信信号の同相成分に対して，

$$E_o(t) = \sin^2 \omega t = \frac{1}{2} - \frac{1}{2} \cos 2\omega t$$

逆相成分に対して，

$$E_o(t) = -\sin^2 \omega t = -\frac{1}{2} + \frac{1}{2} \cos 2\omega t$$

の信号が現れる．第 2 項の信号 $\cos 2\omega t$ は受信信号の 2 倍の周波数であり，これを低域フィルタ（LPF）で除去すれば BPSK は復調できる．

BPSK における受信信号は，$\sin \omega t$ か $\sin(\omega t + \pi)$ のいずれかである．図 4-6 の搬送波再生においては，受信信号に含まれる $(0, \pi)$ の位相変化を除去した連続波（Continuous Wave：CW）を生成しなければならない．いま，$\sin \omega t$，$\sin(\omega t + \pi)$ をそれぞれ 2 乗すれば，

$$\sin^2 \omega t = \frac{1}{2} - \frac{1}{2} \cos 2\omega t$$

$$\begin{aligned}\sin^2(\omega t + \pi) &= \frac{1}{2} - \frac{1}{2} \cos 2(\omega t + \pi) \\ &= \frac{1}{2} - \frac{1}{2} \cos(2\omega t + 2\pi) \\ &= \frac{1}{2} - \frac{1}{2} \cos 2\omega t\end{aligned}$$

となって，位相変化の除去が可能になる．したがって，搬送波再生回路は図 4-7 のように構成できる．

4.2 BPSK

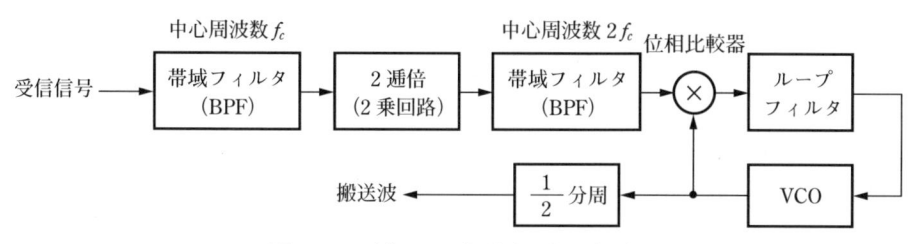

図 4-7 2 逓倍による搬送波発生回路の例

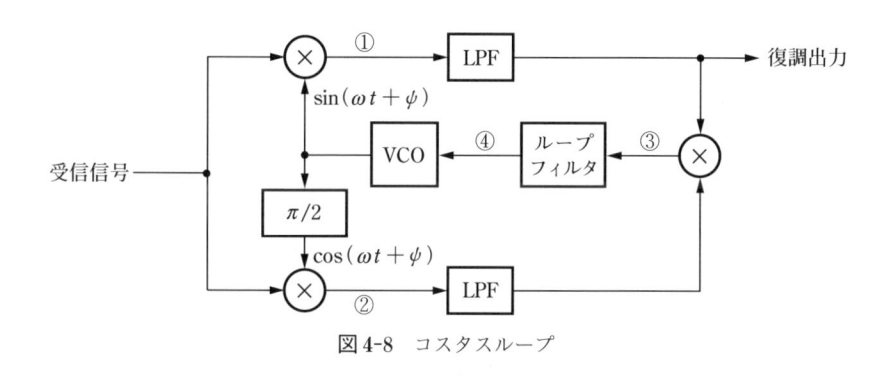

図 4-8 コスタスループ

　図 4-7 において，受信信号の 2 乗信号は 2 逓倍回路により得ている．中心周波数 $2f_c$ の BPF を通した信号は，**VCO**（Voltage Controlled Oscillator：**電圧制御発振器**）の周波数，位相を制御する基準信号となる．位相比較器，ループフィルタ，VCO より構成する **PLL**（Phase Locked Loop）において，VCO は周波数，位相が基準信号に同期した連続波を発振する．VCO 出力を 1/2 に分周すれば基準搬送波が再生できる．

　図 4-7 においては，受信信号を逓倍した信号と VCO 信号を位相比較して VCO を制御しているが，ベースバンドにおいて位相比較し，VCO を制御する搬送波再生回路には，J. P. Costas にちなんで名付けられた**コスタスループ**（Costas loop）がある．図 4-8 にコスタスループの構成を示す．

　図 4-8 において VCO 出力信号が $\sin(\omega t + \psi)$，受信信号が $\sin \omega t$ であったとすると，①に現れる信号 E_1 は，

$$E_1 = \sin \omega t \cdot \sin(\omega t + \phi)$$
$$= \frac{1}{2}\cos \phi - \frac{1}{2}\cos(2\omega t + \phi)$$

②に現れる信号 E_2 は，

$$E_2 = \sin \omega t \cdot \cos(\omega t + \phi)$$
$$= -\frac{1}{2}\sin \phi + \frac{1}{2}\sin(2\omega t + \phi)$$

LPF で各式の第 2 項を除去し，係数を無視するとすると，③に現れる信号は $(-\sin \phi \cdot \cos \phi)$ になる．受信信号の位相が $\sin(\omega t + \pi) = -\sin \omega t$ の場合は E_1，E_2 の符号（＋，－）が逆になるだけだから，③に現れる信号は同様に $(-\sin \phi \cdot \cos \phi)$ である．したがって，受信信号の $(0, \pi)$ 位相差は③の段階で吸収してしまっている．④に現れる VCO の制御信号（位相誤差）は，

$$-\sin \phi \cdot \cos \phi = -\frac{1}{2}\sin 2\phi$$

となる．したがって，ループの制御系は位相誤差を 0，すなわち ϕ が 0 になるように動作する．

4.3　遅延検波によるBPSK（DBPSK）

同期検波においては搬送波を再生する場合，図 4-7 のように 2 逓倍回路が途中に挿入されるため，基準位相が 0 であるか π であるかを確定できなくなる．この基準位相のあいまいさを除去する方法に**差動符号化**（differentially encoding）がある．

差動符号化は＋1 が 0 相，－1 が π 相というように，情報シンボルを搬送波の絶対位相に対応させるのではなく，図 4-9 に示すように搬送波の位相が変化した場合を 1 に対応させ，位相変化がなければ 0 に対応させる方法である．こうすれば，どのような状態で受信しても位相が変化したことのみを検出すれば充分であり，位相の不確定さを除くことができる．

差動符号化をベースバンドで考えると，＋／－の極性を符号に対応させるので

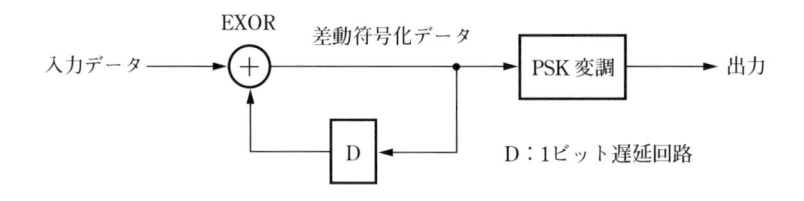

4.3 遅延検波による BPSK (DBPSK)

```
入力データ ──→[＋]──┬──→ 差動符号化データ ──→[PSK変調]──→ 出力
              EXOR │
               ↑   │
               └─[D]←┘              D：1ビット遅延回路
```

入力データ	0	1	1	1	0	0	0	1	1	0	0	1	0	0	0
差動符号化データ	0 0	1	0	1	1	1	1	0	1	1	1	0	0	0	0
出力搬送波位相	0 0	π	0	π	π	π	π	0	π	π	π	0	0	0	0

図 4-9 差動符号化回路とその動作

はなく，極性変化のある/なしを符号に対応させ，無極性信号に変換していることになる．図4-9に示すように，無極性信号へは現在の情報と1ビット前の差動符号化情報とのmod 2加算を変調器入力において行うことによって変換できる．差動符号化を行っても送信信号の位相は0，πのみであり，BPSKと何ら変わることはない．したがって，スペクトラムもBPSKと同じである．

復調を図4-6の同期検波で行うと，基準搬送波を再生しなければならないが，差動符号化を行うことにより遅延回路のみで同期検波が可能になる．いま，1シンボル（1ビット）前の受信信号の位相が0（$\sin \omega t$），また，現在の受信信号の位相も0（$\sin \omega t$）とする．図4-10の乗算器においては $\sin \omega t \times \sin \omega t = (1-\cos 2\omega t)/2$ の演算が行われ，出力には2倍の周波数成分（$\cos 2\omega t$）をLPFで除去した＋信号が検出される．1シンボル前の信号と現在の信号が逆相の場合には，同様にして－が検出される．**2.4**で述べたように，ディジタル回路においては乗算は排他的論理和（EXOR）と等価であり，乗算は送信におけるmod 2の加算に対して，受信においてはmod 2の減算（mod 2演算においては加算と減算は同じであり，この場合もmod 2加算と考えてもよい）を行っていることになる．送信においては図4-1のように符号0を＋，1を－にレベル変換しているので，検波回路で検出された＋，－をレベル変換して0，1に対応させれば，送信符号が復調できる．

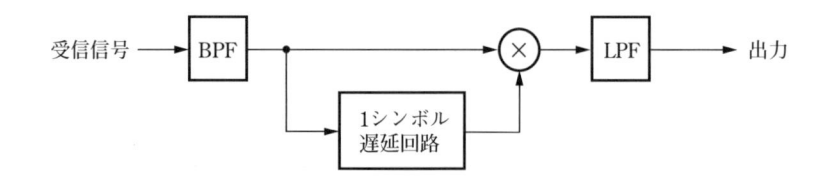

```
                    ┌─────┐         ┌─┐   ┌─────┐
受信信号 ─────┬──▶│ BPF │──┬─────▶│×│──▶│ LPF │──▶ 出力
                    └─────┘  │      └─┘   └─────┘
                             │       ▲
                             ▼       │
                      ┌──────────┐   │
                      │1シンボル │   │
                      │ 遅延回路 │───┘
                      └──────────┘
```

受信信号位相	0	0	π	0	π	π	π	π	0	π	π	π	0	0	0	0
受信位相比較	+	−	−	−	+	+	+	+	−	−	+	+	−	+	+	+
出 力 符 号	0	1	1	1	0	0	0	0	1	1	0	0	1	0	0	0

図 4-10 遅延検波回路とその動作

　この復調法は，受信信号を1シンボル遅延させて基準搬送波とする同期検波であって，遅延回路を通して復調しているため，**遅延検波**または**差動位相検波**（differential phase detection）とも呼ばれる．

　送信に差動符号化，受信復調に遅延検波を用いる方式を **DPSK**（Differentially coherent PSK）といい，この場合は **DBPSK** である．

　この方式は遅延した一つ前の受信信号を基準搬送波としているため，受信信号に含まれるノイズの影響を受け，同期検波を用いた場合に比較して受信符号の誤り特性が少しばかり悪化する．しかし，搬送波再生回路が不要になり，受信機の構成が簡単になるため，移動通信では好んで使われる．

4.4　QPSK

　QPSK（Quadrature Phase Shift Keying：**直交位相変調**）は直交している二つの搬送波にそれぞれ BPSK を行い，二つの BPSK 波を図 4-11 に示すようにベクトル合成することにより得られる．したがって，QPSK では1シンボル2ビット伝送が可能になる．

　sin 波で変調された信号を ***I* 信号**（In-phase），cos 波で変調された信号を ***Q* 信号**（Quadrature phase）とする．図 4-11 のように直列データが LSB から入

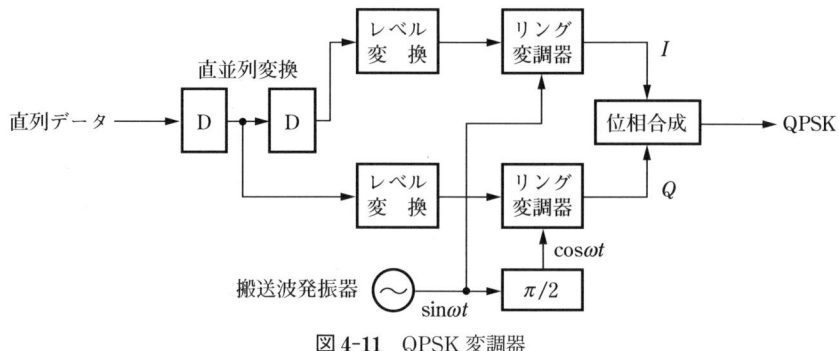

4.4 QPSK

図 4-11 QPSK 変調器

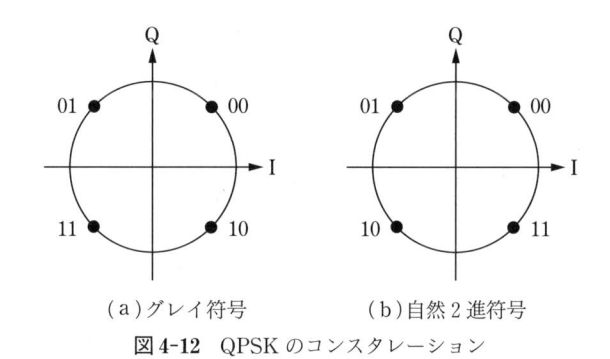

(a) グレイ符号　　(b) 自然 2 進符号

図 4-12 QPSK のコンスタレーション

力されるとすると，図 4-11 の変調器から得られる QPSK のコンスタレーションは，2 ビットの符号を Q, I の順に表すと図 4-12(a) のようになる．

　位相変調では伝送途中の障害により，本来の位相点が隣りあった位相点と重なりあってしまう場合がある．このとき，図 4-12(b) のように自然 2 進配置になっていると 00 が 11 に間違われ，2 ビットすべての誤りになってしまう．したがって，通常は図 4-12(a) のように隣りあった符号間のハミング距離が必ず 1 になるように配置する**グレイ符号**（Gray code）が用いられる．こうすれば，障害を受けても 1 ビット誤りで済み，ビット誤り率を小さくできる．図 4-11 の回路では，グレイ符号をそのまま変調信号として使用できる．自然 2 進符号をグレイ符号に変換する回路を図 4-13 に示す．

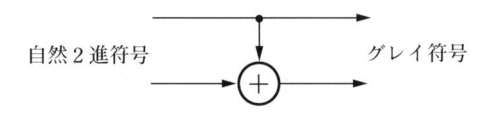

図 4-13 自然 2 進符号→グレイ符号変換回路

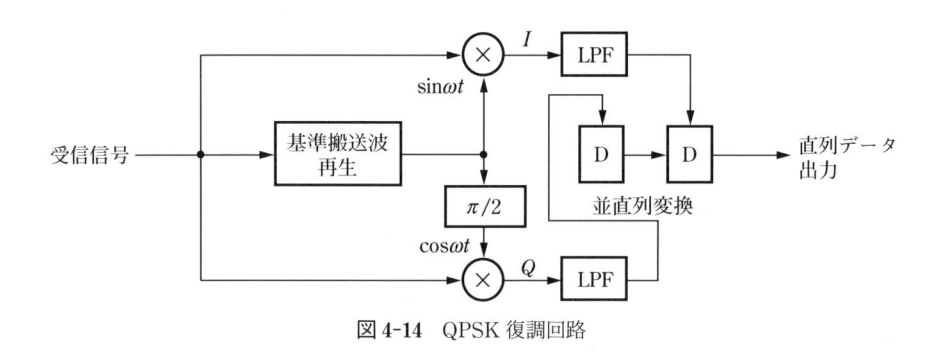

自然 2 進符号	グレイ符号
00	00
01	01
10	11
11	10

図 4-14 QPSK 復調回路

　伝送する情報量が同じであれば，QPSK においてはビットレートは BPSK の 1/2 になり，帯域幅も 1/2 に低減できることになる．

　なお，QPSK は搬送波位相を 90°間隔で四つの符号点としているため，**4 相 PSK** ともいわれる．QPSK の復調回路は図 4-14 のようになる．QPSK は直交した二つの搬送波 $\sin \omega t$ と $\cos \omega t$ を合成した信号であるから，復調にあたっては二つの BPSK 信号に分離する必要がある．図 4-14 において，再生基準搬送波は受信搬送波に同期しているものとしよう．受信信号を $\sin \omega t$ とするならば，I，Q に現れる信号 E_i，E_q は次のようになる．

$$E_i = \sin^2 \omega t = \frac{1}{2} - \frac{1}{2}\cos 2\omega t$$

$$E_q = \sin \omega t \cdot \cos \omega t = \frac{1}{2} \sin 2\omega t$$

E_i, E_q をそれぞれ LPF を通過させると，2倍の周波数成分は消えてなくなり，同相成分 E_i のベースバンドのみが現れる．受信信号が $\cos \omega t$ ならば，逆に E_q のみが現れることになり，直交搬送波を分離して復調できる．

なお，二つの信号 $a(t)$, $b(t)$ が直交していれば次の関係が成立する．

$$\int_{-T}^{T} a(t) \cdot b(t) dt = 0$$

図 4-11 に示す変調器では，QPSK の情報は搬送波位相 $\pi/4$, $3\pi/4$, $5\pi/4$, $7\pi/4$ に配置されているから，BPSK の復調と同様に，搬送波再生にあたってはこれら位相の不連続を削除しなければならない．BPSK においては受信信号を2乗（2逓倍）することによって目的を達成したが，QPSK においては4乗（4逓倍）することによって位相の不連続はなくなり，$\cos(4\omega t + \pi)$ が得られる．したがって，逓倍法による搬送波再生回路は図 4-15 のように構成できる．

また，BPSK と同様に，図 4-16 に示すコスタスループによっても構成できる．

図 4-16 において，$\sin(\omega t + \pi/4)$, (0, 0) を受信しているとし，また，VCO の発振信号を I 軸から ϕ だけ位相誤差のある $\sin(\omega t + \phi)$ とする．VCO の出力位相を $\pi/4$ ステップで変化させた四つの信号と入力信号との積をそれぞれとれば，①に現れる信号 e_1 は次式により求められる．

$$e_1 = \sin\left(\omega t + \frac{\pi}{4}\right) \cdot \sin(\omega t + \phi)$$

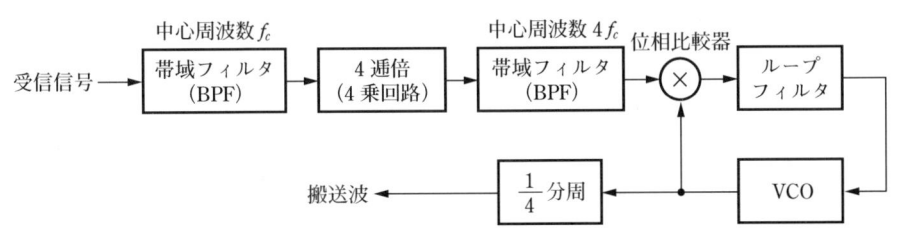

図 4-15 4 逓倍による QPSK 搬送波再生回路の例

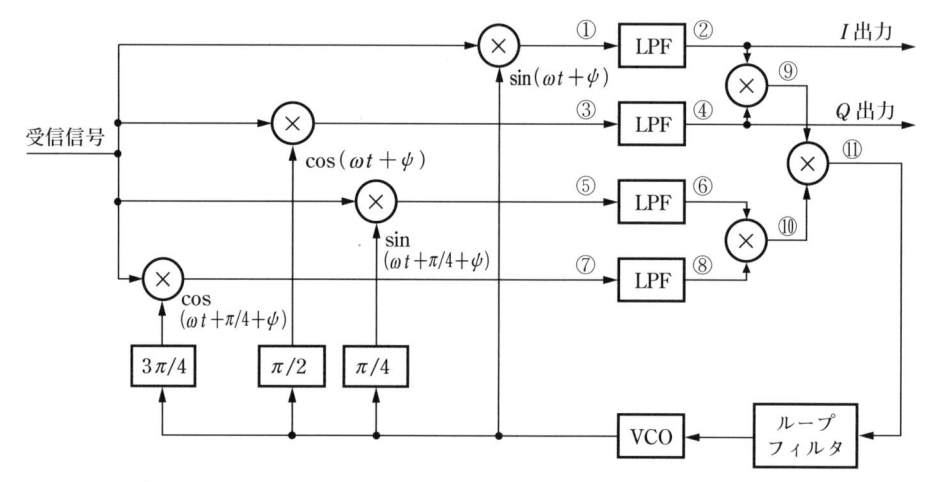

図 4-16 四つの基準搬送波によるコスタスループ QPSK 搬送波再生回路

　この式から現れる 2 倍の周波数成分 $\sin 2\omega t$，$\cos 2\omega t$ は LPF で除去され，また，係数は無視して差し支えないから，②に現れる信号 e_2 は，

$$e_2 = \cos\psi + \sin\psi$$

となる．③に現れる信号は，

$$e_3 = \sin\left(\omega t + \frac{\pi}{4}\right) \cdot \cos(\omega t + \psi)$$

e_3 から LPF により 2 倍の周波数成分を除くと，④には，

$$e_4 = \cos\psi - \sin\psi$$

同様に⑥，⑧には，

$$e_6 = \cos\psi$$

$$e_8 = -\sin\psi$$

したがって，⑨，⑩には，

$$e_9 = e_2 \cdot e_4 = (\cos\psi + \sin\psi)(\cos\psi - \sin\psi)$$
$$= \cos^2\psi - \sin^2\psi = \cos 2\psi$$

$$e_{10} = e_6 \cdot e_8 = -\sin\psi \cdot \cos\psi = -\frac{1}{2}\sin 2\psi$$

4.5 遅延検波によるQPSK (DQPSK)

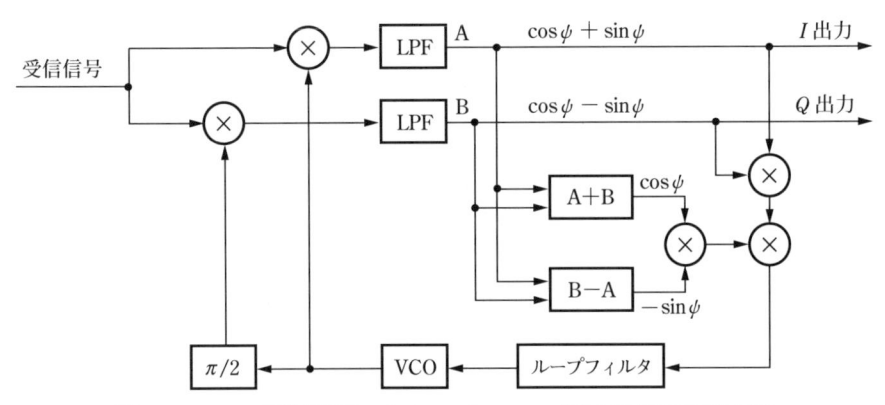

図4-17 二つの基準搬送波によるコスタスループQPSK搬送波再生回路

⑪に現れるVCO制御信号は係数を省略すると，

$$e_{11} = e_9 \cdot e_{10} = -\sin 4\phi$$

となる．受信信号の位相が(0, 0)以外の場合も同様の位相誤差信号が現れ，位相を4倍することにより位相の不連続を吸収して，制御系はϕが0になるように動作する．

図4-16において，制御信号を得るために$(\cos\phi + \sin\phi)$，$(\cos\phi - \sin\phi)$，$-\sin\phi$，$\cos\phi$を導き出しているが，$-\sin\phi$，$\cos\phi$は$(\cos\phi + \sin\phi)$と$(\cos\phi - \sin\phi)$の加算，減算により導き出せる．したがって，図4-16のコスタスループは図4-17のように構成することもできる．

4.5　遅延検波によるQPSK (DQPSK)

搬送波再生による同期検波では，$0 \sim 2\pi$の間で送信位相との同期不確定が存在する．これを避ける手法の一つに，BPSKの場合と同様に差動符号化がある．BPSKにおける差動符号化は，1ビット前の差動符号化した情報と現在の情報をmod 2加算して行ったが，QPSKは4値データの伝送であり，2ビットを一つのシンボルとして処理しなければならない．

図 4-18 QPSK 遅延検波回路

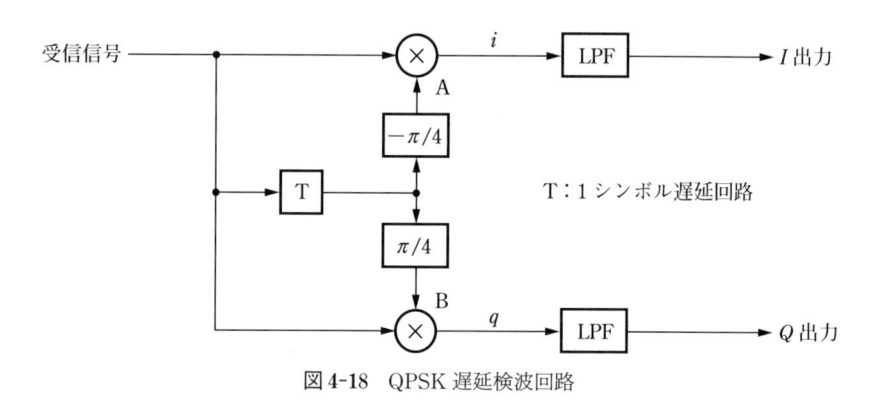

表 4-1 遅延させた受信信号と搬送波

A, Bの搬送波 \ 遅延受信信号	$\sin(\omega t + \pi/4)$ 0, 0 (0)	$\cos(\omega t + \pi/4)$ 0, 1 (1)	$-\sin(\omega t + \pi/4)$ 1, 1 (2)	$-\cos(\omega t + \pi/4)$ 1, 0 (3)
A	$\sin \omega t$	$\cos \omega t$	$-\sin \omega t$	$-\cos \omega t$
B	$\cos \omega t$	$-\sin \omega t$	$-\cos \omega t$	$\sin \omega t$

　最初に，QPSK における遅延検波を考えてみよう．遅延検波は 1 シンボル遅延させた受信信号を基準搬送波とする同期検波であるから，QPSK の遅延検波は図 4-18 に示す構成になる．

　図 4-18 において，1 シンボル遅延した受信信号と A，B に現れる搬送波との関係は表 4-1 になる．ただし，伝送符号はグレイ符号とし，符号の配置は図 4-12(a) とする．

　図 4-18 の遅延検波回路では，表 4-2 のように遅延信号から生成した搬送波 A，B と現在の受信信号との乗算が行われ，復調された＋，－の信号を I，Q に出力している．

　いま，1 シンボル前の情報が (0, 1)，現在の入力情報を (1, 1) とすると，Q には 1 シンボル前の (0, 1) から生成した搬送波 B ($-\sin \omega t$) と現在の受信信号

4.5 遅延検波による QPSK (DQPSK)

表 4-2 QPSK 遅延検波回路の動作

遅延信号		現信号 cos+sin 0 0 (0)		cos−sin 0 1 (1)		−cos−sin 1 1 (2)		−cos+sin 1 0 (3)	
B	A	Q	I	Q	I	Q	I	Q	I
0	0 (0)	+	+	+	−	−	−	−	+
cos	sin	(0 0)	(0)	(0 1)	(1)	(1 1)	(2)	(1 0)	(3)
0	1 (1)	−	+	+	+	+	−	−	−
−sin	cos	(1 0)	(3)	(0 0)	(0)	(0 1)	(1)	(1 1)	(2)
1	1 (2)	−	−	−	+	+	+	+	−
−cos	−sin	(1 1)	(2)	(1 0)	(3)	(0 0)	(0)	(0 1)	(1)
1	0 (3)	+	−	−	−	−	+	+	+
sin	−cos	(0 1)	(1)	(1 1)	(2)	(1 0)	(3)	(0 0)	(0)

$-\sin(\omega t + \pi/4)$, すなわち $-\cos \omega t$ と $-\sin \omega t$ をベクトル合成した $(-\cos \omega t -\sin \omega t)$ との乗算が行われ, q に現れる信号 E_q は,

$$E_q = -\sin \omega t \cdot (-\cos \omega t - \sin \omega t) = \sin \omega t \cdot \cos \omega t + \sin^2 \omega t$$

$$= \frac{1}{2}(\sin 2\omega t + 1 - \cos 2\omega t)$$

となる。E_q の 2 倍の周波数成分は LPF で除去されるので, Q には (+) 極性の信号が得られる。また, I には搬送波 $A(\cos \omega t)$ との乗算により (−) が得られる。こうして得られた (+, −) をレベル変換した (0, 1) が送信情報である。遅延信号と現信号とのすべての組合せについて表にしたのが表 4-2 である。

表 4-2 の ( ) で記してある 4 値の数字のみで表にしたのが表 4-3 である。表 4-2 の遅延信号に該当する (0, 1, 2, 3) の箇所が (0, 3, 2, 1) となっているが, これは mod 4 演算における (0, −1, −2, −3) である (表 3-7 参照)。したがって, 表 4-3 は mod 4 の減算を示し, 図 4-18 の遅延検波回路は mod 4 の減算回路として動作している。

受信において mod 4 の減算が行われるのであれば, 送信における差動符号化は, 現在の情報と 1 シンボル前の差動符号化した情報との mod 4 の加算を行えばよい。mod 4 の加算は表 4-4 のように行われる。

表 4-3 mod 4 の減算

+	0	1	2	3
0	0	1	2	3
3	3	0	1	2
2	2	3	0	1
1	1	2	3	0

表 4-4 mod 4 加算

(a) 4値表現

+	0	1	2	3
0	0	1	2	3
1	1	2	3	0
2	2	3	0	1
3	3	0	1	2

(b) グレイ符号表現

先行差動符号	現信号			
	0 0	0 1	1 1	1 0
	Q I	Q I	Q I	Q I
0 0	0 0	0 1	1 1	1 0
0 1	0 1	<u>1 1</u>	1 0	<u>0 0</u>
1 1	1 1	1 0	0 0	0 1
1 0	1 0	<u>0 0</u>	0 1	<u>1 1</u>

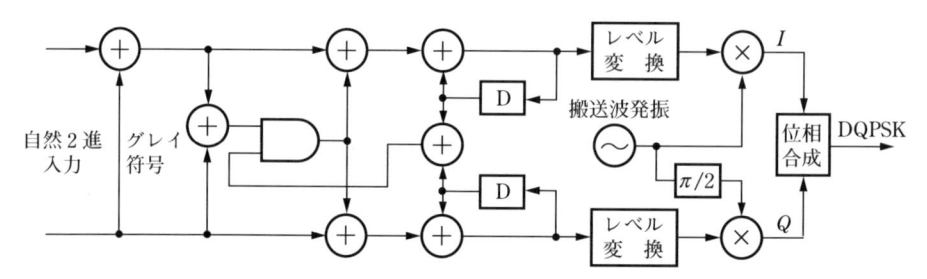

図 4-19 差動符号化 QPSK 変調回路

 表 4-4 (a) は mod 4 加算を 4 値で，表 4-4 (b) はグレイ符号で表している．グレイ符号表現した場合は各ビットを単純に mod 2 加算し，下線部分の演算の場合のみ 1 と 0 を反転させれば mod 4 加算回路となる．したがって，差動符号化 QPSK 変調回路は図 4-19 のように構成できる．

 DQPSK を別の角度から眺めてみよう．表 4-2，表 4-4 から，DQPSK の送信

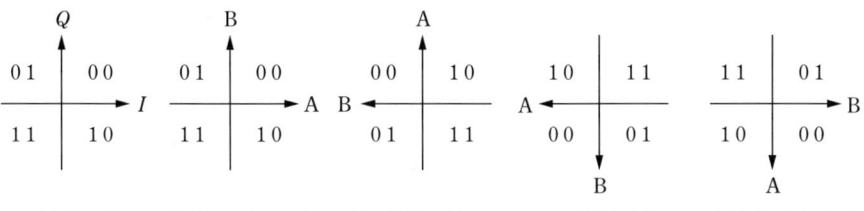

4.5 遅延検波による QPSK（DQPSK）

```
     Q                B                 A
 01 | 00       01 | 00         00 | 10        10 | 11       11 | 01
 ───┼─── I     ───┼─── A   B ───┼─── A    ───┼─── B     ───┼─── B
 11 | 10       11 | 10         01 | 11        00 | 01       10 | 00
                                   B                            A

(a)送信符号    (b)先行符号 00   (c)先行符号 01   (d)先行符号 11   (e)先行符号 10
   配置
```

図 4-20　復調符号と基準搬送波位相

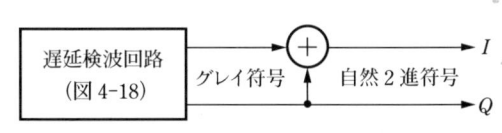

```
    ┌──────────┐
    │ 遅延検波回路 │────────┬─────⊕─────── I
    │ (図 4-18) │ グレイ符号 │   自然 2 進符号
    │          │────────┼─────────── Q
    └──────────┘        │
                        └─
```

図 4-21　グレイ符号→自然 2 進符号変換回路

　符号配置および復調符号と復調時の基準搬送波となる 1 シンボル遅延した信号（先行符号）の関係は，図 4-20 のようになっている．図 4-19 の変調器の搬送波は $\sin \omega t$ と $\cos \omega t$ であり，送信における符号配置は $0 \to (+1)$，$1 \to (-1)$ とレベル変換する限り，図 4-20(a)の状態しかありえない．したがって，遅延検波において先行符号が００の場合には送信搬送波と同位相の基準搬送波が得られるため，送信時の符号配置のとおり復調される．しかし，先行符号が００以外，たとえば先行符号が０１の場合には，基準搬送波の位相が図 4-20(c)のように 90°回転して検波器に現れるため，００と復調するには送信時に００を０１に符号変換する必要がある．同様に，０１は１１，１１は１０，１０は００と符号変換して送信しなければならない．この変換作業が mod 4 加算による差動符号化であり，先行符号の状態によって図 4-20(b)～(e)のように符号の位相角を回転させているといえる．

　図 4-19 では入力情報をグレイ符号に変換して信号処理しているから，受信では図 4-21 のように遅延検波回路にグレイ符号から自然 2 進への変換回路を付加すればよい．

4.6　π/4シフトQPSK

　これまでの説明はベースバンドの波形をすべて完全な方形波としているが，方形波のスペクトラムには無限の周波数成分が存在する．しかし，通常の伝送路の周波数帯域は有限であり，方形波をそのまま伝送することはできない．ディジタル信号の伝送はベースバンド波形を正しく伝送することが目的ではなく，情報を誤りなく伝送することである．このため，伝送路に適した帯域になるようフィルタによって帯域制限が行われる．帯域制限はベースバンドで行う場合と高周波で行う場合があるが，いずれの場合も帯域制限を行うことによって位相変調であってもAM成分が現れる．

　帯域制限を受けた場合のBPSKの波形を図4-22に示す．帯域制限によってBPSKの位相が反転する時点において包絡線の振幅が0となり，搬送波抑圧振幅変調と同じ被変調波形となっている．QPSKでは，図4-12(a)において情報が$(0, 0)$から$(1, 1)$へ変化するようなI軸，Q軸が同時に位相反転する場合に該当し，この時点において同様の現象が発生する．これはI, Q座標の原点を通過して位相変化があったことになる．このような振幅変動のある信号を振幅制限すれば帯域制限効果が失われることになり，帯域制限効果を失わずに増幅しようとすれば高周波電力増幅に良好な直線性が要求される．しかし，直線性の良い増幅器は一般に電力効率が悪く，消費電力が増加する．包絡線の振幅が0になる

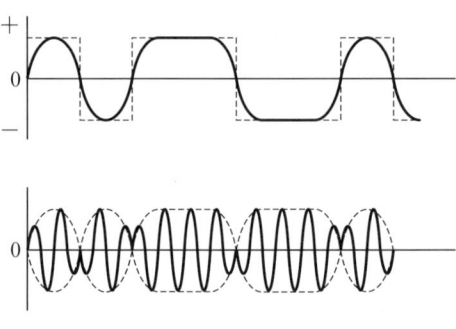

図4-22　帯域制限を受けたBPSK波形

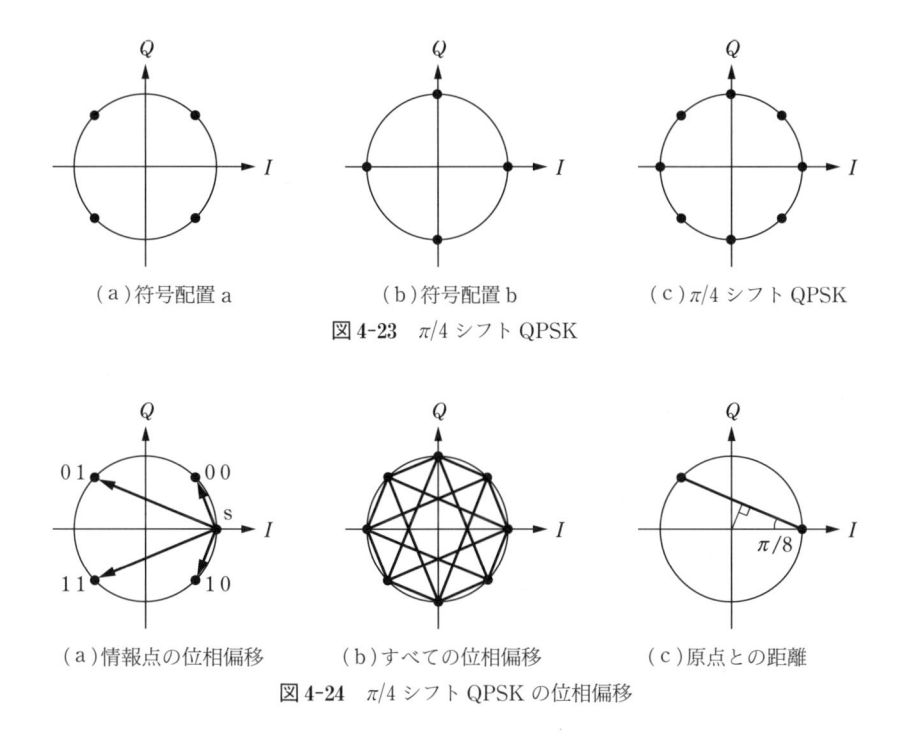

4.6 π/4シフト QPSK

(a) 符号配置 a (b) 符号配置 b (c) π/4 シフト QPSK

図 4-23　π/4 シフト QPSK

(a) 情報点の位相偏移 (b) すべての位相偏移 (c) 原点との距離

図 4-24　π/4 シフト QPSK の位相偏移

のを避け，電力増幅器の負担を軽くした QPSK に **π/4 シフト QPSK**（pai-fourth differential QPSK）がある．

π/4 シフト QPSK は図 4-23(a)，(b) のように，情報点を搬送波位相 $\pi/4$，$3\pi/4$，$5\pi/4$，$7\pi/4$ に配置する符号配置 a と，0，$\pi/2$，π，$3\pi/2$ に配置する符号配置 b の二つに分割し，分割した配置 a, b を 1 シンボル期間（1 クロック期間）ごとに切り換えて伝送する QPSK である．したがって，1 シンボルごとに区切ると伝送は常に 4 値であるから QPSK そのものであるが，符号配置 a, b を重ね合わせると図 4-23(c) となり，コンスタレーションは 8 相 PSK のように見える．

いま，ある時点における情報が図 4-23(b) の符号配置 b にあり，情報点が I 軸上の s にあったとする．1 シンボル期間経過した時点の情報点は，図 4-24(a) に示すように図 4-23(a) の四つのいずれかの位相点に π/4 シフト QPSK では偏

移させる．QPSKでは差動符号化を行っても情報００が連続すれば同一位相点にとどまるが，π/4シフトQPSKでは００が連続しても必ずπ/4の位相偏移が存在し，同一位相点にとどまることはない．このため，復調においてクロック再生が容易になる．

すべての情報点を結ぶ位相偏移は図4-24(b)になる．原点近傍に空間ができ，位相偏移において原点を通過しないことが示されている．最も原点に近づく位相偏移は図4-24(c)の場合である．原点と情報点との距離(搬送波の最大振幅)を1とすると，最も原点に接近した場合の原点からの距離は$\sin \pi/8 (=0.383)$である．QPSKでは振幅が0まで低下するが，π/4シフトQPSKでは常に最大振幅の約0.4以上の搬送波レベルが存在しているため，直線動作の範囲が狭い電力増幅器でも使用可能になる．

π/4シフトQPSKにおいては，1シンボルごとにI，Qの座標軸がπ/4回転している．したがって，1シンボル遅延させた受信信号をI軸復調の基準搬送波としてそのまま使用する**π/4シフトDQPSK**が容易であり，この場合の遅延検波回路は図4-25のように構成できる．

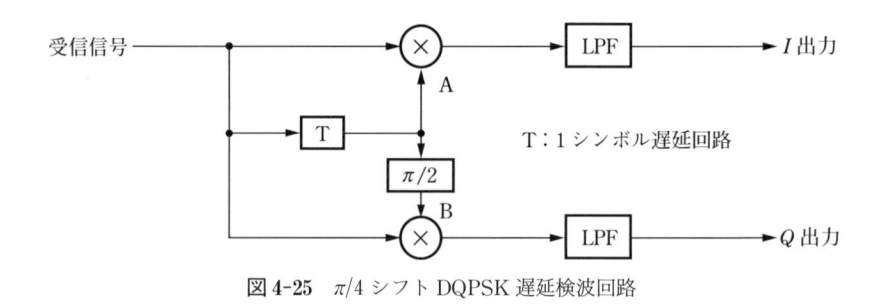

π/4シフトDQPSKの送信時の符号配置を図4-26のように設定する．いま，ある時点において変調器が符号配置aの状態にあったとすると，次のシンボルは符号配置bによって送信される．これを図4-25の遅延検波回路で受信復調した場合の復調符号と基準搬送波との関係は図4-27になる．この場合の差動符号化は表4-5に示すように単純なmod 4加算ではなく，入力現信号に1をmod 4

図4-25 π/4シフトDQPSK遅延検波回路

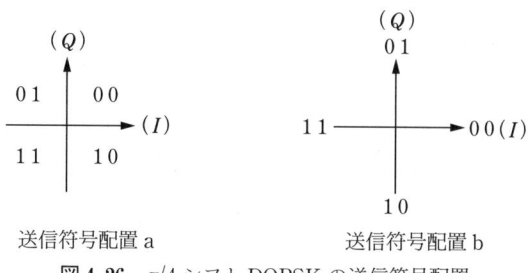

4.6 π/4 シフト QPSK

送信符号配置 a / **送信符号配置 b**

図 4-26　π/4 シフト DQPSK の送信符号配置

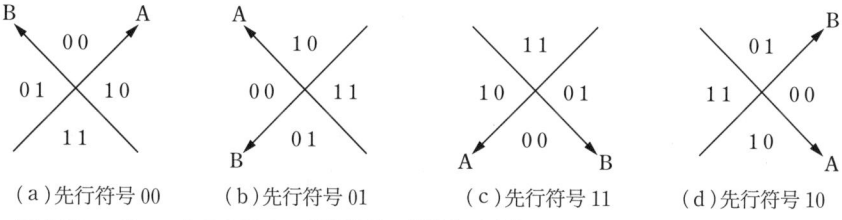

(a) 先行符号 00　(b) 先行符号 01　(c) 先行符号 11　(d) 先行符号 10

図 4-27　π/4 シフト DQPSK の復調符号と基準搬送波位相（先行送信符号配置 a の場合）

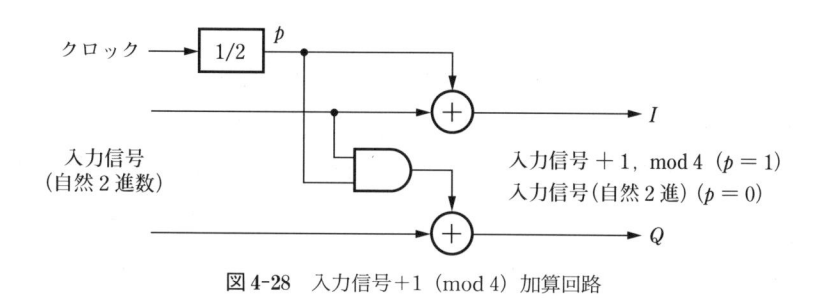

図 4-28　入力信号 +1 (mod 4) 加算回路

加算した（　）で示す値と，先行差動符号との mod 4 加算を行う必要がある．（先行差動符号に 1 を mod 4 加算しても同じであるが）入力現信号と 1 の mod 4 加算を変調器入力の自然 2 進数の段階で行うとすれば，図 4-28 のように構成できる．クロック信号を 1/2 に分周すれば，1 クロック期間ごとに 1 と 0 を繰り返す信号が得られる．図 4-28 においては，分周器出力 (p) が 1 の場合に入力信号

表 4-5 先行送信符号配置 a の場合の差動符号化

先行差動符号 \ 現信号	0 0 (0 1)	0 1 (1 1)	1 1 (1 0)	1 0 (0 0)
Q I	Q I	Q I	Q I	Q I
0 0	0 1	1 1	1 0	0 0
0 1	1 1	1 0	0 0	0 1
1 1	1 0	0 0	0 1	1 1
1 0	0 0	0 1	1 1	1 0

先行送信符号配置 a

(Q)
01	00
11	10
$\rightarrow (I) \rightarrow$

送信符号配置 b

(Q)
01
11 —————— 00 (I)
10

(a) 先行符号 00

B
01	00
11	10
————→ A

(b) 先行符号 01

A
00	10
01	11
B ←————

(c) 先行符号 11

10	11
00	01
A ←————
B

(d) 先行符号 10

11	01
10	00
————→ B
A

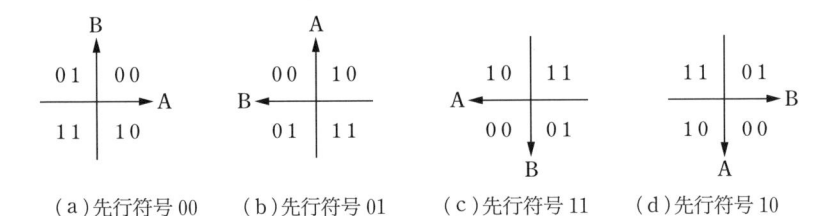

図 4-29 $\pi/4$ シフト DQPSK の復調符号と基準搬送波位相（先行送信符号配置 b の場合）

　$+1$（mod 4）の演算が行われ，I, Q 軸上に情報点を配置する表 4-5 の差動符号化に対応できる．逆に，p が 0 の場合には入力信号がそのまま出力される．

　先行する送信符号配置が図 4-26(b) であれば，復調符号と基準搬送波の関係は図 4-29 となる．この場合の差動符号化は表 4-6 のように行えばよく，表 4-4 と同じ mod 4 加算である．図 4-28 においては，分周器出力 (p) が 0 の場合に対応している．

　これらの動作は表 4-7 のように，送信時の搬送波位相を変化させていることになる．

　送信符号配置が図 4-26(b) の場合には，I, Q 軸上に情報点を配置しているため，QPSK の場合のように 0 を $+1$，1 を -1 にレベル変換して位相合成する方法では，変調器を構成することはできない．表 4-5 の演算結果を符号空間に配置するには，符号に応じて二つの搬送波の一方が出力に現れないように制御しな

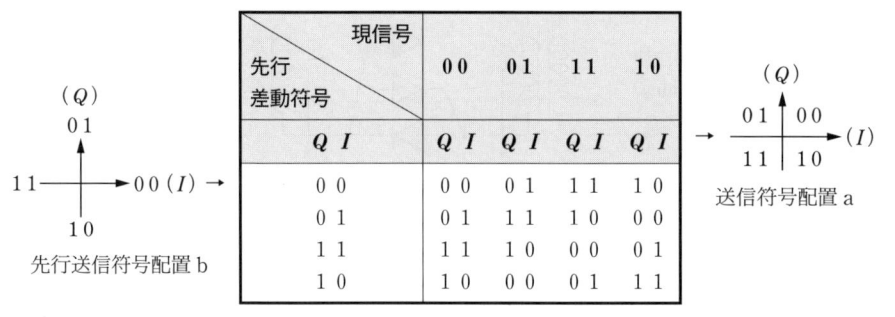

表 4-6 先行符号配置 b の場合の差動符号化

先行差動符号 \ 現信号	0 0	0 1	1 1	1 0
Q I	Q I	Q I	Q I	Q I
0 0	0 0	0 1	1 1	1 0
0 1	0 1	1 1	1 0	0 0
1 1	1 1	1 0	0 0	0 1
1 0	1 0	0 0	0 1	1 1

```
    (Q)
    0 1
11 ─────▶ 0 0 (I) →
    1 0
 先行送信符号配置 b
```

```
        (Q)
    0 1 │ 0 0
  ──────┼────── (I)
    1 1 │ 1 0
  送信符号配置 a
```

表 4-7 $\pi/4$ シフト DQPSK の送信位相変化

現時点の送信符号 Q I	1 シンボル前の搬送波位相に対する位相変化
0 0	$\pi/4$
0 1	$3\pi/4$
1 1	$5\pi/4$
1 0	$7\pi/4$

ければならない.変調回路に図 4-2 のリング変調器を使用するならば,パルス入力の両端子を同一電位にすれば搬送波は出力に現れない.

いま,図 4-26(b)のように I 軸上に情報 (0 0),(1 1)を配置しようとすれば,図 4-30 のような構成ができる.情報入力が (0 0) の場合には,図 4-30 の①が+,②が 0 となり,ダイオード a,b が導通して搬送波 $\sin\omega t$ が出力に現れる.(1 1) の場合には②が+,①が 0 となり,ダイオード c,d が導通して出力には逆相の搬送波 $-\sin\omega t$ が現れる.(0 1),(1 0) の場合には①,②ともに 0 となって搬送波は出力されない.Q 軸に関しても (0 1),(1 0) を検出することにより,同じように構成できる.

図 4-31 は $\pi/4$ シフト DQPSK 変調回路の I 軸についての構成である.Q 軸についても同じように構成できる.ただし,出力搬送波のレベルを一定にするため,情報点が $\pi/4, 3\pi/4, 5\pi/4, 7\pi/4$ に配置される場合と I, Q 軸上に配置す

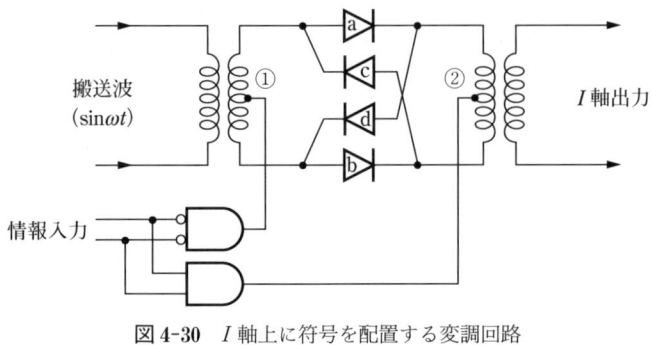

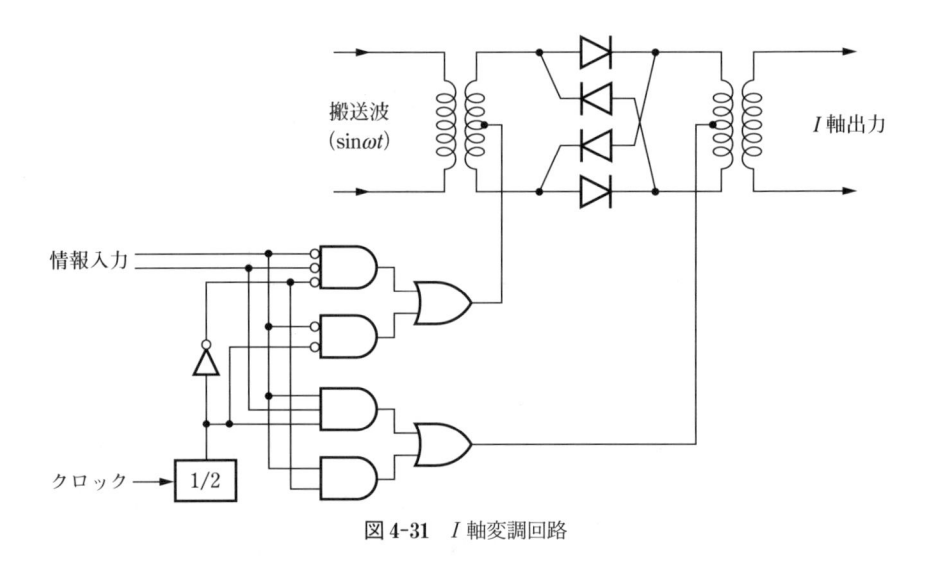

図 4-30　I 軸上に符号を配置する変調回路

図 4-31　I 軸変調回路

る場合では，ベースバンドのレベルを $1:\sqrt{2}$ に設定する工夫が必要である．

4.7　FSK

　FSK は，BPSK がベースバンド信号のレベルに応じて搬送波の位相を変化させるのに対して，搬送波の周波数を変化させる変調方式であり，2 値 FSK の変

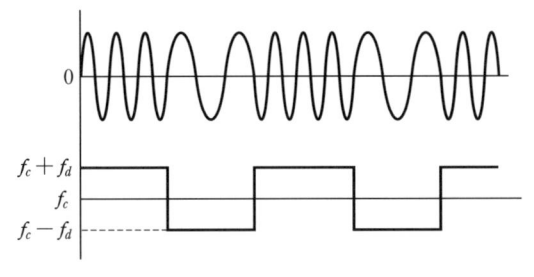

図4-32　FSKの変調波形

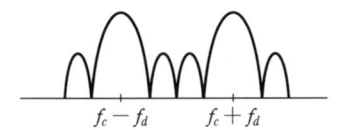

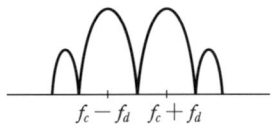

(a) 搬送波間隔が離れている場合　(b) 搬送波間隔が接近している場合

図4-33　FSKのスペクトラム

調波形は図4-32のようになる．

　FSKの変調波は，搬送波周波数が(f_c+f_d)と(f_c-f_d)のASK波を2波合成した信号であるとみなすことができる．したがって，二つの搬送波成分が存在しているので，スペクトラムも二つのASKを合成した図4-33のようになる．二つの搬送波周波数の間隔を変化させると，図4-33に示すようにスペクトラムのピークの間隔も変化する．しかし，復調時の符号誤り率を考慮するならば，通常のFSKでは**メインローブ**（スペクトラムピークの中心周波数前後の最初にスペクトラム強度が0になる帯域幅：図2-8参照）が接する図4-33(b)の間隔よりも狭くできないであろう．このようにFSKのスペクトラムにはメインローブが二つ存在するため，ASK，PSK（BPSKはベースバンドNRZ信号のレベルに応じて振幅は変化せず位相を反転させているのみであり，位相反転ASKとも呼ばれている）に比較すると占有帯域幅は広くなる．

　FSKの変調回路にはアナログのFM変調回路がそのまま適用できるが，FSKに限定するならば図4-34のように，発振周波数の異なった2台の発振器の出力

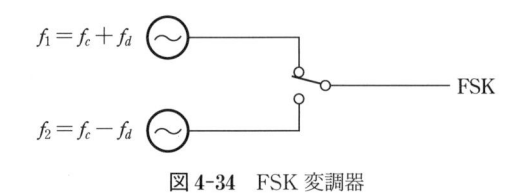

図 4-34　FSK 変調器

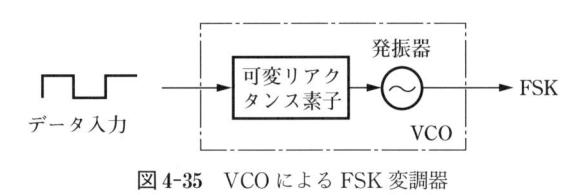

図 4-35　VCO による FSK 変調器

を切り換えることにより構成できる．

　図 4-34 の構成では，切り換えのタイミングによっては位相が不連続になる場合がある．位相の不連続をなくすには，一つの発振器の発振周波数を図 4-35 のようにベースバンド NRZ 信号のレベルに応じて変化させればよい．**VCO**（Voltage Controlled Oscillator：**電圧制御発振器**）は入力電圧によって発振周波数を制御する発振器であり，いいかえれば電圧－周波数変換器である．可変リアクタンス素子には可変容量ダイオード（variable capacitance diode：バリキャップ）等が用いられる．この回路の周波数安定度は VCO の安定度に依存する．

　周波数安定度を高くするには，**PLL**（Phase Locked Loop）で構成した図 4-36 の回路がある．基準発振器の発振周波数を $1/M$ に分周した信号と，VCO 出力をプログラマブルカウンタで $1/N$ に分周した信号を位相比較し，常に $f_r/M = f_0/N$ が成立するように回路は動作する．しがって，図 4-36 は，N の値を変化させることにより f_r/M ステップで周波数が変化する間接周波数シンセサイザによる可変周波数発振器であり，入力データの 1，0 に応じてプログラマブルカウンタの分周比を切り換えれば FSK の変調器として動作する．この回路の周波数安定度は基準発振器の精度によって決定され，基準発振器が水晶発振器ならば，

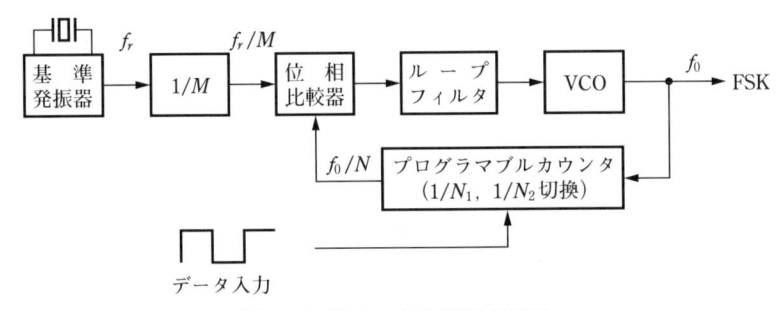

図 4-36　PLL による FSK 変調器

図 4-37　二つの AM 検波による FSK 復調器

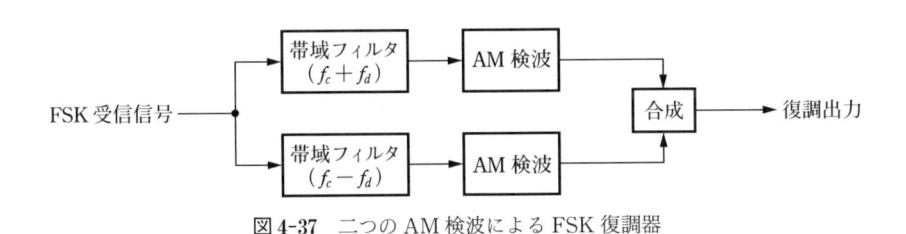

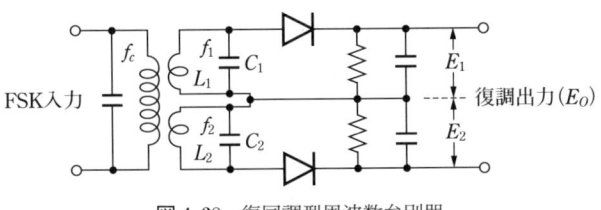

図 4-38　復同調型周波数弁別器

VCO が LC 発振器であっても出力周波数は水晶発振器の精度を保持する．

　FSK の復調は，変調において二つ発振器を用いたように，f_c+f_d, f_c-f_d に同調した二つの AM 検波回路によって図 4-37 のように構成できる．また，変調と同じように，アナログの FM 検波回路はそのまま FSK の復調回路に適用できる．図 4-38 は，アナログの周波数検波回路である復同調型の**周波数弁別器** (frequency discriminator) である．コイルの 2 次側は f_1 と f_2 に共振した二つの同調回路で構成されていて，共振周波数は $f_2<f_c<f_1$ であるとする．2 次側コ

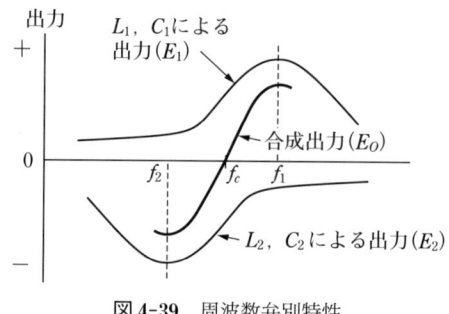

図4-39 周波数弁別特性

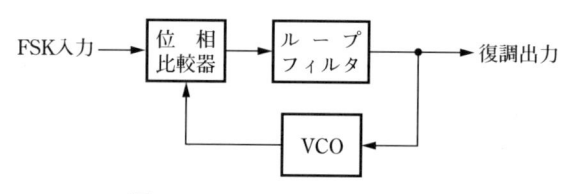

図4-40 PLLによるFSK復調器

イルに現れる出力電圧は E_1 が＋，E_2 が－となるから，合成出力電圧 E_o は図4-39のようにS字カーブを描き，周波数の変化を電圧の変化として復調することができる．図4-38の回路をFSKの復調回路に適用するには，$f_1=f_c+f_d$，$f_2=f_c-f_d$ に調整すれば良好に動作する．

　FSKの変調器がPLLで構成できるように，復調器もPLLで構成できる．図4-40の回路において，VCOの発振周波数は常に入力信号の周波数に一致するように動作するから，VCO出力はFSK信号になる．したがってループフィルタ出力には，VCOの発振周波数を入力周波数に一致させるように制御信号（位相誤差信号）が現れる．制御信号はベースバンド変調信号，すなわちFSKの復調信号である．入力信号がアナログのFM信号ならば，FM検波器として動作することになる．

　PSKにQPSKのような多値PSKがあるように，FSKも**多値FSK**が可能である．たとえば，2ビット並列伝送が可能な4値FSKを構成するならば，図4-41のようになる．入力直列データを直並列変換した2ビット並列データを2値

4.8 位相変調とビット誤り

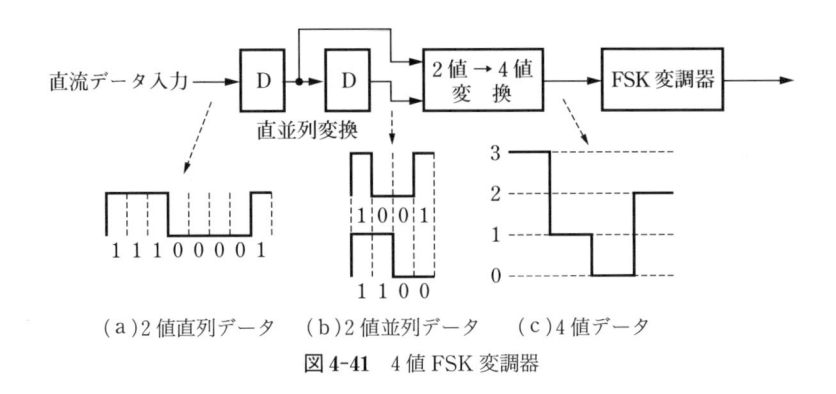

図 4-41 4 値 FSK 変調器

(a) 2 値直列データ　(b) 2 値並列データ　(c) 4 値データ

→ 4 値変換すれば，図 4-41(c) の 4 値ディジタル信号になる．

この 4 値ディジタル信号を図 4-35 の回路で変調すれば，4 値 FSK が得られる．図 4-36 の変調器ならば，2 値並列データを 2 進数として扱い，プログラマブルカウンタの分周比を 4 段階に切り換えればよい．

4 値 FSK は図 4-38，図 4-40 で復調できる．この場合の復調信号は図 4-41(c) の 4 値ディジタル信号であるから，復調器出力を 4 値 → 2 値変換，並直列変換と図 4-41 の逆方向に信号処理を行えばよい．4 値 → 2 値変換は A/D 変換，2 値 → 4 値変換は D/A 変換によって実現できる．多値 FSK は搬送波が多値の数だけ存在すると見なせるので，占有帯域幅が広くなるのは避けられない．

4.8　位相変調とビット誤り

ディジタル信号の伝送においては，伝送路における妨害，受信機の内部ノイズなどにより受信データに誤りが発生することがある．この場合，位相変調においては隣りあった位相点に間違う確率が高い．したがって，位相空間上の信号点間の最小距離が大きな変調方式ほど受信誤りを受ける確率が小さくなる．

いま，信号点間の距離にユークリッド距離を採用すれば，BPSK と QPSK における符号間距離は図 4-42 のようになる．計算を簡単にするために，搬送波の振幅をそれぞれ 1 とすれば，BPSK における符号点間のユークリッド距離は 2

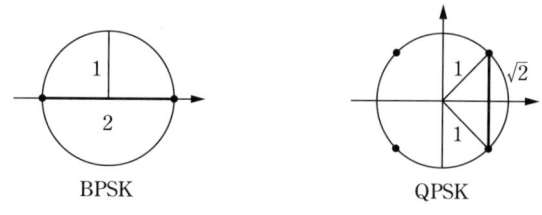

図 4-42 変調方式によるユークリッド最小距離

であり，QPSK では $\sqrt{2}$ である．したがって，隣りあった符号点までの距離が長い BPSK のほうが，QPSK よりも伝送路の妨害に強い変調方式であるといえる．QPSK において，伝送路妨害に強くするため符号点間距離を BPSK と同じにしようとするならば，QPSK の搬送波レベルが $\sqrt{2}$ 倍（3 dB）になるように送信電力を増力しなければならない．

位相変調においてより多くの伝送ビットレートを得るために，符号点を QPSK の x，y 軸上にも配置する 8 相 PSK も考えられる．しかし，この場合の符号点間距離は $2 \cdot \sin(\pi/8) = 0.765$ になり，BPSK と同等の耐妨害性を得ようとするならば，搬送波レベルを 2.61 倍（8.3 dB）にしなければならない．

参考文献

［1］ 桑原守二監修：ディジタルマイクロ波通信，企画センター（1984）

［2］ 荒木庸夫：図説 通信方式―理論と実際，工学図書（1985）

［3］ 松尾憲一：ディジタル放送技術，東京電機大学出版局（1997）

［4］ 久保大次郎：高周波回路の設計，CQ出版（1971）

［5］ 松尾憲一：PLL方式VFO，CQ誌（1974-10）

第5章

同　期

5.1　　　同期とは

　同期（synchronization）とは，図5-1に示すように周期的な信号が複数存在する場合，それら複数の信号の位相を一致させることである．位相が一致することは周波数も一致していることになるが，逆に，周波数が一致していても位相が一致しなければ同期しているとはいえない．

　SS方式の復調は図5-2に示す順序で行われ，各段階において同期が必要となる．基準搬送波を再生するための同期はすでに述べているので，ここでは，SS通信において非常に重要である拡散符号の同期を中心に述べてみよう．

　SS方式においては，受信機で発生させる局部拡散符号が受信拡散符号に同期している場合のみ，情報符号が復号できる．狭帯域信号の場合とは異なり，SS方式においては受信機入力端末におけるS/N比が非常に小さいため，通常の方法では受信信号から同期のタイミング信号を抽出できない．このためにSS方式では受信信号とは独立して拡散符号を作成し，受信拡散符号と位相を一致させな

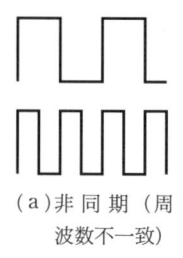

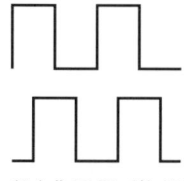

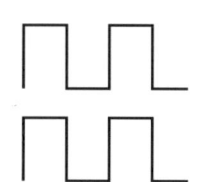

　　(a)非同期（周　　　　(b)非同期（位相　　　　(c)同期（周波数
　　　　波数不一致）　　　　　不一致）　　　　　　　と位相の一致）

図5-1　二つの信号の同期

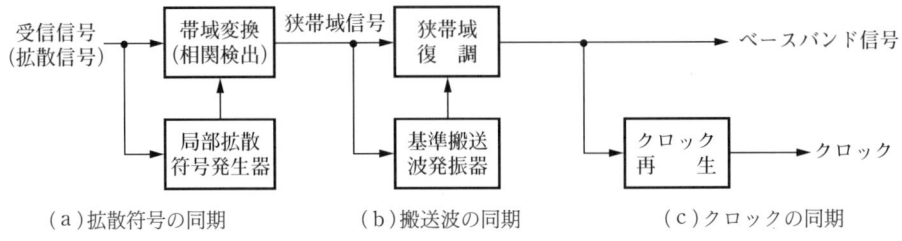

```
受信信号              帯域変換   狭帯域信号   狭帯域                    ベースバンド信号
(拡散信号)           (相関検出)              復 調

                     局部拡散                基準搬送               クロック
                     符号発生器               波発振器               再  生        クロック

   (a)拡散符号の同期        (b)搬送波の同期            (c)クロックの同期
```

図 5-2 スペクトラム拡散信号の復調

ければならない．これらの操作を**逆拡散**と呼び，逆拡散によって狭帯域信号が得られる．

拡散符号の同期は2段階に分けてそれぞれ独立して処理する．まず，**同期捕捉**（acquisition）である．これは受信機の局部拡散符号を受信信号の拡散符号（送信拡散符号）の時系列に合致させて狭帯域信号に変換する操作であり，捕捉が完了すれば時間経過にしたがって同期はずれが発生しないように操作する**同期保持**（tracking）が必要になる．

5.2　同期捕捉

スーパーヘテロダイン受信機を考えてみよう．スーパーヘテロダイン方式では図 5-3 の局部発振器（LO：Local Oscillator）の発振周波数を変化させ，入力信号と局部発振器の周波数差が中間周波数（IF：Intermediate Frequency）と一致したとき出力に鋭いピークが現れる．

SS 方式で局部発振器に該当するのが図 5-2 の局部拡散符号発生器である．局部拡散符号の位相を変化させて受信拡散符号に同期すれば，出力には鋭いピークが現れ，広帯域信号から狭帯域信号（一次変調信号）に帯域幅の変換が行われる．

同期捕捉の代表的な方式には，**スライディング相関器**による方法と**整合フィルタ**（matched filter）による方法がある．

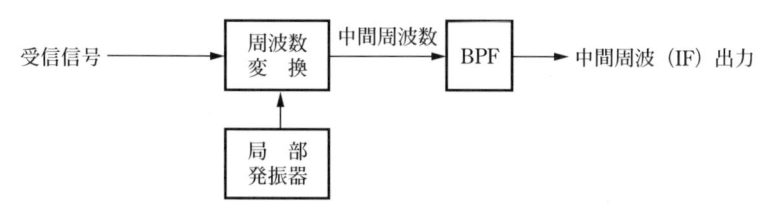

図5-3 スーパーヘテロダイン方式の受信

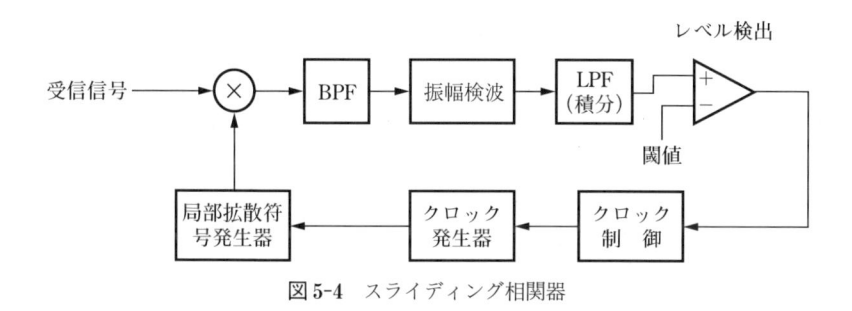

図5-4 スライディング相関器

5.2.1　スライディング相関器による同期捕捉

　スライディング相関器による同期捕捉は最も古くからある方式である．この方式は受信機の局部拡散符号の位相を少しずつ変化させ，受信拡散符号と逐次比較して出力に現れる自己相関のピークを検出する方法であり，その構成を図5-4に示す．

　図5-4において，クロック発生器はあらかじめ定められた周波数で動作しているものとする．クロック制御は，少なくとも局部拡散符号の1周期ごとにクロックの位相を1/2チップ幅以下のステップで遅らせる（または進める）ように動作する．

　このようにして周期的にクロック位相を遅らせ（進め）て，受信拡散符号と位相が一致したとき，BPF出力には高レベルの狭帯域信号（一次変調信号）が現れる．狭帯域信号を振幅検波すれば，直流レベルの信号になる．しかし，誤って同期と判定するのを避けるため，一定時間にわたって積分を行い（この積分時間を**停留時間**（dwell time）という），その出力があらかじめ設定した閾値

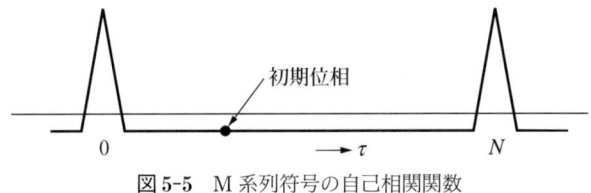

図5-5 M系列符号の自己相関関数

(threshold level) よりも大きければ同期捕捉と判定し，クロックの位相制御を停止させる．

拡散符号にM系列符号を使用し，その周期をNとするならば，その自己相関特性は図5-5のようになり，同期点である$\tau=0 \pmod N$を外れると相関値は0に近い小さな値となる．かりに，受信信号に対して局部拡散符号の初期位相が図5-5に示す位置にあり，図5-4のクロック制御が右にサーチするように動作すれば，同期捕捉するまでの時間は左にサーチした場合よりも長くなる．しかし，初期位相を検出することは困難であり，どちらか一方へのサーチを繰り返すことになる．したがって，図5-4のスライディング相関器による方法は，初期位相の状態によっては同期捕捉が完了するまでに拡散符号の1周期分をサーチしなければならず，同期捕捉に比較的長い時間を必要とする方式である．けれども，同期捕捉に数秒程度を要しても，携帯電話などへ応用する場合には利用者に対して同期捕捉に要する時間を意識させることはないだろう．

スライディング相関器のクロック制御およびクロック発生器は，カウンタで構成できる．いま，拡散符号の周期が7であると仮定すると，7クロック以上経過した時点でクロック位相を変化させればよい．

図5-6は，2進カウンタ5段で構成する32進カウンタのタイムチャートである．1/4に分周した基準発振信号を局部拡散符号発生器のクロックとして使用するとしよう．単純に分周した場合は②の信号であるが，いま，0から数えて30番目の基準発振信号の立ち下がりでカウンタをリセットすれば，②′のクロック信号が得られる．クロック信号の1サイクルが1チップ区間であるから，9番目以降のクロック信号は②の信号よりも1/4チップ位相の進んだ信号になる．した

5.2 同期捕捉

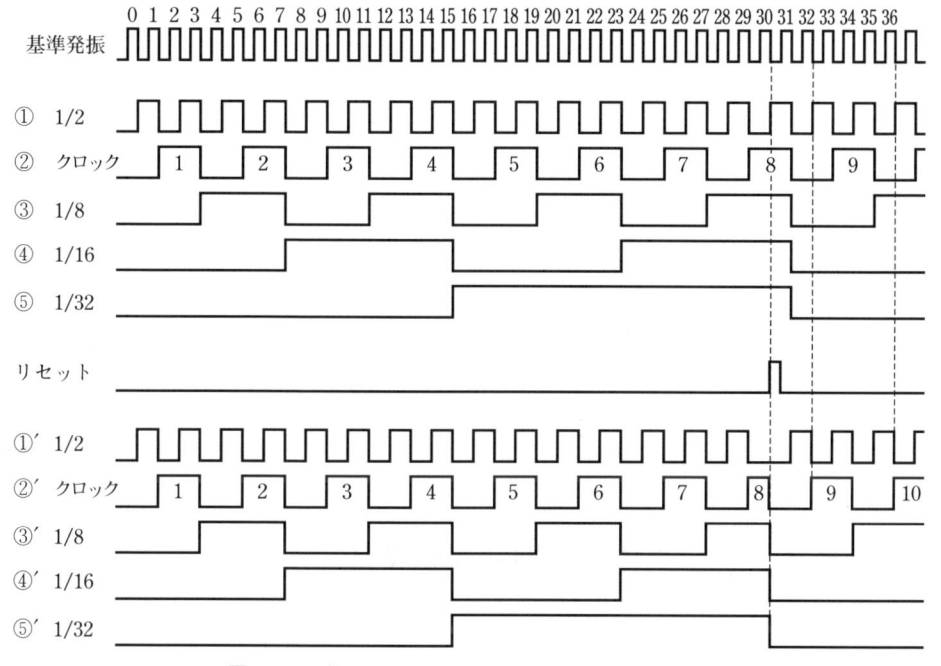

図5-6 2進5段（32進）カウンタのタイムチャート

がってこのカウンタは，リセットパルスごとに1/4チップずつクロック信号の位相が進むことになり，同期捕捉と判定されるまでサーチを繰り返すことになる．同期捕捉が確定すればリセットパルスをカウンタから切り離し，同期捕捉に至る一連の動作は終了する．図5-6の動作を行う回路は図5-7のように構成できる．

同期捕捉までの所要時間を短くするには，B_1の出力からクロックを取り出し，B_5を削除すればステップ幅は1/2チップになる．しかし，ステップ幅を大きくすれば同期点を見逃す確率も高くなる．ノイズなどの影響により，誤って同期と判定する場合がある．これを避けるためには，カウンタの段数を多くしてサーチする周期を長くし，停留時間を長くすればよいが，捕捉時間とのトレードオフになる．また，同期を判定する閾値の設定も，誤判定を避けるためには重要である．

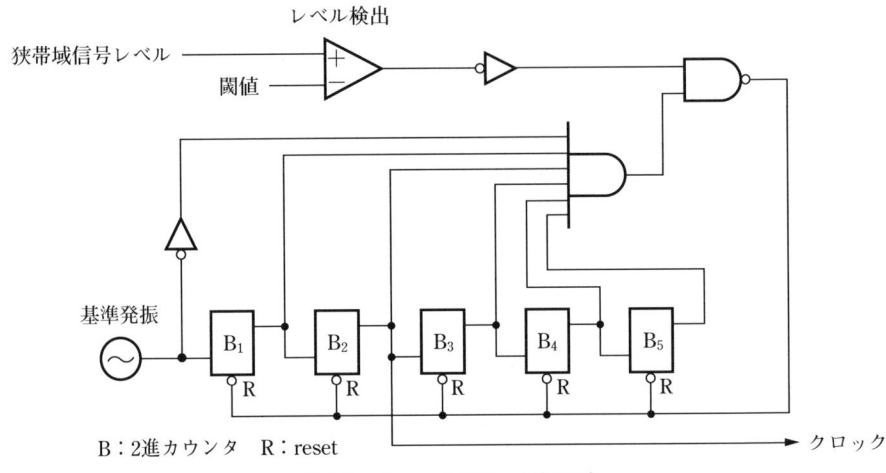

図5-7 クロック発生，制御回路

5.2.2 整合フィルタによる同期捕捉

　スライディング相関器による同期捕捉は，同期点を検出するまで周期的にサーチを繰り返さねばならず，同期捕捉までの時間がどうしても長くならざるを得ない．これに対して整合フィルタによる方法では，拡散符号が受信されると1チップごとにその時点の相関値がリアルタイムで現れ，連続する受信拡散符号の1周期ごとに相関値のピークが検出できる．したがって，同期検出は拡散符号の1周期の時間があれば充分であり，スライディング相関器に比較して格段に短い時間で同期捕捉が可能になる．しかし，受信信号をそのまま処理するため，ノイズに対する抵抗力が少しばかり弱くなることは避けられない．

　前述した拡散符号発生器はシフトレジスタとEXORの組合せで構成したが，拡散符号発生器は遅延回路によっても構成できる．周期7のM系列符号{1 0 0 1 0 1 1}を遅延回路で発生させる回路を図5-8に示す．パルス幅がT_c（1チップ区間）の単一パルスを，図5-8の各タップ（D_1〜D_7）間の遅延時間もT_cである遅延回路に入力し，各タップからの出力を拡散符号と同じパターンになるように構成して合成すれば拡散符号が得られる．したがって，拡散符号の1周期ごとにパルスを入力すれば，連続した拡散符号発生器となる（図5-8ではD_1出力が

5.2 同期捕捉

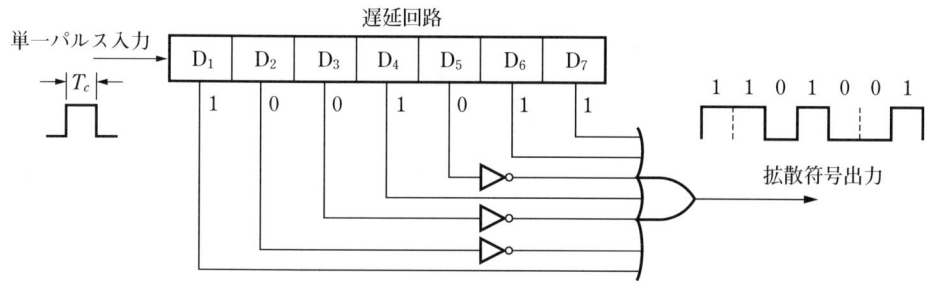

図 5-8 遅延回路による拡散符号の発生

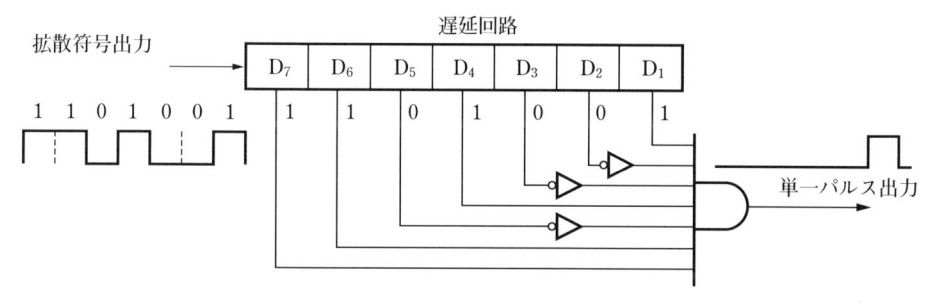

図 5-9 整合フィルタ

時系列の最初に現れるから，拡散符号の出力波形は左右逆に表現している)．

逆に，拡散符号を図 5-8 の D_7 から入力した場合を図 5-9 に示す．各タップの出力を拡散符号と同じパターンになるようにして合成すれば，拡散符号の 1 周期ごとに単一パルスが得られる．

図 5-8, 図 5-9 において入出力信号をディジタル情報として扱っているため，タップ付き遅延回路はシフトレジスタで簡単に構成できる．しかし，受信信号は微弱なアナログ信号であり，拡散変調を BPSK とするならば，図 5-10 に示すような信号である．このような信号をディジタル信号として扱うことはできないので，アナログの遅延回路で処理しなければならない．

図 5-9 をアナログ遅延回路にすれば図 5-11 のように構成できる．1 タップあたりの遅延時間 T_c は拡散符号 1 チップ区間に等しく，加算器はアナログ加算である．また，加算器 2 の出力は位相を反転させている．入力 BPSK 信号はデー

```
   1    0   0   1   0   1   1
  (π)  (0) (0) (π) (0) (π) (π)
```

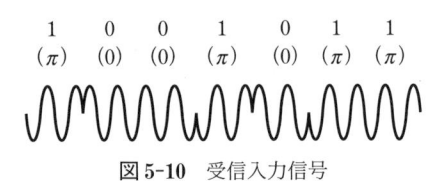

図5-10 受信入力信号

図5-11 アナログ遅延回路による整合フィルタの構成

タ0に対して正相，1に対して逆相（π相）に変調されているものとし，拡散符号は周期7のM系列符号{1001011}とする．

入力BPSK信号が拡散符号1周期に相当する時間を経過した時点において，図5-11の遅延回路の各タップの出力位相は，右から{π 0 0 π 0 π π}となっている．この状態において，加算器1は正相の信号のみを加算するから，加算器1の出力には振幅が入力信号の3倍になった正相信号が現れる．加算器2は逆相信号のみを加算して位相を反転しているから，出力には振幅が入力信号の4倍になった正相信号が現れる．したがって，加算器3の出力には振幅が7倍になった正相信号が現れることになる．

遅延時間が1周期+1チップ経過した時点において，各タップに現れる信号の位相は，右から{0 0 π 0 π π π}になる．このとき，加算器1は位相{0 π π}の3信号を加算し，加算器2では位相が{0 0 π π}の4信号の加算となる．したがって，加算器3の出力には入力信号と同じレベルの位相πの信号が現れ，次に振幅7倍のピークが現れるのは遅延時間が2周期経過した時点である．このため，図5-11の出力には図5-12(a)のような信号のピークが周期的に現れる．

(a) RF 出力

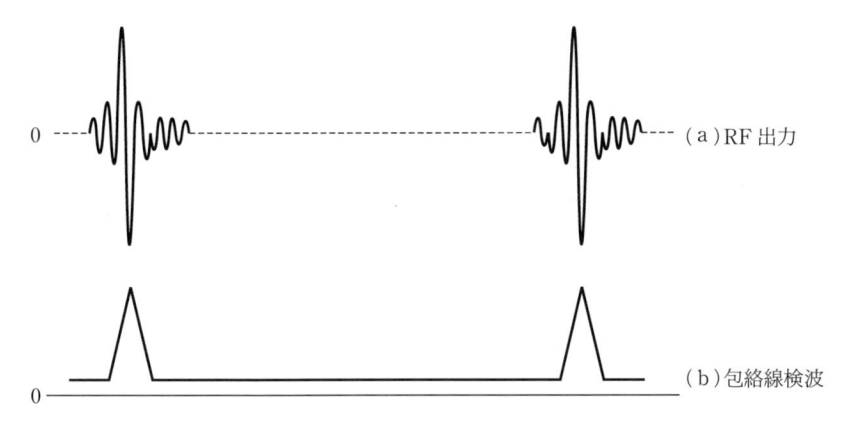

(b) 包絡線検波

図 5-12　整合フィルタ出力波形

これを包絡線検波を用いて検出すれば，図 5-12(b)のように前述した自己相関関数のグラフになる．ただし，この場合には信号の極性まで判定することは困難であり，自己相関関数のように負の値は現れない．

　アナログ遅延回路には **CCD**（Charge Coupled Device：電荷結合素子），あるいは **SAW**（Surface Acoustic Wave：表面弾性波）素子によるものがある．

　CCD はテレビジョンカメラ，ディジタルスティールカメラの撮像素子にその名前があるように，フォトダイオードによって映像情報を光電変換した電荷の蓄積または情報の読み出しにおいて使用され，アナログのメモリあるいはシフトレジスタとして動作する．

　SAW は圧電素子の表面を伝搬する振動であり，波長が電磁波に比較して約 1/100,000 となるため，わずかな距離で効率的な遅延が可能になる．図 5-13 に示すように，圧電体に励振および受振用の櫛形電極（Inter-Digital Transducer：IDT）を蒸着等の方法で形成した構造になっている．入力信号によって圧電体を励振すると，電極の間隔を 1 波長とする振動が圧電効果により圧電体に生じ，出力電極では圧電体を伝播した振動を電気信号として取り出すことができる．すなわち，入力信号の周波数と櫛形電極によって発生する圧電体の振動周波数が等しければ出力に電気信号が現れるが，等しくなければ圧電体に振動が発生

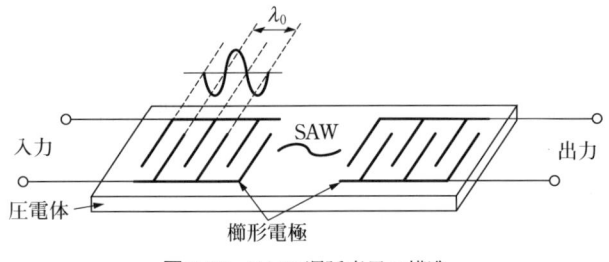

図 5-13 SAW 遅延素子の構造

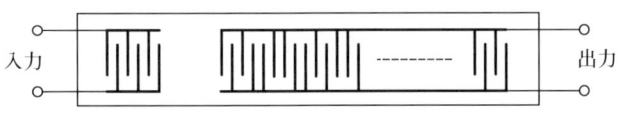

図 5-14 SAW 素子による整合フィルタ

せず信号は伝達されない．したがって，SAW 素子はフィルタとしても利用でき，SAW フィルタは送受信機の帯域フィルタとして利用されている．

図 5-14 に SAW 遅延素子による整合フィルタを示す．電極の間隔を目的信号の波長に合わせ，受振電極の極性を拡散符号の正負に合わせれば，整合フィルタが構成できる．しかし，SAW フィルタは拡散符号に合わせて電極の位置を設定しているため，拡散符号の変更に対しては異なった電極パターンの素子を用意しなければならない．この欠点を解消したのが**コンボルバ**（convolver）である．

図 5-15 はコンボルバの等価回路である．遅延回路を二つ用意し，遅延回路 (1) には $f(t)$（受信 RF 信号），遅延回路 (2) には $g(t)$（順序を逆にした受信信号と同じ拡散符号で変調された RF 参照信号）を入力する．また，遅延回路のシフトは互いに逆方向となるように構成する．二つの遅延回路の各タップ出力それぞれに乗算して加算すれば，出力には図 5-12(a) に示す信号が受信信号周波数の 2 倍になって現れる．

SAW の伝搬は，圧電体基板の表面から数波長以内の深さにエネルギーが集中して行われる．したがって，周波数が高くなるにつれてエネルギーの集中する深

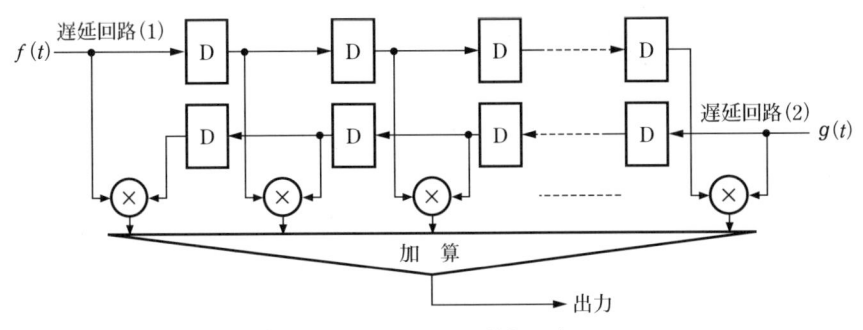

図 5-15　コンボルバ等価回路

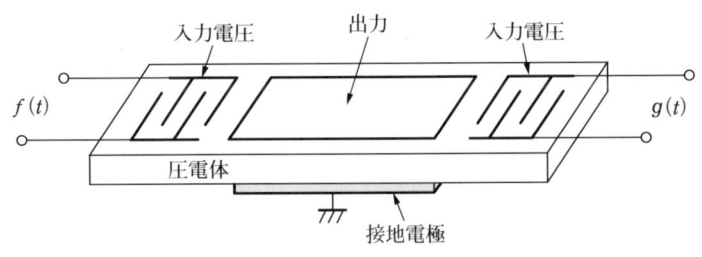

図 5-16　SAW コンボルバ

さも浅くなり，SAW 素子を信号伝搬路とした場合に非直線性が生じやすくなる．この非直線性を逆に利用すれば，図 5-16 に示す SAW コンボルバが構成できる．

図 5-16 の圧電体基板の左右両サイドから図 5-15 の場合と同じ信号を入力し，基板中央に形成した電極の直下で二つの SAW を衝突させる．この場合，中央電極の下では二つの SAW がすれちがうことになり，圧電基板の非直線性によって二つの SAW 振動の積が行われる．出力電極には 2 信号の積の和が現れ，$f(t)$ と $g(t)$ の畳み込み積分（convolution）が実行されたことになる．参照信号である $g(t)$ の拡散符号を変化させれば，どのような拡散符号にも対応できる相関器として動作することになり，柔軟性の高い整合フィルタが構成できる．

5.3　同期保持

スライディング相関器，整合フィルタによって同期捕捉が完了しても，局部拡散符号発生器を駆動するクロックの周波数変動あるいはノイズによって同期が失われないようにしなければならない．したがって，常に同期の状態を監視し，局部拡散符号発生器が受信拡散信号に追従するように制御するのが同期保持である．

同期状態の監視には，FSK の復調において入力信号周波数の変化に応じた信号を出力する周波数弁別器（図 4-38）の S 曲線を利用したように，受信拡散符号と局部拡散符号との時間差（位相誤差）を検出し，時間に対する S 曲線を作り出す必要がある．この S 曲線を利用した位相制御回路を**遅延ロックループ**（Delay Locked Loop：**DLL**）という．同期保持ループの代表的なタイプに**ベースバンド DLL**，**ノンコヒーレント DLL**，**タウ・ディザループ**（tau-dither loop）がある．

5.3.1　ベースバンドDLL

ベースバンドで構成した DLL であり，構成を図 5-17 に示す．DLL は 2 組の相関器で構成され，2 組の相関器には局部拡散符号発生器から位相差（時間差）

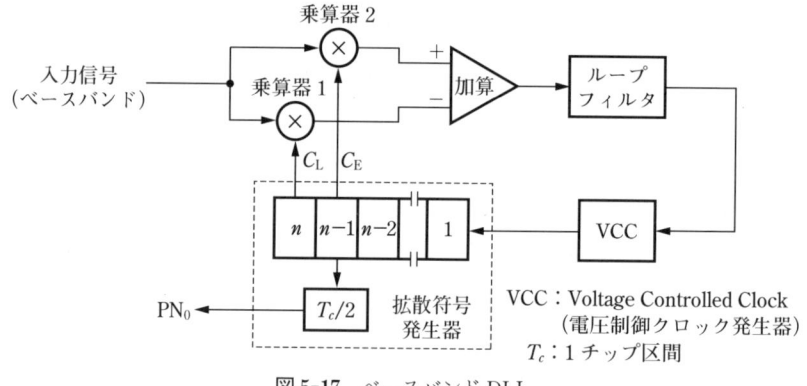

図 5-17　ベースバンド DLL

(a) C_E との相互相関関数

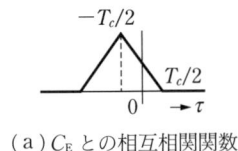

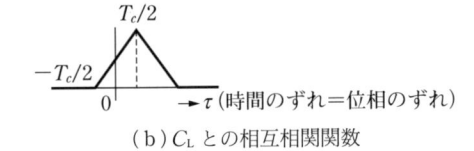

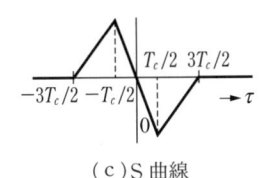

(b) C_L との相互相関関数 （時間のずれ＝位相のずれ）

(c) S 曲線

図 5-18　制御電圧の S 曲線

のある拡散符号を供給する．図5-17において，C_E は PN_0（受信信号の逆拡散/復号に使用する拡散符号）に対して $T_c/2$ 位相の進んだ拡散符号（early code）であり，C_L は $T_c/2$ 位相の遅れた拡散符号（late code）である．乗算器1および乗算器2の出力は，PN_0 の時点を時系列の基準として表せば，それぞれ図5-18(a)，(b)の相互相関関数が得られる．図5-18の(a)から(b)を引き算すれば(c)のS曲線を得ることができる．

図5-18(c)の $-T_c/2 \sim T_c/2$ の区間に現れる信号は，受信拡散符号と局部拡散符号との位相誤差であり，この誤差信号はループフィルタを経て，**VCC**（Voltage Controlled Clock：**電圧制御クロック発生器**）の発振周波数が受信拡散符号に一致するように制御する（VCCは図5-7に示すクロック発生器の基準発振器を電圧制御発振器（VCO）に変更すれば構成できる）．

図5-17の回路は相互の位相差が $\pm T_c/2$ の範囲で動作するようになっているから，この回路が正常に動作するには，事前に受信拡散符号と局部拡散符号の位相差が $\pm T_c/2$ 以下であることが要求される．したがって，$\pm T_c/2$ 以内の誤差に収まるように同期捕捉が完了していなければならない．

C_L と C_E の位相差を $2T_c$ に設定することも可能である．この場合には，C_E の出力を図5-17のn−2から取り出し，PN_0 を $T_c/2$ 遅延させずにn−1から直接

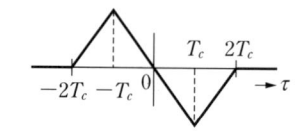

図5-19 位相差を $2T_c$ とした S 曲線

取り出せばよい．S 曲線は図 5-19 に示すように，図 5-18 の位相差 T_c の場合に比較して原点を通る S 曲線の傾斜が緩やかになっている．したがって，位相差による誤差信号のレベルが小さくなり，制御感度が低くなる．しかし，動作範囲が $\pm T_c$ と広くなるため，同期はずれに対しては強くなる．

動作範囲（$\pm 0.5T_c$ あるいは $\pm T_c$）を超える位相差が発生すれば，ループは同期機能を失い，同期捕捉からやり直すことになる．

5.3.2 ノンコヒーレント DLL

ベースバンド DLL における入力信号は拡散符号のみであり，音声信号等のデータあるいは搬送波を含まない信号を前提にしている．しかし，一般には音声信号等で狭帯域変調したあと拡散変調を行っているから，受信においては変調波を復調せずに拡散符号の同期を維持しなければならない．搬送波を非同期でとり除き，拡散符号の同期を維持する回路にノンコヒーレント DLL（noncoherent DLL）がある．

図 5-20 は包絡線検波を使用したノンコヒーレント DLL であり，乗算器の後に帯域フィルタ（BPF）と包絡線検波器が挿入されている以外は，図 5-17 のベースバンド DLL と同じ構成である．入力信号は PSK のように，一次変調において振幅が変化しない信号にのみ適用できる．局部拡散符号と入力拡散符号の同期が成立すれば，BPF（ほぼ一次変調信号と同じ帯域幅）の出力には狭帯域信号が現れる．この狭帯域信号を包絡線検波すれば，搬送波の影響を除去できる．

包絡線検波器が 2 乗特性であるとすると，図 5-20 から得られる S 曲線は図 5-21 のようになる．図 5-21（a）の動作範囲が $\pm T_c/2$ の場合には動作域においては直線になるが，図 5-21（b）の動作範囲が $\pm T_c$ の場合にはすべての領域におい

5.3 同期保持

図 5-20 ノンコヒーレント DLL

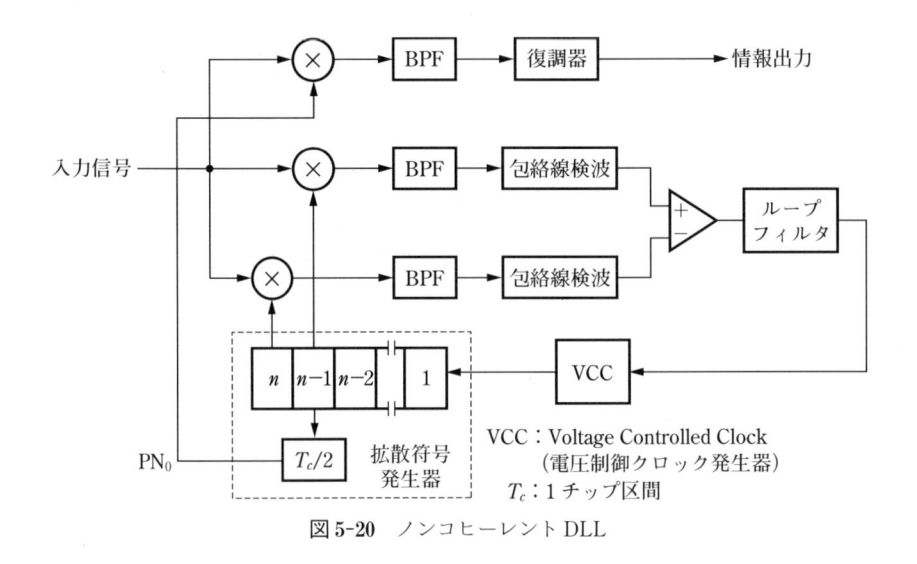

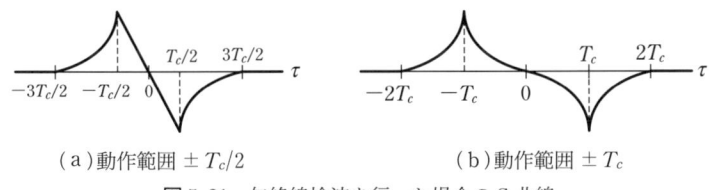

図 5-21 包絡線検波を行った場合の S 曲線
(a) 動作範囲 $\pm T_c/2$
(b) 動作範囲 $\pm T_c$

て直線部分が存在しない．しかも，誤差信号が 0 になる原点の近傍では信号レベルに変化がなく，ループの同期を追跡する能力が劣っていることが理解できる．したがって，包絡線検波器を使用した図 5-20 のループでは，動作域を $\pm T_c/2$ とした場合のみが使用される．

5.3.3　タウ・ディザループ

　DLL は 2 組の相関器を必要とするが，2 組の相関器の間のバランスが崩れると，S 曲線に歪みが発生する．この場合には，正常な誤差信号が得られず正確な同期状態を維持することが困難になる．これを避けるために相関器を 1 組で構成

図 5-22 タウ・ディザループ

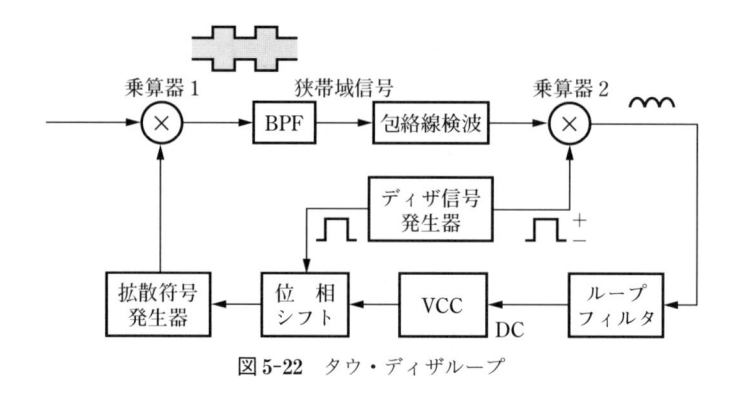

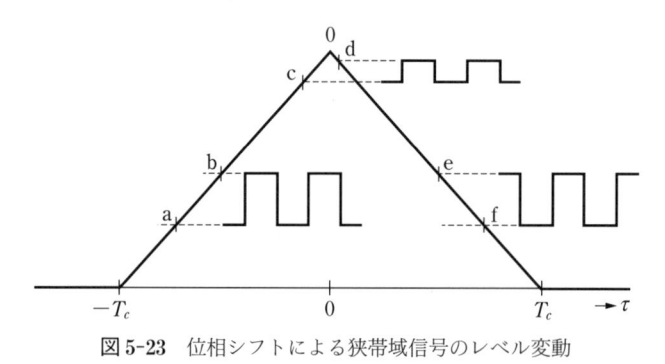

図 5-23 位相シフトによる狭帯域信号のレベル変動

したものに**タウ・ディザループ**（tau-dither loop）があり，その構成を図 5-22 に示す．

　タウ・ディザループは，拡散符号のもつ相関関数が三角形の形になることを利用する．受信機の局部拡散符号の位相をわずかに震動（ディザ）させると，相関値の変化にしたがって図 5-22 の BPF 出力に現れる狭帯域信号のレベルは図 5-23 のように変化し，あたかも振幅変調を受けたような波形になる．

　ディザ信号はレベルが ±1 で与えられる矩形波であり，ディザ信号のレベルが +1 のときに位相シフト回路から出力されるクロックは，局部拡散符号の位相を遅らせるように動作するものとする．

　いま，受信拡散符号と受信機の局部拡散符号との位相差が図 5-23 の a の位置

にあったとしよう．このとき，ディザ信号によって局部拡散符号の位相をbに
シフトさせれば相関値は大きくなり，狭帯域信号レベルが増加する．したがっ
て，位相点をディザ信号でaとbに切り換えることにより，狭帯域信号はディ
ザ信号によって振幅変調を受ける．この振幅変調波を包絡線検波すれば，ディザ
信号発生器出力と同相のディザ信号が得られる．乗算器2では同相の同一信号の
掛け算が行われ，（＋）の位相誤差信号が得られる．このとき，VCCの発振周波
数を低くなるように制御すれば，局部拡散符号の位相は遅れる方向に動作し，
a，b点は相関値が最大になる0（原点）の方向に移動する．

　b点が原点に一致するまでは，現れる位相誤差信号のレベルに変化はない．し
かし，b点が原点を通過し，かりにc，dの位置になった場合，包絡線検波器の
出力信号レベルは低下し，位相誤差信号のレベルも低下する．c，dの位置が原
点を挟んで相関値が同じ値になったときには，誤差信号レベルは0になる．

　誤差信号が0になる点を通過すると包絡線の位相は反転し，ディザ信号発生器
出力とは逆相の信号になる．乗算器2では逆相信号と正相信号の掛け算が実行さ
れ，現れる位相誤差信号は（－）の値になり，位相誤差が（－）の場合にVCCの発
振周波数が高くなるように制御すれば，局部拡散符号の位相は進む方向に動作す
る．

　したがって，±T_cの区間に現れる位相誤差信号は図5-24のようになり，誤差
信号が0になる時点が同期点となる．

　ディザ信号によって発生させる局部拡散符号の位相シフトは，通常T_c/10程
度に設定される．したがってタウ・ディザループにおける同期は，誤差信号が0
になる同期点においても相関値のピーク値からT_c/20位相のずれた地点の相関

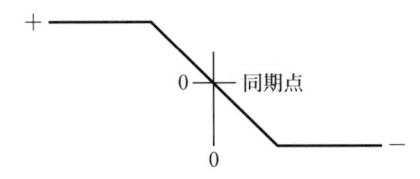

図5-24　±1チップ（T_c）区間における位相誤差信号

値であり完全な相関は得られないが，相関値の損失による受信システムへの影響は1/20にしかすぎない．

5.4　FH方式における同期捕捉と保持

　FH方式における同期回路はSS方式の回路と原理的には大きな違いはなく，SS方式で使用した回路をわずかに変更すればよい．

　一般にFH方式の同期捕捉は，SS方式と同じようにスライディング相関器が使用され，その構成を図5-25に示す．図5-4に示すSS方式のスライディング相関器と比較して，図5-25に示すFH用のスライディング相関器は，周波数シンセサイザが追加されている以外は同じである．

　周波数シンセサイザは局部拡散符号のホッピングパターンにしたがって周波数を切り換え，発振周波数は乗算器出力が中間周波数（IF：Intermediate Frequency）になるように設定する．もし，受信信号のホッピングパターンと同期していれば，BPF出力には連続したIF信号が現れるはずである．しかし，同期していなければまれに受信信号が現れるか，あるいはノイズのみしか現れないだろう．閾値以下のレベルが観測されている非同期の状態では，SS方式と同じようにクロック位相をずらし，受信信号との相関が得られるまでサーチを繰り返せば同期捕捉が可能になる．

　FH方式で重要なのが**周波数シンセサイザ**である．周波数シンセサイザは構成

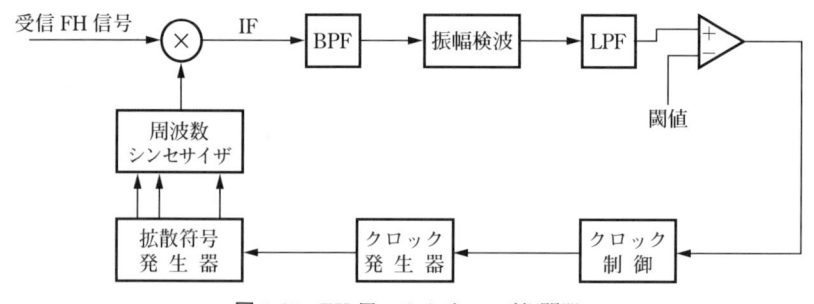

図5-25　FH用スライディング相関器

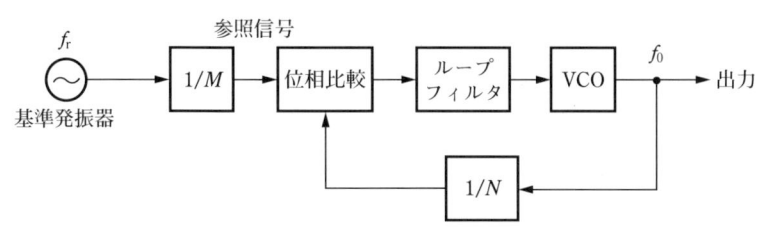

図 5-26　間接合成法による周波数シンセサイザ

方法によって**直接合成法**，**間接合成法**，**ディジタル合成法**の 3 種類に分類できる．

　直接合成法は，基準発振器の信号を逓倍または分周して多くの単位周波数を作成し，これら単位周波数を混合して希望する周波数を得る方法である．スピードの速い周波数の切り換えが可能であるが，逓倍/分周/混合を多用するため，スプリアスが多くなる．したがって，スプリアス除去のために多数のフィルタを挿入しなければならず，規模が大きくなり，装置の小型化にはなじまない．

　間接合成法は，主として図 5-26 に示す PLL による方法が用いられる．基準発振器の発振周波数 f_r を $1/M$ に分周した f_r/M は，位相比較の基準となる参照周波数である．VCO の出力 f_0 を $1/N$ に分周した f_0/N と f_r/M を位相比較し，これよって得られた位相誤差信号で VCO を制御すると，$f_0/N = f_r/M$ になるように動作する．したがって，$f_0 = f_r \cdot N/M$ であるから，N を外部から設定すれば f_r/M 間隔で任意の出力周波数 f_0 が得られる．しかし，この方式は回路は簡単ではあるが，VCO の制御信号に不要な成分が含まれると VCO は制御信号により FM 変調を受けることになり，位相比較器の出力にフィルタを挿入して不要成分を除去しなければ純度の高いスペクトラムをもつ信号が得られない．PLL の系の安定はフィルタによるといっても過言ではないが，フィルタの過渡特性により系が安定するまでの時間に制限を受け，PLL 方式のシンセサイザは速い周波数の切り換えが困難である．

　ディジタル合成法には正弦波データを書き込んだ ROM（Read Only Memory）が用いられる．正弦波を PCM（Pulse Code Modulation）変換したデータ

として書き込んだROMからデータを読み出すにあたって，ROMデータの読み出し順序を出力周波数に応じて選択すれば，ホッピングパターンにしたがった正弦波ディジタルデータが得られる．ディジタル合成法は，これをD/A変換してアナログの正弦波を得る方法である．この方法は高速での周波数切り換えが可能であり，FH用の周波数シンセサイザとしては優れた方式といえる．ただし，出力周波数が高くなるにしたがってディジタルデータのサンプル数が少なくなり，量子化誤差による影響は避けられない．

FH方式においては，一次変調に多値FSKがよく用いられる．多値FSKには，パラレル伝送するビット数をmとすれば2^m個の搬送波が存在するため，図5-25に示す相関器では狭帯域信号に変換した一次変調信号の帯域幅が広く，BPFにも広い帯域幅が要求される．しかし，BPFの帯域を通過する搬送波を時系列で眺めると常に1波のみであり，他の搬送波周波数の部分はノイズのみになる．したがって，信号検出においてはノイズの影響を無視できず，通常は搬送波周波数の数に応じた複数のBPFと検波回路を挿入した図5-27に示す相関器が用いられる．

図5-27は4値FSK（2ビットパラレル伝送）の場合を示している．各BPFは0〜3のシンボルに対応する$f_0 \sim f_3$を中心周波数とする狭い帯域幅のものでよく，BPFを通過するノイズレベルは小さくなるから，最大値判定器は四つの入力の中でレベルが最大のもの一つ（他の三つは低レベルのノイズのみ）を選択すればよい．

FH方式における整合フィルタは，図5-28のようにすべてのホッピング周波数に対応するN個のBPFとホッピングパターンに応じた遅延回路で構成できる．しかし，すべてのホッピング周波数に対応しなければならず，現実にはFH方式における整合フィルタを構成するのは困難である．

FH方式の同期保持も，DS方式のノンコヒーレントDLLに相当する方式とディザループに相当する方式がある．

DS方式のノンコヒーレントDLLに相当する同期保持回路を図5-29に示す．DS用DLLと同じように，受信FH信号より進んだ局部発振信号L_Eと遅れた

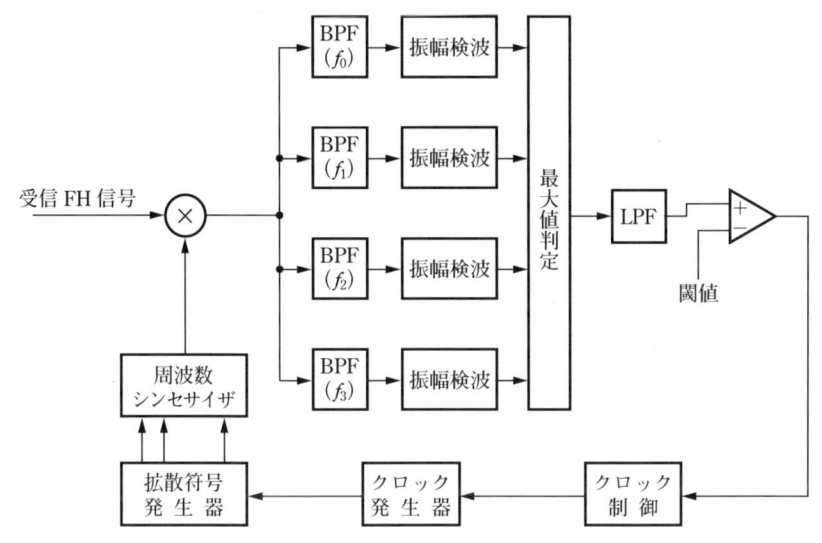

図 5-27 多値 FSK 用スライディング相関器

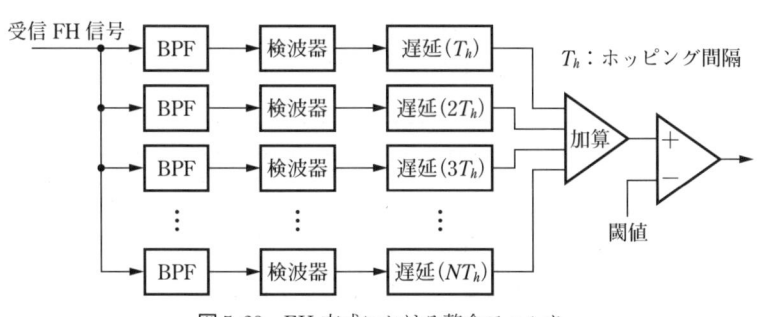

図 5-28 FH 方式における整合フィルタ

局部発振信号 L_L を発生させる．局部発振器となる周波数シンセサイザの発振周波数を乗算器出力が IF 信号になるように設定すれば，受信ホッピングパターンと周波数シンセサイザのホッピングパターンの時間差（位相差）に対応してBPF を通過する IF 信号は，図 5-30 に示す E_{IF}，L_{IF} のように継続時間が変化する．この IF 信号を包絡線検波して減算すれば，誤差信号が得られ，ループフィルタで平滑化して VCC の制御信号となる．受信信号と局部発振信号の時間差が

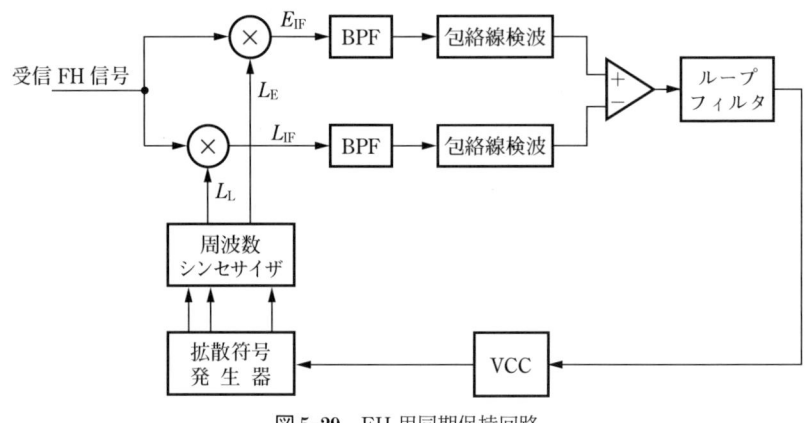

図 5-29 FH 用同期保持回路

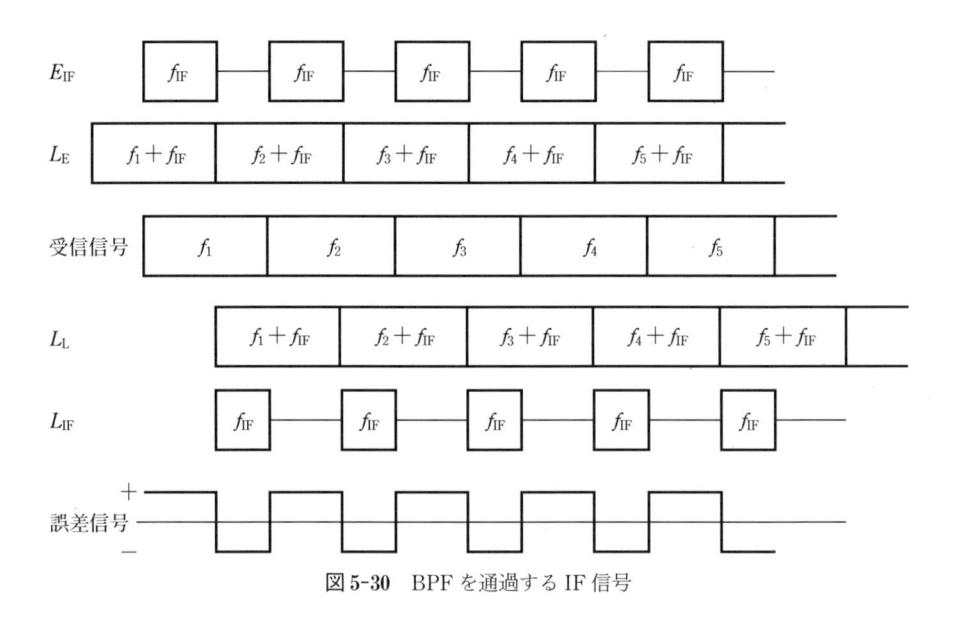

図 5-30 BPF を通過する IF 信号

$T_h/2$ (T_h：ホッピング間隔) の場合，E_{IF}，L_{IF} の継続時間が等しくなり，完全な同期状態となる．

この方式では，局部発振信号の遅延をディジタル処理で行うには複数の周波数

5.4 FH方式における同期捕捉と保持

図5-31 スプリットビット型同期保持回路

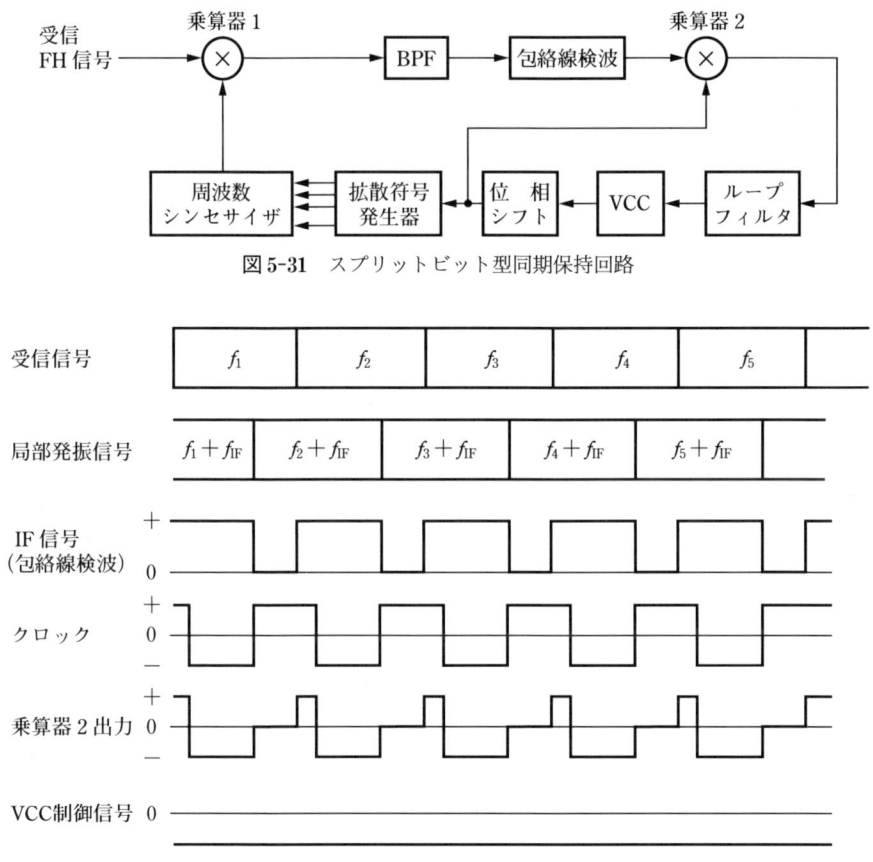

図5-32 スプリットビット型同期保持回路の動作

シンセサイザを用意しなければならず，アナログ遅延線に頼る場合が多い．しかし，一定間隔で周波数が変化している局部発振信号のすべての帯域にわたって同じ遅延量を与えるのは至難の技である．

ディザループに相当するFH用同期保持回路に**スプリットビット型保持回路**があり，その構成を図5-31に，その動作を図5-32に示す．

図5-31において，受信信号と周波数シンセサイザのホッピングパターンが完全に一致していれば，乗算器1の出力には連続したIF信号が現れる．したがっ

て，包絡線検波すれば（＋）の直流になり，乗算器2においてクロック信号と掛け算すれば出力にはクロック信号が現れる．ループフィルタで平滑化すればVCCの制御信号は0になり，完全な同期状態を検出できる．しかし，図5-32に示すように受信信号と周波数シンセサイザのホッピングパターンに時間差があれば，IF信号の連続性は失われ，時間差に応じてIF信号が現れない区間が存在する．この断続的なIF信号を包絡線検波して得られる矩形波とクロック信号を掛け算すれば，IF信号が断になる区間での乗算器2の出力が0になる．したがって乗算器2の出力には，図5-32に示すように3値の信号が現れる．この3値信号をループフィルタで平滑化（積分している）すれば，受信信号と周波数シンセサイザとの時間差によって（＋）あるいは（－）の誤差信号となり，VCCの発振周波数を完全な同期状態へと制御できる．

参考文献

[1] Robert C. Dixon（山之内和彦，竹内嘉彦）：スペクトル拡散通信の基礎，科学技術出版 (1999)

[2] 横山光雄：スペクトル拡散通信システム，科学技術出版 (1988)

[3] 丸林　元，中川正雄，河野隆二：スペクトル拡散通信とその応用，電子情報通信学会 (1998)

[4] 柴山乾夫監修：弾性表面波工学，電子情報通信学会 (1983)

[5] 高木誠利：アマチュアのスペクトラム拡散通信，CQ誌 (1998-2)

[6] 松尾憲一：PLL方式VFO，CQ誌 (1974-10)

第6章

音声信号の符号化

6.1　符号化とは

　符号化には**情報源の符号化**と，前述したリードソロモン符号のように誤り訂正を可能にして伝送に適した符号にする**伝送路符号化**があるが，ここで取りあげるのは情報源の符号化である．情報源信号には映像，音声等があるが，ここでは音声信号のディジタル符号化を考えてみよう．

　音声をマイクロフォンによって電気信号に変換したものは，アナログの歪波交流である．これを忠実にディジタル伝送するには，時系列にしたがって一定間隔でサンプルを抽出し，各サンプルの振幅を数値に変換（通常は2進数で表す）して伝送すればよい．この方式を**波形符号化**（wave-form encoding）法と呼び，コンパクトディスク（CD：Compact Disk）をはじめあらゆる音声のディジタル記録，信号処理，放送などに応用されている．受信（再生）側では，受信（再生）した数値をD/A変換（Digital to Analog conversion）することによってもとの波形を復元する．

　情報源信号を単一話者の音声のみに限定すれば，音声波形の特徴を抽出，モデル化して伝送し，受信側では送信されたモデルから疑似音声を合成する方法も用いられる．この方式を**分析合成符号化**と呼び，波形符号化に比べて極めて少ない情報量で符号化が可能であり，携帯電話など伝送容量に制限を受ける通信路に応用されている．

6.2　波形符号化

信号のディジタル化といえば，通常，波形符号化のことであり，その原理は **PCM**（Pulse Code Modulation）としてリーヴス（A. H. Reeves）が1937年に発表している．

波形符号化は図6-1に示すように，LPF（Low Pass Filter），S & H（Sampling and Hold），および A/D（Analog to Digital conversion）の順に行われ，D/A（Digital to Analog conversion）と LPF によってもとの信号に復元される．

入力アナログ信号をある時間間隔で区切り，サンプル（標本）を抽出する操作を**サンプリング**（標本化）という．時間間隔を決定する信号を**サンプリングパルス**（sampling pulse：標本化パルス）といい，時間間隔を T とすれば $1/T$ を**サンプリング周波数**（sampling frequency：標本化周波数）という．一つのサンプルから次のサンプルを抽出するまでの区間において，サンプル値が変動するのを避けるために，抽出したサンプル値を保持するのが**サンプルホールド**である．これらの様子を図6-2に示す．

シャノン（C. E. Shannon）の**サンプリング定理**によれば，f_0 に帯域制限された信号を $2f_0$ でサンプリングすれば，伝送されたもとの信号は復元可能である．かりに，帯域制限をせずに 2 kHz のサイン波を 8 kHz でサンプリングした場合，図6-3に示すように 6 kHz の信号においてもサンプリング点が同一となり，6 kHz を 2 kHz と誤認することになる．これは，6 kHz を 8 kHz の搬送波で振幅変調した場合に下側波として 2 kHz が現れるように，サンプリングにおいてもサンプリング周波数を中心にして**折返し現象**（エイリアシング：aliasing）が

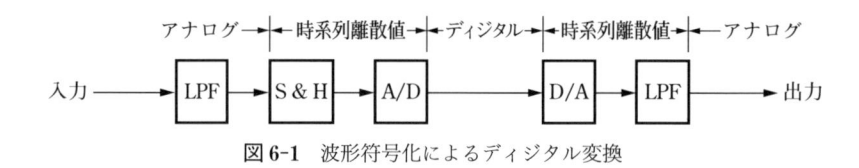

図 6-1　波形符号化によるディジタル変換

6.2 波形符号化

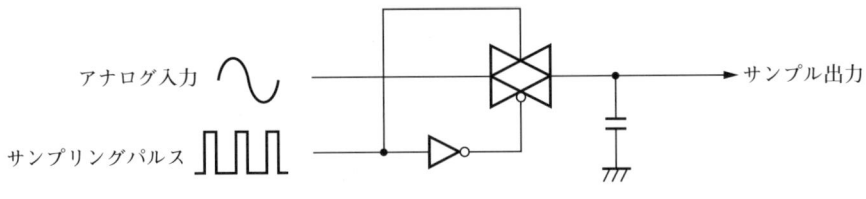

(a) サンプリング＆サンプルホールド

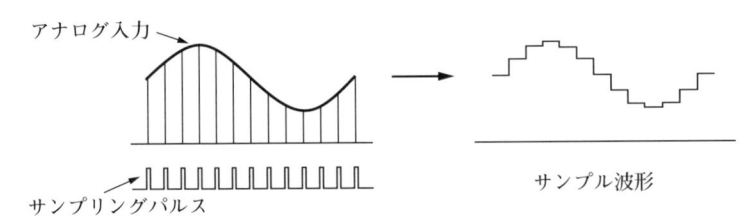

(b) サンプリングとサンプル波形

図 6-2 入力信号のサンプリング

― : 2 kHz
― : 6 kHz

サンプリングパルス (8kHz)

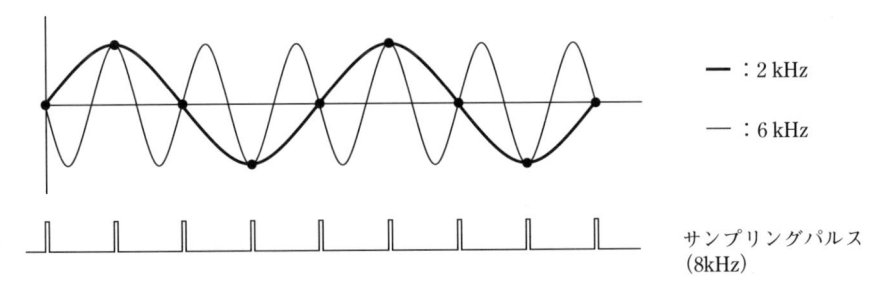

図 6-3 2 kHz を 8 kHz でサンプリング

発生する．折返し現象を防止するには，入力信号をサンプリングする前に LPF でサンプリング周波数の 1/2 以下に帯域制限しなければならない．図 6-1 の LPF は帯域制限のために挿入したものであり，これを**アンチエイリアシングフィルタ**（anti-aliasing filter）という．帯域制限が不十分な場合，たとえば入力信号に 2 kHz 成分が含まれていなくても 6 kHz が存在すれば 2 kHz が不要信号となって現れ，これを**折返しノイズ**（aliasing noise）という．ある周波数以下を 100%通過させ，それを超える周波数を 100%減衰させる理想的な LPF は存

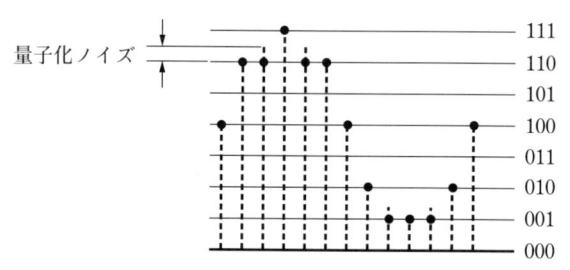

図 6-4 量子化と量子化誤差（3 ビット量子化の例）

在しないから，通常サンプリング周波数は伝送周波数の 2 倍よりも高く設定される．たとえば，20 kHz まで記録している CD のサンプリング周波数は 44.1 kHz に設定されている．

　サンプリングによって得られたサンプル値（アナログ量）を n 個のレベルに分解し，サンプル値を最も近い離散値に近似させることを**量子化**（quantization）といい，通常は 2 進数で表す．サンプリングが時間軸における離散値への変換ならば，量子化は振幅軸における離散値への変換であるといえる．図 6-2 に示したサンプリングを 8 レベルで量子化を行えば図 6-4 になる．量子化によって得られる値は●印の値であり，サンプル値とは違いを生じる場合があり，サンプル値と量子化値との差は**量子化誤差**となって現れる．量子化誤差は伝送路においてノイズが混入したことによる波形歪とも見なせるため，**量子化ノイズ**（quantizing noise）ともいう．

　量子化による歪には**過負荷ノイズ**（saturation noise）も存在する．入力レベルが量子化範囲を超えた場合，量子化によって得られるデータは量子化範囲を超えた部分に関してはすべて 1 あるいは 0 になる．特に音声信号では音声データを 2 の補数によって表現することが多く，この場合，過大入力になれば正の符号（0111…）が負の符号（1000…）に化け，パルス性ノイズとなって現れる．過負荷ノイズも量子化によって発生するノイズであり，広義の量子化ノイズといえる．

　サンプリングとサンプルホールド（S & H），および量子化回路を総称して **A/**

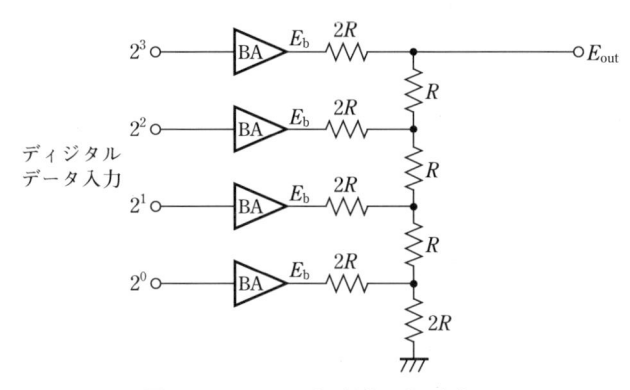

図 6-5　R-2 R ラダー抵抗 D/A 変換器

D 変換器（Analog to Digital converter）というが，狭義には量子化回路を指すこともある．また，ディジタル信号からアナログ信号へ変換するのが **D/A 変換器**（Digital to Analog converter）である．

D/A 変換器に広く使用される回路に **R-2R ラダー抵抗回路**がある．これは，R と $2R$ の 2 種類の抵抗のみで構成した図 6-5 のような回路であり，バッファ増幅器（BA）の出力電圧を E_b とすれば出力電圧 E_{out} は $E_b/16$ ステップで変化し，出力信号はアナログ信号をサンプリングした波形になって現れる．この信号を LPF によってサンプル間を補間すればもとの信号に復元できる．しかし，理想的な LPF は存在しないため完全な補間は行われず，復元信号には誤差が生じる．この誤差を**補間誤差**，または**補間ノイズ**という．

アナログ信号をディジタル信号に変換するには，ディジタル信号で表現されたデータを D/A 変換して得られる電圧と入力信号電圧を比較し，両方の電圧が量子化誤差の範囲で一致したときのディジタルデータを出力信号とすればよい．D/A 変換器に与えるディジタルデータを設定する方法には，大きく分けて 2 種類がある．

図 6-6 に示す A/D 変換器は，ディジタルデータをレジスタの最上位桁から下位桁へ順次設定する方法であり，**逐次比較型 A/D 変換器**と呼ばれている．

4 ビット量子化を行う図 6-6 において量子化 1 ステップを 1 V と仮定し，入力

入力(E_i)

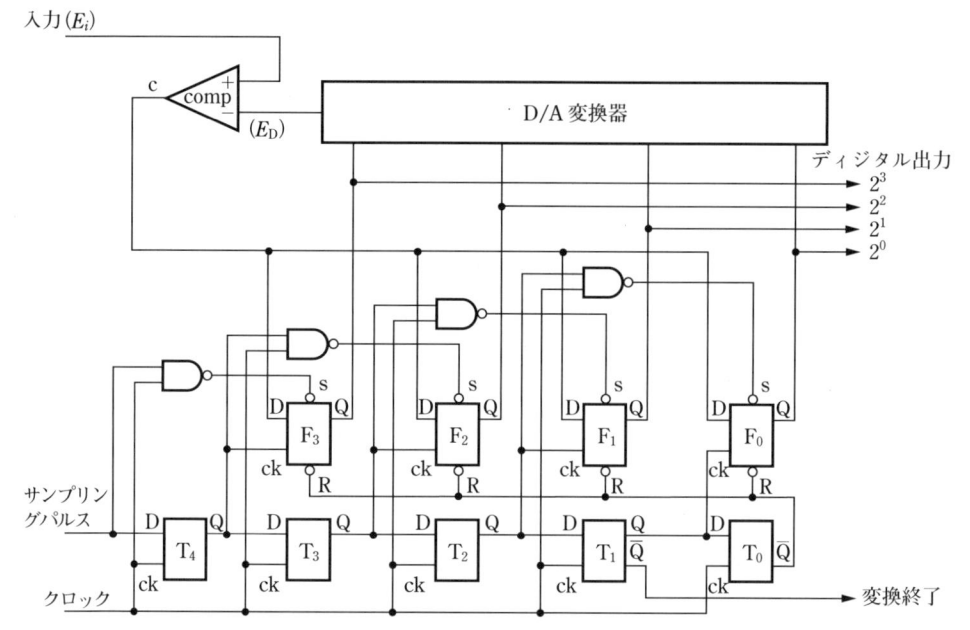

図6-6 逐次比較型A/D変換器

電圧 E_i は11.5Vであったとしよう．また，レジスタ F_0〜F_3 は初期状態においてすべてリセット状態であるとする．この場合，D/A変換器の入力データはゼロであり，D/A変換器の出力電圧（E_d）もゼロである．この状態においてサンプリングパルスがレジスタ T_4 の入力（D端子）に現れると F_3 はセットされ，D/A変換器の入力データは1000となり，出力電圧 E_d は 2^3 V（8V）になる．電圧比較器comp（voltage comparator）は 2^3 V と入力電圧 E_i（11.5V）を比較し $E_d < E_i$ であるから，電圧比較器の出力は $c=1$ となる．次に，T_4 によって1クロック遅延したサンプリングパルスが T_4 の出力Qに現れると F_3 には1がメモリされ，それと同時に F_2 がセットされて，D/A変換器の入力データは1100となる．このとき，D/A変換器の出力は 2^3 V＋2^2 V＝12V となり，$E_d > E_i$ であるから，電圧比較器の出力は0となる．さらに1クロック経過した時点において F_2 に0がメモリされ，F_1 に1がセットされて，D/A変換器の入力は1010，出

力は 2^3 V$+2$ V$=10$ V，電圧比較器の出力は 1 になる．

同様に，次のステップで F_1 に 1 をメモリすると，D/A 変換器入力は 1011，出力は 2^3 V$+2$ V$+1$ V$=11$ V，電圧比較器出力は 1 となる．したがって，次のクロックパルスで F_0 に 1 がメモリされて変換動作が終了し，変換出力 1011 が $F_3 \sim F_0$ にメモリされる．T_1 の反転出力 $\bar{Q}$ を変換終了信号として取り出してディジタル出力をラッチし，もう 1 クロック遅れた T_0 の反転出力で $F_3 \sim F_0$ をリセットして，次のサンプリングパルスの到来を待つことになる．

図 6-7 に示す回路は，ディジタルデータの設定にカウンタを利用する方法であり，**追従比較型 A/D 変換器**と呼ばれている．

図 6-7 において，アップダウンカウンタの初期状態を 0000 とすれば D/A 変換器出力電圧 E_d は 0，したがってアナログ入力電圧 $E_i > E_d$ であるから，クロックパルスはカウンタの up 端子に現れ，アップカウンタとして動作する．カウンタの値が増加して $E_i < E_d$ になれば，クロックパルスは down 端子に現れ，ダウンカウンタとして動作する．このような動作を入力信号の変化に追従して，クロックパルスごとにアナログ量からディジタルデータへの変換を繰り返す．これらの動作を図示すると，図 6-8 のようになる．

カウンタの値は 1 クロックごとに 1 ずつ増減するのみであるから，変化の激し

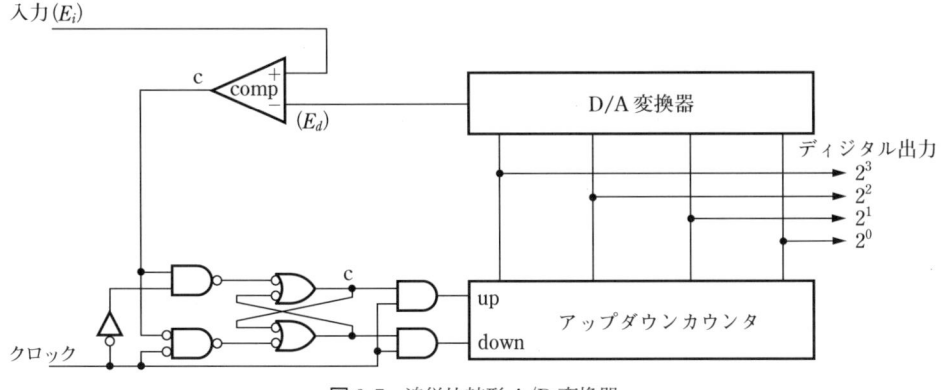

図 6-7 追従比較形 A/D 変換器

図 6-8 追従比較型 A/D 変換器の動作

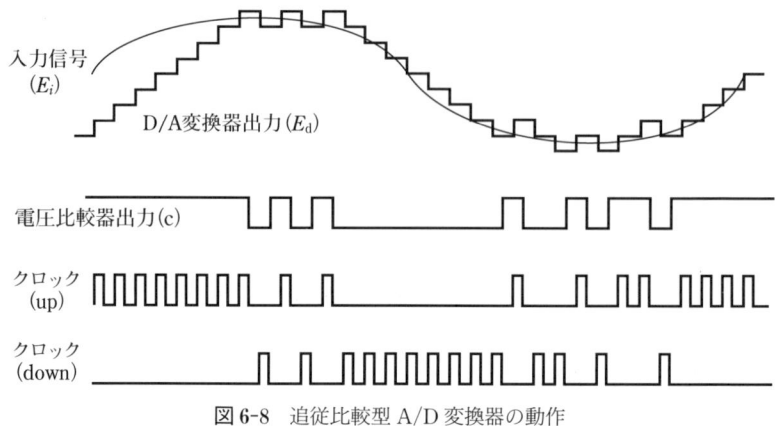

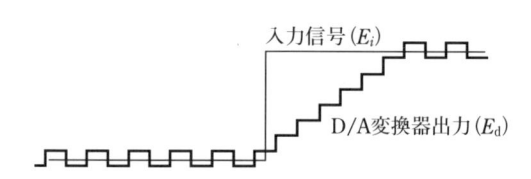

図 6-9 ステップ入力信号に対する追従比較型 A/D 変換器の応答

い入力信号には追従できない．たとえば，入力信号が矩形波のようなステップ状に変化する信号では図 6-9 のようになり，追従比較型とはいえ追従できる速度には限界がある．

　逐次比較型，追従比較型の A/D 変換器は，D/A 変換器の出力を電圧比較器にフィードバックし，入力信号との差異をなくすことによってディジタルへの変換を行っている．したがって，D/A 変換器出力と入力信号が等しいと判定することは瞬時には行えず，たとえば 2 進 8 ビットの変換には逐次比較型で 8 ステップ，追従比較型では最悪の場合 255 ステップの操作が必要である．

　量子化ビット数で表現できるすべてのレベルの電圧比較器を用意して，変換操作を 1 ステップで行い，高速変換を可能にしたのが図 6-10 に示す**並列比較 (flash) 型 A/D 変換器**である．

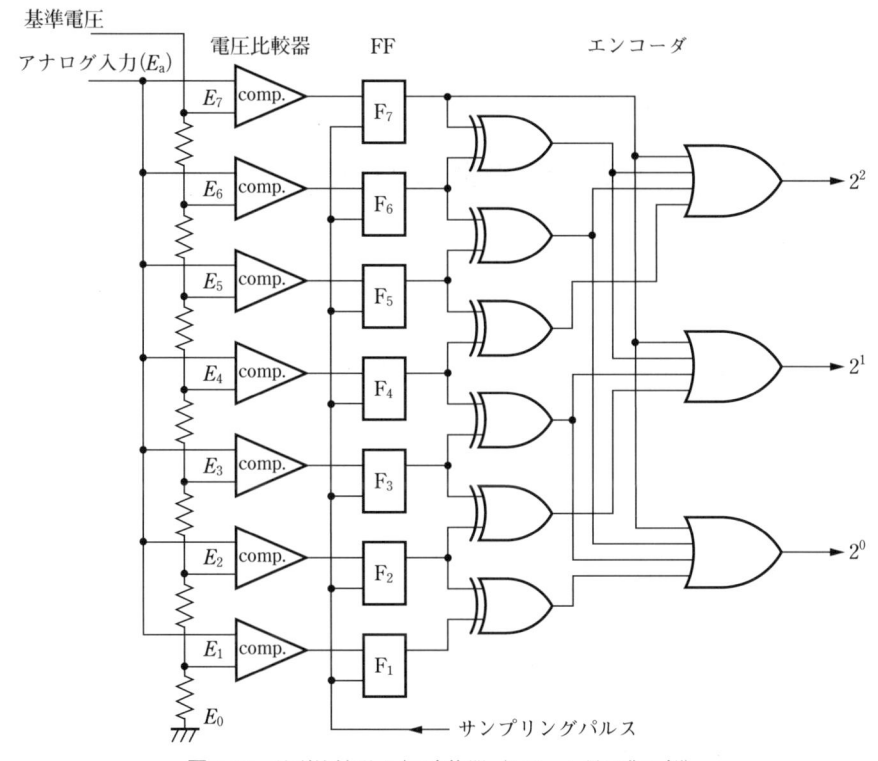

図 6-10 並列比較型 A/D 変換器（3 ビット量子化の例）

電圧比較器の片方の入力は基準電圧であり，各比較器は常にアナログ入力信号と電圧比較を行っている．いま，入力電圧 (E_a) が $E_5 < E_a \leq E_6$ ならば，基準電圧 E_5 以下の比較器出力はすべて 1 になり，基準電圧 E_6 以上の比較器出力は 0 になる．サンプリングパルスのタイミングにおいて，各フリップフロップ（FF）は電圧比較器出力の状態をメモリし，$F_1 \sim F_5$ は 1 に $F_6 \sim F_7$ は 0 にセットされる．EXOR（exclusive OR：排他的論理和）と 4 入力 OR は，FF の状態を 2 進数に変換する符号化器（encoder）である．

このように，並列型 A/D 変換器は 1 ステップですべての処理を完了するため高速変換が可能であるが，量子化ビット数が多くなれば電圧比較器の数も増加す

ることになる．たとえば，8ビット量子化を行うには255個の電圧比較器を必要とする．

6.3　伝送周波数帯域と伝送ビットレート

　ディジタル信号は2値のパルス信号であり，無限の帯域まで高調波が含まれている．このような信号を有限の帯域を持つ伝送路で伝送すると波形になまりが生じ，図6-11に示すように**符号間干渉**（intersymbol interference）が発生する．ディジタル伝送ではデータが正確に伝送できることが重要であり，送信波形を正しく伝送することではない．したがって，パルス波形を符号間干渉の生じない波形に変換して伝送してもさしつかえはない．符号間干渉の生じない波形とは，連続するパルス列において，自己の中心点においては振幅≠0であり，他のサンプル点においては振幅＝0となる波形である．このような波形を形成するための条件はナイキスト（H. Nyquist）によって求められている．

　いま，周波数帯域 $0 \sim f_0$ において振幅変化がなく，また，位相変化が直線であり，f_0 を超える周波数帯は100%減衰する理想的なLPFがあったとしよう．このような理想LPFに単一パルスを入力した場合の出力波形は，図6-12(b)に示すように $f(x)=(\sin x)/x$ で表される波形になる．この波形は時間 $T\,(=1/2f_0)$ ごとに振幅が0になる．したがって，$1/2f_0$ 間隔で符号を送り出せば，符号間干渉のないデータ伝送が可能になる．$2f_0$ を**ナイキスト速度**，$T\,(=1/2f_0)$ を**ナイキスト間隔**という．

　理想LPFの製作は不可能であるが，理想LPFと同じように $1/2f_0$ 間隔で振幅

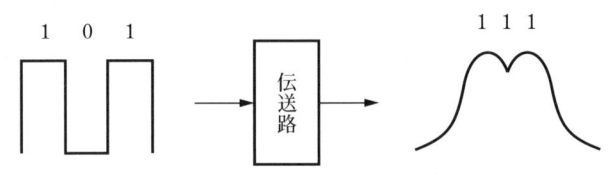

図6-11　符号間干渉の生じる伝送路

6.3 伝送周波数帯域と伝送ビットレート

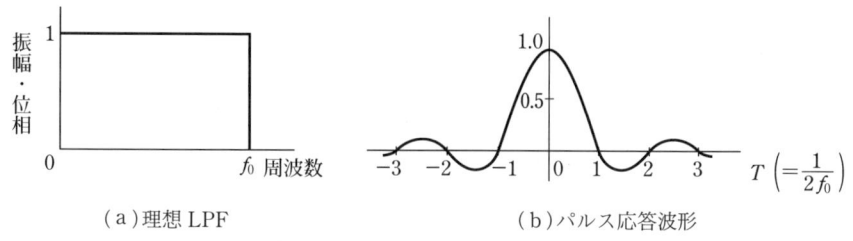

図6-12 理想LPFのパルス応答

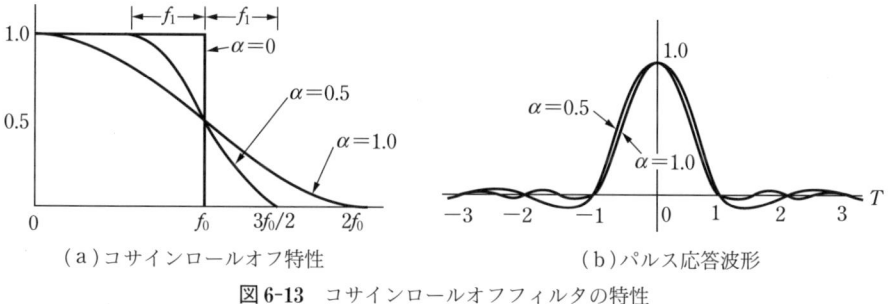

(a) 理想LPF
(b) パルス応答波形

図6-13 コサインロールオフフィルタの特性

(a) コサインロールオフ特性
(b) パルス応答波形

が0になるLPFとして，図6-13に示すに**コサインロールオフフィルタ**（cosine roll-off filter）がある．

図6-13(a)のコサイン・ロールオフ特性は次式で表される．

$$H(f) = 1 \qquad f \leq f_0 - f_1$$

$$H(f) = \frac{1}{2}\left(1 - \sin\frac{f - f_0}{2f_1}\pi\right) = \cos^2\frac{f}{4f_0}\pi \qquad f_0 - f_1 < f < f_0 + f_1$$

$$H(f) = 0 \qquad f_0 + f_1 \leq f$$

この式において $\alpha = f_1/f_0$ とするとき，α をロールオフ率という．$f_1 = 0$，すなわち $\alpha = 0$ の場合は，図6-12の理想LPFである．なお，上式におけるロールオフ特性の傾斜部分が2乗コサイン（raised cosine）で表されるので **raised cosine** フィルタとも呼ばれ，**ナイキストフィルタ**の一例である．

伝送路において受信パルスのS/Nは，フィルタの特性を均等に送受分割した場合に最大になる．したがって，通常，図6-14のようにロールオフ特性を送受

```
            白色雑音
             ↓
  送信        ⊕        受信
  √H(f) ───→ ⊕ ───→ √H(f) ───→
```

図 6-14 ルートロールオフ

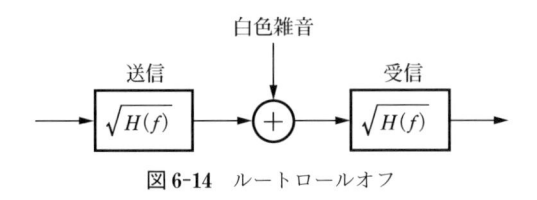

にルート（root：平方根）配分する場合が多い．これをルートロールオフ，あるいはルートレイズコサイン（**root-raised cosine**）という．

コサイン・ロールオフ・フィルタにディジタル信号を通したとき，図6-13(a)より，$\alpha=0.5$ の場合には $0 \sim 1.5 f_0$ が通過帯域であり，$\alpha=1$ では $0 \sim 2f_0$ が通過帯域となる．ナイキスト速度 $2f_0$ は理想 LP で信号処理した場合の伝送ビットレートであるから，いま，伝送ビットレートを b_r とすれば，伝送路に要求される周波数帯域幅 B_w は次式のようになる．

$$B_w = \frac{1+\alpha}{2} b_r$$

人間の声を伝えるにはおよそ 3 kHz までの周波数を伝送すれば充分であり，ディジタル化にあたっては，サンプリング周波数を 8 kHz，量子化ビット数は直線量子化 12～13 ビットに相当する音声品質の非直線量子化 8 ビットに設定している．これは入力信号を対数圧縮したのち 8 ビット直線量子化を行い，許容最大入力レベルに近い部分の量子化ステップを荒くしている．したがって，電話1回線のディジタル伝送には，8 (kHz)×8 (bit)＝64 (kbps) のビットレートが要求される．

一般に電話回線の伝送帯域は 3.4 kHz 程度である．このような回線に $\alpha=0.5$ のコサイン・ロールオフ・フィルタを経由して2値パルスのまま伝送しようとすれば，4.5 kbps 程度の伝送ビットレートしか期待できない．

6.4　音声の効率的符号化

音声のようにリアルタイムで伝送しなければならない情報を制限された帯域内

で伝送するには，充分に内容が伝達でき，かつ伝送路を伝送できる容量にまでデータを圧縮しなければならない．また，伝送路の容量が充分であっても，音声以外の情報を同時に伝送するとすれば，音声に割り当てるビット数はできる限り少ない方がよい．

音声信号は隣接するサンプル間，あるいはさらに離れたサンプル間でも相関の強い信号である．かりに，隣接するサンプル値の差，または一定区間のサンプル値から相関を利用して予測したサンプル値と実際のサンプル値との差を伝送すれば，各サンプル値を伝送よりもはるかに少ない情報量で同じ情報が伝送できることになる．

現時点におけるサンプル値と1時点過去のサンプル値を予測し，これらの値の差を出力値とする方式を **DPCM**（Differential PCM：**差分 PCM**）と呼び，図6-15のように構成される．

いま，D/A 変換において，より原アナログ信号に近づけるためサンプル数を増加させることを考えよう．サンプル数を増加させるには，図6-16 の実線で示す実サンプルの間に破線で示す補間サンプルを挿入しなければならない．補間に

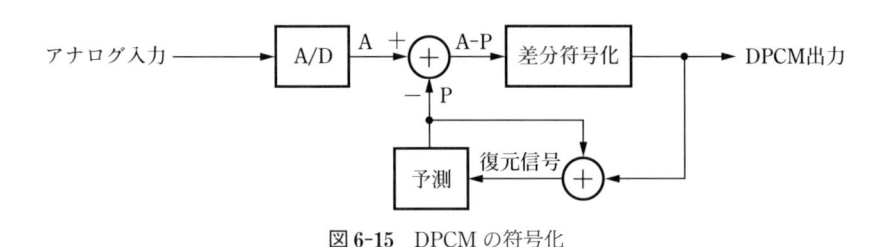

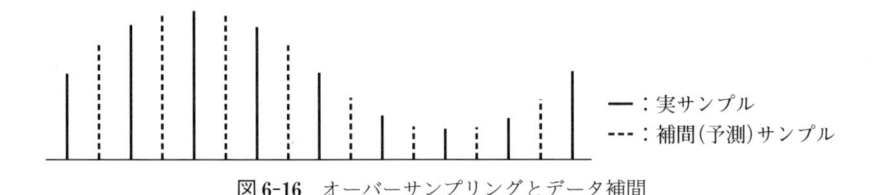

図 6-15　DPCM の符号化

図 6-16　オーバーサンプリングとデータ補間

よってサンプル数を増加させることは，サンプリングパルスの周波数を高くすることであり，これをオーバーサンプリングという（逆にサンプルを間引くことはアンダーサンプリングという）．

離散値であるディジタル情報からサンプル間を補完したアナログ情報への変換は，図6-1に示すようにLPF（低域濾波器）によって行われる．この場合，補間値は実サンプルから予測した値であり，図6-15における予測もLPFがその役割を担っている．図6-15においては，ディジタル信号のまま処理しているため，使われるLPFは**ディジタルフィルタ**である．

抵抗（R），コンデンサ（C）で構成するアナログのLPFに**インパルス**（振幅（A）×パルス幅（τ）＝1のパルス波形においてτを限りなく0に近づけた極限状態のパルス）を入力した場合の出力波形（インパルス応答）は，図6-17(a)に示すように$t=0$から$R \times C$（時定数）で決定される減衰曲線になる．いま，図6-17(a)のアナログ出力を周期Tでサンプリングすると図6-17(b)になり，その包絡線はアナログの曲線と同等である．したがって，単一パルスを入力し，図6-17(b)がリアルタイムで出力できるディジタル処理回路を構成すれば，この処理回路はRCで構成するアナログフィルタと等価なディジタルフィルタ（LPF）として動作することになる．

図6-18においては，1周期（1サンプル）遅延した出力信号に係数を乗算し，入力信号と算術加算している．したがって，入力にインパルスが加わると出力には図6-17(b)が得られ，LPFとして動作していることが理解できる．

図6-18に示す回路はフィードバック系で構成されているため，入力信号が一

(a) アナログ出力　　(b) 周期Tでサンプリング

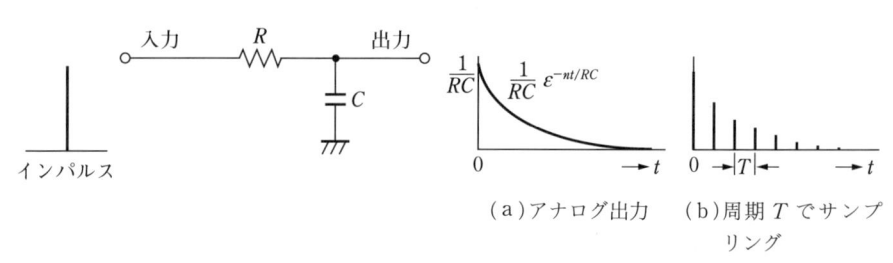

図6-17 LPFのインパルス応答

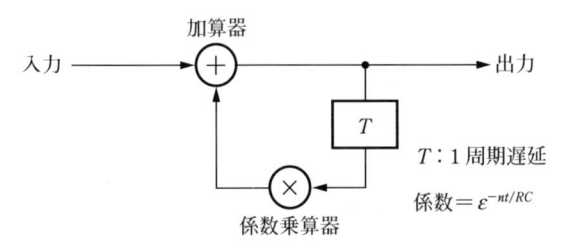

図 6-18 IIR 型ディジタルフィルタ

T：1 周期遅延
係数 $= \varepsilon^{-nt/RC}$

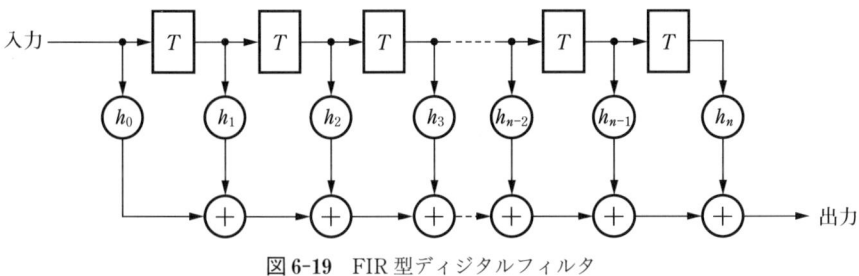

図 6-19 FIR 型ディジタルフィルタ

度でもあれば減衰しながら無限に信号が続くことになり，**IIR**（Infinite Impulse Response：**無限インパルス応答**）型と呼ばれている．

図 6-19 は，シフトレジスタ（遅延回路）と各レジスタの出力端子に挿入された乗算器および乗算結果を算術加算する加算器で構成されている．乗算器の各係数 $h_0 \sim h_n$ を図 6-16(b)のインパルス応答になるように設定すれば，RC で構成するアナログ LPF と等価な LPF として動作する．しかし，本来インパルス応答は無限であるから，実用上許容される範囲までシフトレジスタの段数を用意しなければならない．

図 6-19 の回路はインパルス応答が有限であるから，**FIR**（Finite Impulse Response：**有限インパルス応答**）型と呼ばれている．FIR 型フィルタはフィードバック系を含まないため安定した系が構成でき，また，設計条件によってはアナログフィルタでは不可能な位相特性の直線性を確保することも可能なため，ディジタル信号処理においてはよく使用される．図 6-12(b)の理想 LPF のインパルス応答から算出した値を乗算器の係数とすれば，理想 LPF の特性に近似した

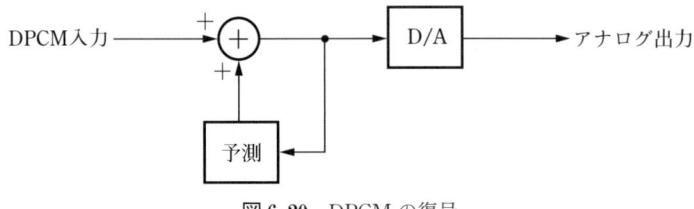

図 6-20　DPCM の復号

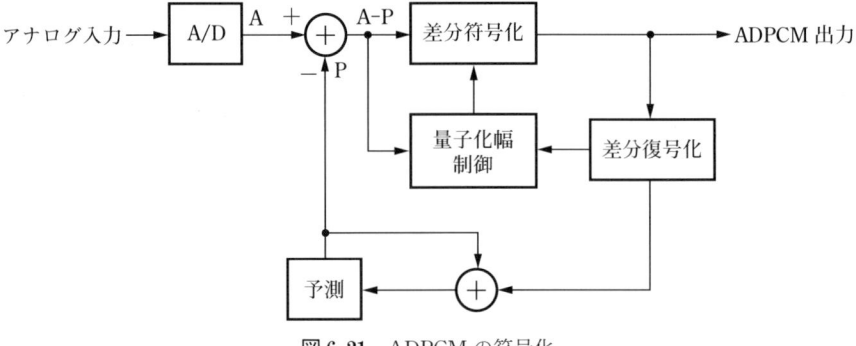

図 6-21　ADPCM の符号化

フィルタも作成可能である．

　ディジタルフィルタを時間軸上のインパルス応答から導いたが，アナログフィルタで見慣れている周波数特性の形に変換するには，インパルス応答波形のスペクトラムをフーリエ変換によって周波数軸上に展開すればよい．

　DPCM の復号は，図 6-20 に示す符号化と逆のプロセスにより，DPCM 入力に 1 サンプル遅延した予測値を加算し，D/A 変換してアナログ出力を得る．

　DPCM において量子化のステップを随時変化（適応量子化）させ，入力信号に対する追従性をよくした方式に，現在 PHS（Personal Handy-phone System）に使われている **ADPCM**（Adaptive Differential PCM：**適応差分PCM**）がある．

　DPCM と ADPCM の違いは，図 6-21 に示すように，差分符号化にあたって量子化ステップ幅を差分 d（$=\mathrm{A}-\mathrm{P}$）の値に応じて変化させることにある．1 サンプル前の時点における予測データ P_{n-1} と現在の入力データ A_n との差を d_n と

図 6-22 差分量子化

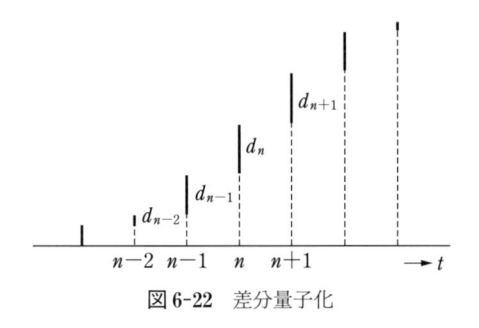

すれば，d_n は次のようになる．

$d_n = A_n - P_{n-1}$

いま，量子化ステップ幅を Δ（4ビット量子化ならば1/16）とすると，図6-22に示す各サンプルの差分（実線で示す）$d_{n-1}, d_n \cdots$ を $d_{n-1}\Delta, d_n\Delta, \cdots\cdots$ のようにして符号化していくのがDPCMにおける差分符号化である．ADPCMの場合には，時間 $t=n$ の時点のステップ幅 Δ_n を直前のサンプル時点におけるステップ幅 Δ_{n-1} から次式のように設定する．

$\Delta_n = M\Delta_{n-1}$

したがって，サンプルごとにステップ幅は変更され，広い振幅範囲を飽和することなく追従できることになる．M は予測係数であり，次式のように常に変化している．

$M<1$: $d_n > d_{n-1}$（音声レベルが増大している場合）

$M>1$: $d_n < d_{n-1}$（音声レベルが減少している場合）

かりに，$d_n > d_{n-1}$ の場合の予測係数 M を $0.8(4/5)$ とするならば，$d_n\Delta_n = 0.8 d_n\Delta_{n-1}$ と差分符号化することになり，入力差分信号を0.8倍に圧縮して符号化していることになる．4ビット量子化において1Vを1ステップとして符号化しているとすれば，1ステップを1.25Vに拡大して符号化することに等しい．逆に $d_n < d_{n-1}$ の場合の予測係数を $1.25(5/4)$ とするならば，入力差分信号を1.25倍に拡大して符号化することになり，1ステップあたりの信号レベルを0.8Vに縮小して符号化することになる．このように，ADPCMでは入力信号レベ

ルが大きな時は粗い量子化を，小さな時は細かい量子化を行い，伝送ビットレート 32 kbps の ADPCM（4 ビット ADPCM）は，対数圧縮 8 ビット量子化した伝送ビットレート 64 kbps のディジタル音声と聴感上はほぼ同等の品質が得られている．なお，予測係数 M の伝送に余分なビットが必要となり，音声の符号化に与えられるビット数は減少するが，これによる品質の劣化はわずかである．

6.5 発声のメカニズム

人間の出す音声は，肺から押し出された空気が気管を通り声帯を振動させ，ほぼ規則的な断続した空気流を発生させる．これが音声の音源となる．喉から口の部分（声道：vocal tract）は，電気回路でいえば空洞共振器である．その周波数特性には図 6-23 のようにいくつかの共振周波数が存在し，スペクトラムの包絡（spectral envelope）を表す．「ア」「イ」などの言葉によって，共振周波数および周波数特性が変化する．

人間の音声には，顎，舌，唇などを動かすことにより形を変え，共振回路のフィルタ特性を変化させている有声音（voiced sound）と，肺からの空気流を舌や唇によって空気流を遮断し，圧縮された空気を突然開放することによって得られる声帯振動を伴わない無声音（unvoiced sound）がある．これら人間の発声機構は図 6-24 のように表現できる．図 6-24 における声道等価フィルタの周波数特性を図 6-23 とすれば，音声信号のスペクトラムは図 6-25 のようになる．

「ア」「イ」などの言葉を特徴づけるエネルギーの集中した周波数成分を**フォル**

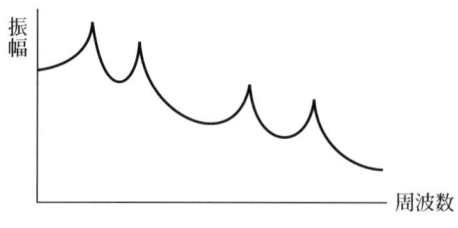

図 6-23 声道の周波数特性

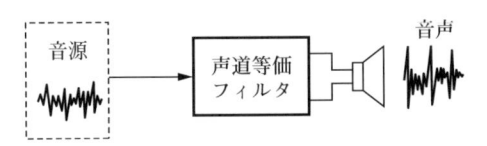

図 6-24　音声生成の等価回路のモデル

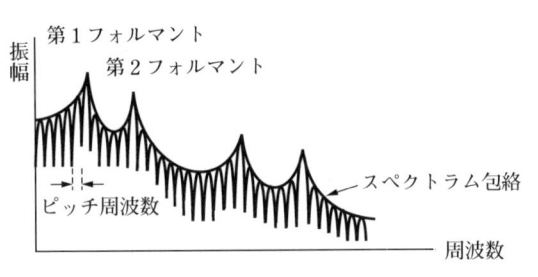

図 6-25　音声信号のスペクトラム

マント（formant）といい，声道の共振周波数に対応している．周波数の低い方から第 1，第 2，…フォルマントと呼ばれ，言葉によってフォルマントの周波数は変化する．

スペクトラムは，ピッチ（pitch）と呼ばれる男声では 100 Hz～200 Hz，女声では 150 Hz～300 Hz を基本周波数とした高調波成分から成り立っている．

6.6　分析合成符号化

波形そのものを，時系列にしたがってできる限り忠実に伝送しようとするのが PCM である．PCM においては，単位時間あたりのサンプル数（サンプリング周波数）とサンプルあたりの量子化ビット数の積で伝送ビットレート（情報量）が決定される．したがって，ビットレートを削減するには，ADPCM のようにサンプルあたりのビット数を削減するのも一つの方法であるが，サンプルあたりのビット数の削減にも限度がある．より一層ビットレートを削減しようとするならば，サンプル数を削減する方法が有効であるが，サンプル数を削減するために

サンプリング周波数を低くすれば高域周波数の伝送ができない．そこで，いくつかの連続するサンプルを切り出し（切り出したサンプル区間を**フレーム**という），フレーム単位で信号処理をして音声波形の特徴を抽出し，特徴のみを一つの符号にして伝送すれば，ごくわずかのビットレートで情報の伝達は可能になる．PCMのように1サンプルごとに量子化する**スカラー量子化**に対して，複数サンプルの組（ベクトル）をまとめて一つの符号で表現する方法を**ベクトル量子化**（**VQ**：Vector Quantization）と呼ぶ．

複数サンプルを一つの符号で表す方法に**分析合成符号化**がある．受信側を6.5で述べた発声のメカニズムに適応した音声合成器で構成すれば，送信側からは音声合成器を制御する信号を送出すればよい．したがって，送信側では入力音声と合成音声の複数サンプルを比較・分析してパラメータを抽出し，パラメータを制御信号として伝送すれば音声の伝達は可能である．このように入力音声と合成音声とを比較し，誤差が最小になるようなパラメータを求める手法を**合成による分析**（**A-b-S**：Analysis by Synthesis）と呼んでいる．

分析合成符号化方式の中で，**CELP**（Code Excited Linear Prediction：**符号励振線形予測**）方式はディジタル携帯電話における音声符号化方式の基礎となる方式である．CELP符号化は，図6-26に示すように音源情報をパターン化して登録したコードブックを作成し，フィルタリングによって得た合成音声と入力音声との誤差が最も少なくなるパターンをコードブックのパターンから選択するように構成される．このとき，最小誤差となるパターンのインデックスとフィルタのパラメータを伝送情報とすれば，伝送すべき情報量は波形符号化に比較して著しく減少することになる．

図6-26において，LPC合成フィルタは図6-24の声道等価フィルタに相当し，合成音声のスペクトラム包絡を与えるディジタルフィルタである．**LPC**（Linear Predictive Coding：**線形予測符号化**）とは過去の情報から現在の情報を予測しようとするものであり，したがって，現在の情報を x_n とすれば次式のように表現できると考えられる．

$$x_n = a_1 x_{n-1} + a_2 x_{n-2} + \cdots + a_p x_{n-p} + \varepsilon_n$$

6.6 分析合成符号化

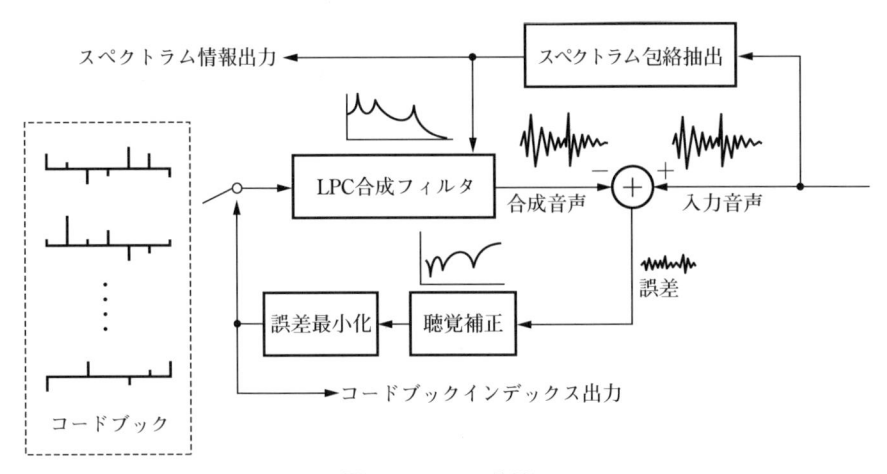

図 6-26 CELP 符号器

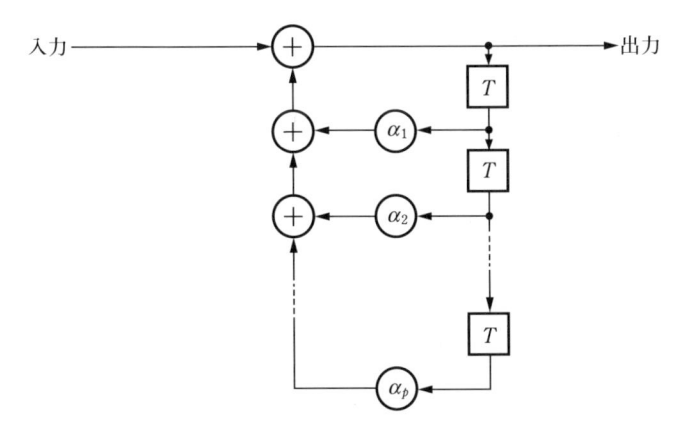

図 6-27 LPC 合成フィルタ

ここで，$\alpha_1, \alpha_2, \cdots, \alpha_p$ は予測係数であり，p は予測次数と呼ばれる．また，ε_n は予測誤差である．この式は過去の情報を線形加算したものであるから，LPC 合成フィルタは図 6-18 に示す IIR 型フィルタで表現でき，図 6-27 のような構成になる．

アナログ信号をディジタル変換する場合には，図 6-4 に示すように 1 量子化レ

ベル以内の量子化雑音が発生することは避けられない．量子化雑音の値はアナログ信号のレベルによって変化することはないから，**信号対量子化雑音比**（**SNR**：Signal to quantization Noise Ratio）は信号レベルの小さな場合ほど悪化することになる．このため，量子化雑音を含んだ音声信号のスペクトルの形を整形し，聴感上のSNRを改善する**聴覚補正**を行う．聴覚補正（あるいは**ノイズシェーピング**（noise shaping）と呼ばれる）は，スペクトル包絡を与えるLPC合成フィルタとは逆特性のフィルタで行われる．このようにして得られた入力音声と合成音声の差（誤差）が最小になるようにコードブックを探索し，誤差が最小になる音声パターンのインデックスが出力情報となる．

　CELP符号器は復号器を内蔵した形の構成になっているから，CELPの復号器は図6-28のように符号器の一部から構成できる．また，復号した合成音声はスペクトルの谷の部分で量子化雑音が目立つ傾向があり，**ポストフィルタ**（post filter）と呼ばれるフィルタを挿入し，スペクトル包絡値の大きな山の部分を強調して聴感を改善している．

　CELP符号化において，かりに40サンプル（サンプリング周波数8kHzならば5ms）を1フレームとして処理し，コードブックに音源情報パターンを1,024用意したとする．PCM伝送においては40サンプル×8ビット＝320ビットの情報量を必要とするが，CELP符号化では10ビットで情報伝達が可能にな

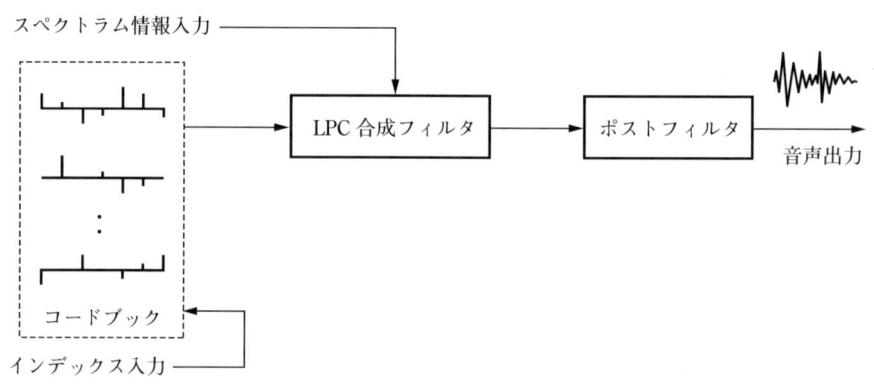

図6-28　CELP復号器

り，1サンプルあたり0.25ビットの符号化になる．ただし，40サンプルをメモリした後に処理するため，音声遅延が発生することは避けられない．

PDC（Personal Digital Cellular）方式の携帯電話における音声は，CELPの一種である**VSELP**（Vector Sum Excited Linear Prediction：ベクトル和励振線形予測）によって符号化されている．この方式はアメリカのモトローラ（Motorola）社の開発によるもので，日本方式は情報量などにわずかな差はあるけれども，TIA（Telecommunication Industry Association）標準である北米標準方式IS-54と同じである．

図6-29に示すように，VSELPでは音源のコードブックに9種類の基本的な波形の音声パターン（ベクトル）のみが用意され，各ベクトルを加算して合成音声を得るようになっている．また，合成フィルタの特性もあらかじめ決定しておき，演算量を少なくしている．伝送する情報はコードブックのインデックスではなく，各ベクトルの極性のみである．したがって，伝送路において符号誤りが発生しても一部のベクトルの極性が変化するだけであり，復号音声に大きな障害を与えない．この方式はトータル伝送ビットレートが11.2 kbps（音声6.7 kbps，誤り訂正4.5 kbps）の日本におけるフルレート符号化方式（北米方式は13 kbps）として選定され，音声の品質は32 kbpsのADPCMよりやや低いとされている．

フルレート符号化であるVSELPに対して，NTTが開発した伝送ビットレー

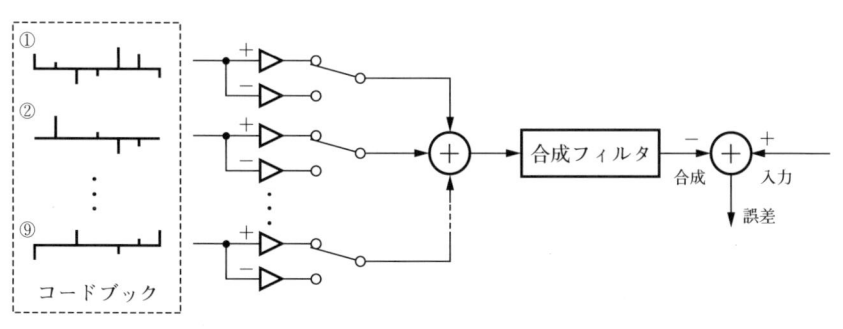

図6-29　VSELP符号器

```
┌─────────────────────┐
│ 適応コードブック      │──┐
│ （周期的成分）        │  │
└─────────────────────┘  │
┌─────────────────────┐  ○
│ 固定コードブック      │──┤
│ （過渡的成分）        │  │
└─────────────────────┘  │
```

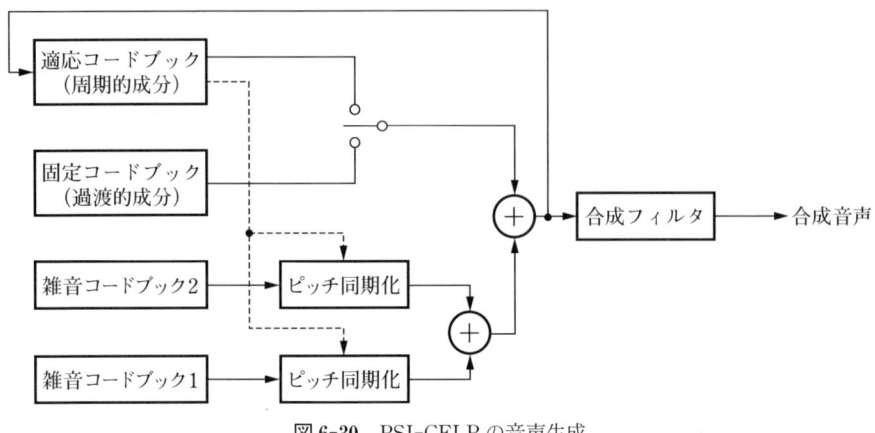

図 6-30 PSI-CELP の音声生成

ト 5.6 kbps（音声 3.45 kbps，誤り訂正 2.15 kbps）のハーフレート符号化方式に **PSI-CELP**（Pitch Synchronous Innovation CELP：**ピッチ同期雑音励振CELP**）があり，NTT DoCoMo の提案によってハーフレート符号化の日本標準方式になっている．

PSI-CELP の音源は，図 6-30 に示すように適応・固定・雑音の 3 種類のコードブックで構成されている．適応コードブックは過去の音源を保持して有声音源に周期性をもたせているが，過渡的な部分や周期性のない部分では固定コードブックに切り換えるようにしている．無声音源は固定コードブックと雑音コードブックの組合せで生成している．

PSI-CELP の最大の特徴は，ピッチ同期（PSI）にある．音声のピッチ周期はおよそ 2 ms（8 kHz サンプリングで 16 サンプル）から 18 ms（144 サンプル）の範囲に存在し，周波数に換算すると 500 Hz から 55.6 Hz になる．40 サンプル（5 ms）を 1 フレーム（周波数に換算すると 200 Hz）として音声を処理するならば，ピッチ周波数の高い女声あるいは子供の声の場合に量子化歪や聴感上の歪みを大きく感じるようになる．このため，雑音コードブックの音声ベクトルをピッチ周期で同期させると，歪みの軽減に効果がある．

人間の出す声のピッチ周波数は一定周波数ではなく，軽い周波数変動（揺ら

ぎ）を伴っているのが普通である．このため，ピッチ同期はフレーム内の平均的値で処理を行わざるを得ない．これに対して入力音声波形を時間的に制御して周波数変動をなくすような符号化を行い，聴感歪みをより一層軽減させたのが **RCELP**（Relaxation CELP）である．

CELP を基本としたバリエーションには，アメリカのクアルコム社が開発し，当初 cdmaOne の音声符号化に使用された可変ビットレートの **QCELP**（Qualcomm CELP），また，VSELP の品質改善の要求に応じ，コードブックを代数符号で構成したノキア社（フィンランド）の開発による **ACELP**（Algebraic CELP：代数 CELP）などがある．

QCELP の品質改善要求にしたがって，RCELP をベースに新しくクアルコム社が開発したのが **EVRC**（Enhanced Variable Rate CODEC）である．EVRC は QCELP と同様に可変ビットレート方式の符号化であり，8.5, 4.0, 2.0, 0.8 kbps の 4 種類のビットレートを状況に応じて選択するように動作する．この方式は，PDC に使用されている VSELP に比較して処理に要する演算は重くなるが，通話時の音声品質が良く，cdmaOne，IMT-2000 における標準方式の一つである IMT-MC（cdma 2000）の音声符号化方式に使用されている．

ACELP をベースに 4.75 kbps～12.2 kbps の間で 8 段階可変ビットレート化した **AMR**（Adaptive Multi-Rate）は，IMT-2000 標準方式の IMT-DS（W-CDMA）の音声符号化方式に採用されている．符号化レート 12.2 kbps の場合には，他の方式と比較して最も高い音質を実現しているといわれている．

参考文献

[1] 今井 聖：トランジスタ DA・AD 変換器，産報出版（1978）

[2] 相良岩男：AD/DA 変換回路入門，日刊工業新聞社（1991）

[3] 松尾憲一：ディジタル放送技術，東京電機大学出版局（1997）

[4] 守谷健弘：音声符号化，電子情報通信学会（1998）

[5] 古井貞煕：音声情報処理，森北出版（1998）

[6] 海上重之，雁部洋久，池沢斗志，松村俊彦，天野文雄：ディジタル信号処理の応用，産業図書（1992）

[7] 3GPP2 C.S 0014-0 Enhanced Variable Rate Codec, Speech Service Option 3 for Wideband Spread Spectrum Digital Systems, January 1997

[8] 3G TS 26.071 V 3.0.1 (1999-08) AMR Speech Codec ; General Description

第7章

移動体通信とCDMA

7.1　マルチパス伝送路とフェージング

　ビルの谷間，オフィスの中，移動中の車など市街地において移動体通信に与えられる伝送路は，およそ無線回線として好ましくないマルチパス伝送路が通常であり，直接波のみによる単一パス伝送路は，よほど郊外の条件の良い場合を除いては設定できない．したがって，到来する電波のレベル，位相，振幅が変動し，高速走行中の車の場合にはドップラー効果による周波数変動も発生する．これら悪条件の下で，どのようにして通信品質を確保するかを考えてみよう．

　市街地における移動体通信の伝送路は図7-1に示すような状態が普通であり，基地局と移動体の間に存在する伝送路は多数存在する．また，自動車，携帯電話などの移動局に使われるアンテナは一般に無指向性アンテナであり，あらゆる伝送路を経由した電波をすべて平等に受信することになる．その上に，基地局と携帯局間に存在する各パスの経路長はすべて異なり，激しい**マルチパスフェージン**

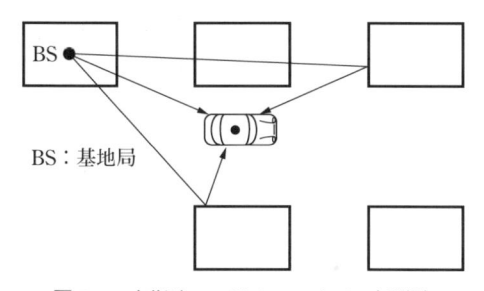

図7-1　市街地におけるマルチパス伝送路

グ（multipath fading）の影響を受けて，受信電界強度は常に変動した状態で受信される．

フェージングの影響を軽減する対策に**ダイバーシティ受信**（diversity）がある．ダイバーシティ受信には，受信レベルが同時には低下しないような距離だけ離れた複数の場所に受信アンテナを設置し，各受信アンテナの中から最も出力レベルが高いアンテナを選択するか，または各アンテナ出力を合成することによってフェージングの影響を軽減しようとする**スペースダイバーシティ**（space diversity）方式が通常用いられる．しかし，小型軽量が求められる携帯電話のような移動局においてスペースダイバーシティ方式を適応するのは困難である．

基地局と移動局間の伝送路が単一パスの場合，受信において同期捕捉が完了したときに受信機の整合フィルタ出力を包絡線検波すれば，図7-2(a)に示すように拡散符号の1周期（1ビット区間）ごとに図5-12と同じ単一のピークが現れる．しかし，図7-1のようなマルチパス伝送路では各パスによって遅延時間に差があるため，図7-2(b)のように時間的に差のある複数のピークが観測されるようになる．これら時間差のある複数のピーク信号を合成してフェージングを軽減しようとする手法に**RAKE**方式がある．RAKEとは「熊手」のことであり，RAKE方式は熊手でものをかき集めるように分散，遅延した受信信号を合成してフェージングを軽減しようとする**パスダイバーシティ**（path diversity）方式

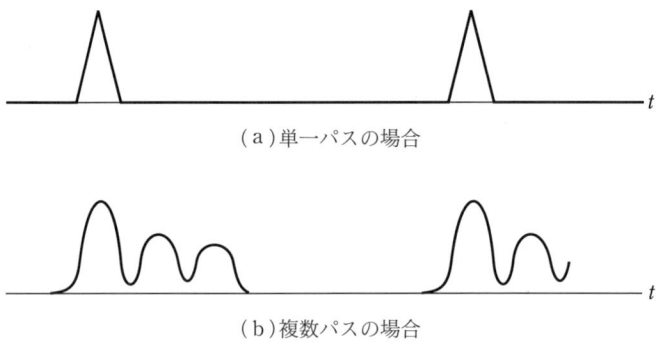

(a) 単一パスの場合

(b) 複数パスの場合

図7-2　受信機整合フィルタ出力

7.1 マルチパス伝送路とフェージング

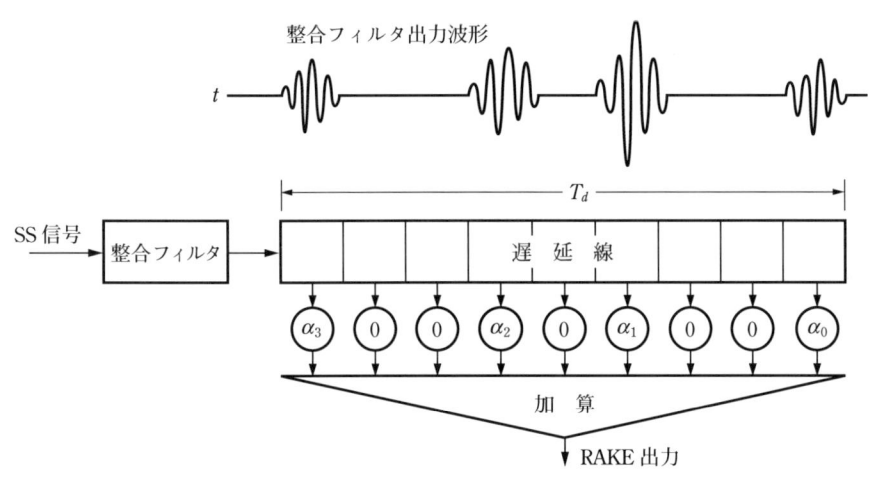

図7-3 整合フィルタとRAKEフィルタ

である．

　マルチパス伝送路の影響を受けた到来波が整合フィルタに入力されると，図7-3に示すように到来時間と受信信号強度に応じた複数のピークがある狭帯域のRF信号が出力に現れる．反射波のない単一伝送路における信号のピークは図7-2(a)のように拡散符号の1周期ごとに現れるから，これらマルチパスの影響による複数の信号も拡散符号の1周期ごとに現れることになる．いま，遅延による広がりを T_d とし，複数のRF信号を図7-3に示すようなトランスバーサルフィルタに入力する．RF信号の列がすべてトランスバーサルフィルタに入力されたとき，各パルスにそれぞれ重み付けをして加算する．図7-3においては α_0, α_1, α_2, α_3 が重み付けの係数であり，他のタップの重み付けは0である．移動体通信における伝送路の状態は移動局の移動に伴って常に変動しているから，移動に合わせて重み付け係数の値も変化させなければならない．そのため，伝送情報の中に伝搬路測定用の信号（**サウンダ**：sounder）を挿入し，係数の演算を行う場合が多い．しかしながら，この場合には情報の伝送量に制限を与えることになる．

　RAKEは，RFにおいて反射波であっても受信できるものは何でもかき集めてしまおうとする方式であり，受信機の構造が複雑になることは避けられない．こ

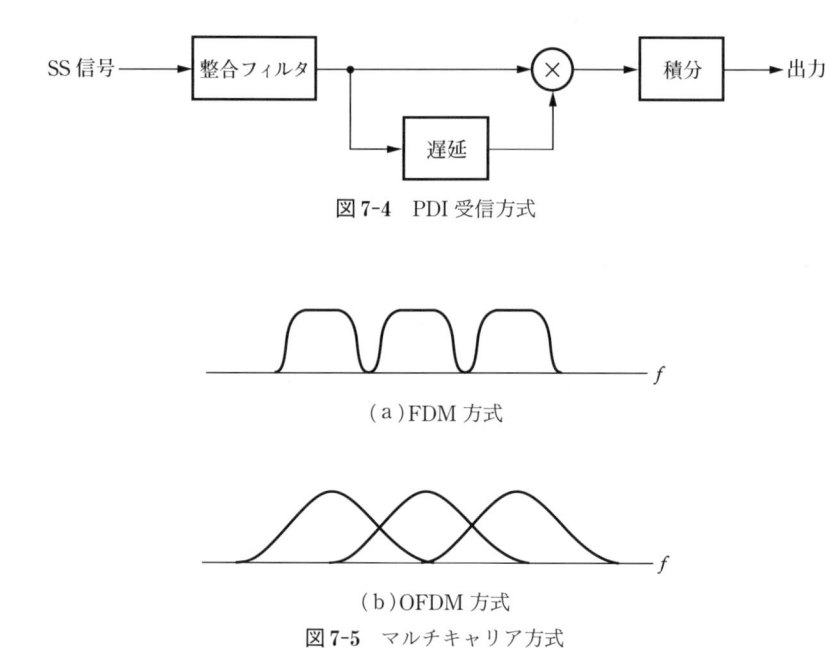

```
       ┌──────────┐         ┌───┐   ┌────┐
SS信号─→│整合フィルタ│──┬────→│ × │──→│積分 │──→出力
       └──────────┘  │     └───┘   └────┘
                     │       ↑
                     ↓       │
                   ┌────┐    │
                   │遅延 │────┘
                   └────┘
```

図7-4　PDI受信方式

(a) FDM方式

(b) OFDM方式

図7-5　マルチキャリア方式

れに対して，情報データの変調（一次変調）をDPSKで行い，検波したベースバンド信号処理によって受信機の構成を簡単にした，図7-4に示す**PDI**（Post Detection Integrator）方式がある．

整合フィルタの出力には，図7-3に示すように複数のRFのバースト信号が現れる．このRF信号を情報データの1ビット区間遅延させたものと整合フィルタの出力とを乗算すれば，遅延検波（同期検波）が行われる．遅延検波によって得られたベースバンド信号を1ビット区間積分し，反射波によって遅延，分散した信号をかき集めることによりパスダイバーシティ受信が行われる．PDI方式はRF信号が存在しない区間のノイズ成分までも寄せ集めるため，RAKE方式よりも少しばかり性能が悪くなる．しかし，構造が簡単であることは受信機にとっては大きなメリットになる．

スペクトラム拡散された広帯域信号がマルチパスによって受けるフェージングはレベル変動だけでなく，帯域内における一部のスペクトラム成分が失われる周

波数選択性フェージングの影響も受ける．これを軽減するために複数の搬送波によるマルチキャリア（multi carrier）方式で伝送すれば，フェージングによって失われた情報を他の搬送波の情報で補うことが可能になる．マルチキャリア方式には周波数分割多重（FDM : Frequency Division Multiplex）方式と直交周波数分割多重（OFDM : Orthogonal Frequency Division Multiplex）方式がある．なお，マルチキャリアに対して単一搬送波による伝送をシングルキャリア（single carrier）方式という．

　FDMは，図7-5(a)に示すように変調された複数のスペクトラムが重ならないように配列する方式である．一方，OFDMは，図7-5(b)のようにスペクトラムの一部が重なるように搬送波を配列する．ディジタル変調した場合の被変調波のスペクトラムは，図2-8に示すように一定周期ごとにスペクトラム強度が0になる．したがって，スペクトラム強度が0になる周波数間隔に搬送波周波数を配列すれば，互いに干渉のない周波数多重が可能になる．このような関係の周波数配列にすれば，各スペクトラムが互いに直交するようになり，直交周波数分割多重と呼ばれる所以である．

　通常のFDMでは，スペクトラム間の干渉を避けるためのガードバンドを考慮すれば，少なくとも被変調波の占有周波数帯幅以上の周波数間隔で搬送波を配列しなければならない．しかし，OFDMにおいてはスペクトラムの重複が可能であるため，FDMに比較して周波数利用効率を高くすることが可能になる．

　図7-6に示すようにマルチキャリア方式おける情報伝送には，入力データを複数の搬送波でそのまま変調して，各搬送波が同じデータを伝送する方法と，入力データを直並列変換して複数のデータに分割し，各搬送波を異なったデータで変調する方法の2種類がある．データ分割する後者の方法では，各搬送波の伝送するビットレートを低くすることができる．逆に，各搬送波の伝送ビットレートがシングルキャリアの場合と同じならば，シングルキャリア方式に比べて搬送波の数に比例した伝送ビットレートが得られる．

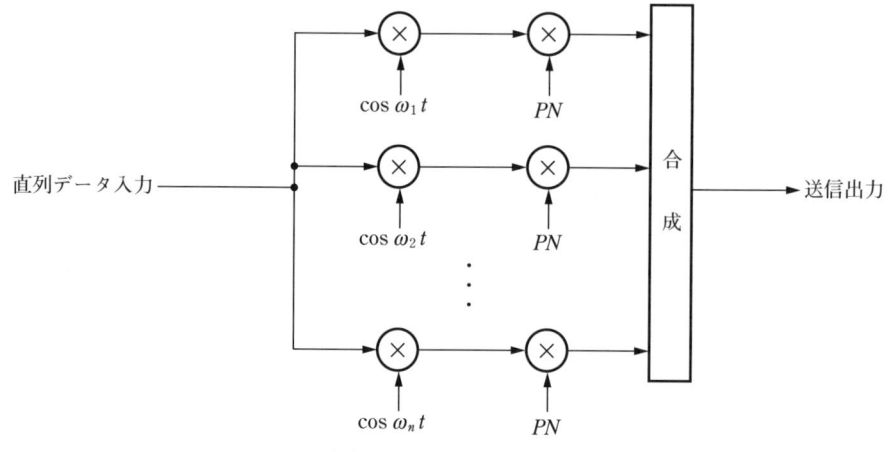

(a) 同一データによる変調

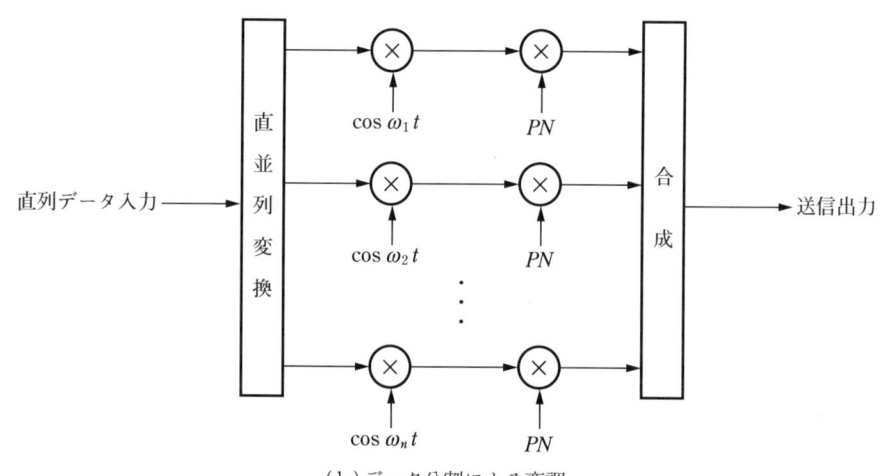

(b) データ分割による変調

図 7-6 マルチキャリアによるデータ伝送

7.2　遠近問題とパワーコントロール

　移動体通信システムにおいては，移動局（MS: Mobile Station）間を直結して情報伝達が行われることはなく，移動局間の通信であっても基地局（BS: Base Station）を経由して行われる．したがって，基地局が受信する信号はエリア内に存在するすべての移動局からの信号が重なったものであり，固定局と移動局間の距離によって固定局に到達する信号の強度はそれぞれ違ったものになる．

　第3章にも述べたようにDS（直接拡散）方式によるCDMAでは，移動局に割り当てた拡散符号間の相互相関値を0にすることはできない．したがって，基地局に近接する移動局からの信号が遠方に位置する移動局の微弱な信号に与える影響により相互相関値が大きくなれば，遠方局を受信しなければならない基地局の受信機の相関器は相互相関値の大きな信号に同期しようとして，遠方局と基地局間の情報伝達が不可能になる．このように，基地局と移動局間の距離によって発生する障害を**遠近問題**（near far problem）という．

　図7-7は基地局のエリア内に2局の移動局が存在する場合を示している．基地局と近接した移動局MS_1との距離をr_1，遠方の移動局MS_2との距離をr_2とし，2局の移動局の送信電力は等しいものとする．この場合において$r_1/r_2=1/10$とし，市街地における距離減衰はr^2に反比例する自由空間における減衰よりも大きくなってr^4に反比例すると仮定すれば，基地局における受信電力レベルの比は10^4（40 dB）になる．基地局の受信機に40 dB以上の妨害余裕度（jamming margin）を要求するのは困難であり，障害に対する対策が必要である．

　移動局の遠近にかかわらず基地局における受信レベルが一定になるように移動局の送信出力をコントロールすれば遠近問題は解消できることになり，これをパ

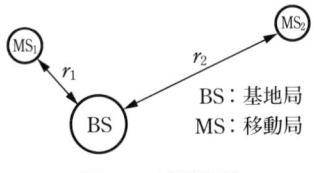

BS：基地局
MS：移動局

図7-7　遠近問題

ワーコントロール（power control）という．

　基地局と移動局の通信は双方向であり，その通信方式は送受信が同時に行われる**復信方式**である．復信方式には，移動局から基地局への**上り回線**（**up link**）と基地局から移動局への**下り回線**（**down link**）に異なった周波数帯を使用する**周波数分割復信方式**（**FDD**: Frequency Division Duplex），上り回線と下り回線の周波数帯は同じであるが上下回線を非常に短時間で切り換える**時分割復信方式**（**TDD**: Time Division Duplex）がある．

　パワーコントロールは基地局から受ける受信信号レベルに応じて，受信レベルが大きければ移動局は自局の送信出力を小さく，受信レベルが小さければ送信出力を大きくすればよい．しかし，FDD方式においては上り回線と下り回線で異なった周波数帯を使用しているため，マルチパスのある伝送路では上り回線と下り回線の伝達特性が同一であるとは限らない．そこで，基地局において移動局の受信レベルを検出し，移動局へパワーコントロール用の制御信号を送り出す必要がある．同一周波数帯を使用するTDD方式では，上下回線の伝達特性はマルチパス伝送路であってもよく似た環境であると考えられるので，移動局自身で送信出力をコントロールできる．

　FH（周波数ホッピング）方式は，図1-4に示すように時間経過にしたがって狭帯域信号がホッピングパターンにしたがって変化しているスペクトラム拡散方式である．この場合，複数移動局の使用する周波数帯が重複するのは同一時刻においてホッピングパターンがヒット（衝突）する場合に限られているため，遠近問題に強い方式とされている．

7.3　多元接続とセルラー方式

　携帯電話などの移動体通信システムは，**セル**（cell）と呼ぶ基地局と通話できる小さなエリアの集合で構成され，携帯電話が広い範囲で通話できるのはセルからセルへと基地局を渡り歩きながら通話が可能なシステムになっているためである．このため，英語では携帯電話のことを**cell phone**といい，携帯電話事業者

(a) FDMA   (b) CDMA

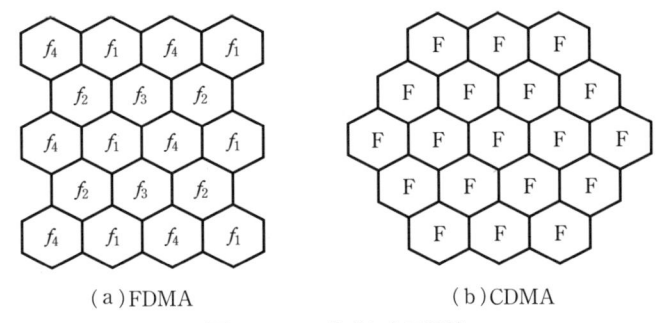

図 7-8　セル構成と多元接続

を **cellular** と呼んでいる．

　セルとは細胞のことであり，また，蜂の巣の 6 角形の巣室に由来する言葉であるから，セルのつながりで構成する移動体通信システム（**セルラーシステム**）は図 7-8 のように表される．図 7-8(a) は従来の FDMA 方式によるセルラーシステムであり，セル間の干渉を避けるため隣接するセルには異なった周波数帯を割り当てなければならない．したがって，一つのセル内では一つの周波数帯しか使用できず，図 7-8(a) は $f_1 \sim f_4$ で構成する四つのセルを一つの単位グループ（**クラスタ：cluster**）とするセルラーシステムである．セル間干渉の影響を十分に除去するために，1 クラスタを 7 セル，19 セルで構成する場合もある．このシステムではセルからセルへと基地局が移動局を受け渡す**ハンドオフ**（hand-off：アメリカンフットボールなどのボールゲームでボールを手から手へ直接渡すこと）時に周波数が変化するため，セル切り換え制御において**ハードハンドオフ**と呼ばれる通話が瞬断する現象が発生する．

　一方，CDMA の場合は図 7-8(b) のように表せる．CDMA では各セルに与えられる周波数帯はすべて同じであり，各移動局は拡散符号によって区別する．したがって，セルをまたがって移動した場合でも通話が瞬断することがない**ソフトハンドオフ**が可能になる．ソフトハンドオフが可能になるのは移動局が隣接するセルからの電波も同時に受信できるためであり，セルの境界線付近に位置する移動局に対して基地局間の信号強度に差があれば遠近問題が発生する．前節では移

動局から基地局への上り回線における遠近問題を緩和するパワーコントロールについて述べたが，基地局から移動局への下り回線においてもセル間の干渉を避けるため，基地局に対してパワーコントロールが必要になる．隣接するセルが存在しない単一セルシステムでは下り回線に対するパワーコントロールは必要ない．

　多元接続数を増加させるためには，できる限り障害となる現象を発生させないことが重要である．通常，人間の話し声には言葉の切れ目などの無音部分があり，また，会話においても相手が話しているときは黙って聞いているのが普通であろう．したがって，電話での通信における通話時間は無音状態の方が長い．移動体通信において無音状態であるにもかかわらず信号を出し続けるのは他の移動局に対して不要な干渉を与えることになり，また，電池の消耗も激しくなる．そこで，無音状態において送信電力を低く抑えることにより不要な干渉を避けるようにする方式を**ボイスアクティベーション**（voice activation）という．ボイスアクティベーションによって相互干渉を抑えることにより多元接続数を増加させることができる．

　一つのセル内に位置する移動局がエリア内の特定の場所に集中していることはない．そこで，基地局のアンテナに指向性を持たせればエリアを分割することが可能になり，セルの半径を狭くするのと同等の効果が得られる．一つのセルを指向性アンテナで分割することを**セクタ化**（sector）といい，図7-9はセルを指向性アンテナにより三つのセクタに分割した様子を示す．この場合，たとえばセクタ1に位置する移動局の信号はセクタ2をカバーする受信アンテナでは受信が困難となり，セクタ2に位置する移動局との干渉が緩和される．

　セルの増設は基地局の設置場所の確保，鉄塔，送受信機の設置など建設費用も

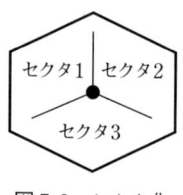

図7-9　セクタ化

増加するが，セクタ化においてはアンテナの改修のみですむ．

7.4　多元接続数

　ボイスアクティベーションはFDMA，TDMAでも用いられるテクニックであるが，これは移動局における電池の消費を節約するためのテクニックである．一方，CDMAにおけるパワーコントロール，ボイスアクティベーション，セクタ化は，すべてCDMAに起因する互いの干渉を緩和し，できる限り多くの移動局が同時に運用できるようにする方策である．これらの方策をすべて適用した上で，CDMAにおいて同時に運用できる移動局の数（**多元接続数**）を考えてみよう．

　パワーコントロールが完全な状態で有効に動作し，移動局から基地局に到達する信号の強度はすべて等しいと仮定する．また，隣接セルからの影響は無視できるものとする．この場合には単一セルシステムと見なせるため，一つのセル内のみを考える．多元接続数を Mu，基地局におけるセル内移動局1局あたりの受信電力を S とすれば，基地局における希望信号(S)対干渉信号（雑音：N）の比 S/N (Signal to Noise Ratio：SNRと略すこともある）が受信機入力において $(S/N)_i$ であるとすると，次のように表せる．

$$(S/N)_i = \frac{S}{(Mu-1)S} = \frac{1}{Mu-1}$$

ただし，自局以外のすべての移動局信号が干渉波（雑音）であるとし，背景にある雑音は除外している．この段階においてはノイズレベルの方が高い．

　スペクトラム拡散信号を逆拡散した信号は，第2章で述べたように図7-10(a)になる．この状態において干渉波のスペクトラムは，拡散帯域幅 w に一様に分布している．一方，希望波は狭帯域信号となって現れ，その帯域幅 R は2.2で述べたように情報符号1ビットの継続時間の逆数，すなわち伝送ビットレートである．したがって，W/R は処理利得になる．

　情報伝達に重要なのは，出力におけるS/Nが信号処理に充分な値を満足することである．出力におけるS/Nを$(S/N)_o$とすれば，次のように表せる（出力

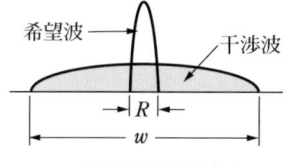

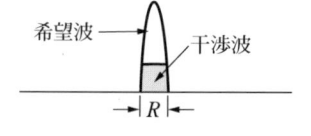

(a) 逆拡散広帯域信号　　　　　(b) フィルタ処理した狭帯域信号

図 7-10　直接拡散信号の受信スペクトラム

における S/N は 1 ビットあたりの信号エネルギー E_b とノイズ電力のスペクトラム密度 N_o との比 E_b/N_o であり，通常 E_b/N_o がよく使われている）．

$$(S/N)_o = \frac{W}{R} \times (S/N)_i = \frac{W}{R} \times \frac{1}{Mu-1}$$

したがって，CDMA における多元接続数 Mu は次のようになる．

$$Mu = 1 + \frac{W/R}{(S/N)_o}$$

この式に $W=1.25$ MHz，$R=8$ kbps，必要とする $(S/N)_o$ をかりに 5(7 dB) として多元接続数を求めると，$Mu=32$ になる．一方，FDMA の多元接続数は，全帯域幅を指定された周波数間隔で等分した値である．したがって，同じ 1.25 MHz 帯域幅で 25 kHz 間隔の FDMA ならば 50 局の同時運用が可能であり，このままでは決して CDMA が優れているとはいえない．しかし，パワーコントロール以外にボイスアクティベーションによる音声利用効率（通常 30〜40％）とセクタ化による干渉除去（セクタ数に応じて多元接続数の増加が可能）を考慮すれば，CDMA による多元接続数は，

　　　$Mu \times 3$(有音状態を 1/3 とする)
　　　　　$\times 3$(図 7-9 のように 3 セクタに分割したとする)＝288

となり，FDMA より優れた値になる．

次に，複数セルによる多元接続数を求めてみよう．FDMA におけるセル配置を図 7-8(a) では 1 クラスタを 4 セルとしたが，FDMA のセル配置は 1 クラスタを 7 セルとするのが通常である．1 クラスタ内には他セルからの干渉を防止するため 1 セル内と同じ数の移動局しか収容できない．したがって，1 セルあたり

の移動局は7(＝50/7)局しか配置できなくなる．

　CDMAの場合は各セルともに同じ周波数であるが，他セルからの干渉などがまったくないとはいえない．このため，1セル内に収容できる移動局の60％が運用可能だと仮定しても，288×0.6＝172局が同時運用できることになる．

　TDMAの多元接続数において同一周波数に3局を時分割多重するとすれば，FDMAの3倍である．しかし，FDMAと同様にセル間の干渉を避けるために隣接セルには違った周波数を割り当てなければならず，通常，1クラスタを4セルで構成している．したがって，TDMAの多元接続数は1セルあたり50×3/4＝37局となる．

　これらの検討から，CDMAの多元接続数はFDMAの24.6倍，TDMAの4.6倍程度が見込めることになる．可変ビットレートの音声符号化方式を用いて情報データのビットレートを下げるか，チップレートの高い拡散符号を用いて拡散帯域を広くして処理利得を大きくするか，あるいはセクタ分割数を多くすれば，CDMAの多元接続数は増加し，FDMA，TDMAに対するCDMAの優位性はより高くなる．

参考文献

［1］ 横山光雄：スペクトル拡散通信システム，科学技術出版（1988）

［2］ 丸林　元，中川正雄，河野隆二：スペクトル拡散通信とその応用，電子情報通信学会（1998）

［3］ 松尾憲一：ディジタル放送技術，東京電機大学出版局（1997）

［4］ 藤本京平，服部　武，山田吉英，林　昭彦：図解・わかる移動通信技術入門，総合電子出版（2000）

第8章

誤り訂正符号

8.1　誤り訂正符号の必要性

　FDMA，TDMAにおいて通信回線が限界容量を超えた場合，たとえ1局であっても限界を超えた移動局は運用できなくなる．しかし，7.4で求めたCDMAの多元接続数は一つの目安であり，CDMAにおける通信回線の容量にはっきりとした限界が存在しているわけではない．しかし，ある容量を超えた場合には，**グレースフルデグラデーション**（graceful degradation）と呼ばれる通信品質が穏やかに劣化する現象が発生し，受信データの誤りが増加する危険がある．また，移動体通信における伝送路は理想的な伝送路とはいえず，伝送路における様々な障害により伝送データが正しく受信されるとは限らない．遠近問題に強いといわれる周波数ホッピング方式でも，ホッピングパターンがヒットした場合には確実にデータ誤りが発生することになる．このように，移動体通信は基本的には誤り訂正が可能なことを条件に成立するシステムであるといえる．

　リアルタイムで交信している移動体通信においては，データを誤って受信してもデータの再送を要求することはできず，データ誤りに対しては受信系自身で受信情報の誤りを訂正できることが望ましい．誤って受信した情報を受信系において訂正を可能にする方式を **FEC**（Forward Error Correction）方式という．

　誤り訂正を可能にする符号は，移動体通信のみならずディジタル通信，放送をはじめ，CD，DVD，フロッピーディスクなどの記録媒体においてもなくてはならない技術である．音声，映像などの情報をディジタル符号に変換する**情報源の符号化**に対して，情報源符号を誤り訂正が可能な符号に変換することを**伝送路符**

号化という．

　第3章では，CDMAのための拡散符号を生成するために誤り訂正符号と共通する数学的な部分については触れたが，ここでは，共通な数学部分を用いて誤り訂正符号について述べることにしよう．

8.2　線形符号と巡回符号

　ディジタル符号の誤り検出には古くからパリティチェックが用いられている．これは，ディジタル符号に1ビットのチェックビットを付加し，符号に含まれる1の数を偶数あるいは奇数になるようにして伝送する方式である．1の数を偶数とする符号（偶数パリティ）を受信したとき，受信符号の1の数が奇数であったならば受信符号に誤りがあったと判断する検出法である（1の数が奇数になるように符号化した奇数パリティならば，偶数となって受信した場合は誤りとする）．

　いま，2ビットで表されるディジタル情報00，01，10，11に偶数パリティを付加した符号集合A{000, 011, 101, 110}を考える．符号集合Aに含まれる3ビットの各符号を右にシフトし，はみ出したビットを左に巡回した新しい符号集合B{000, 101, 110, 011}の元は，すべて符号集合Aの元と一致する．このように**巡回置換**（cyclic shift）してできた新しい符号がもとの符号集合に含まれるような符号を**巡回符号**（cyclic code）という．

　符号集合Aに含まれる二つの任意の元，たとえば110と101をmod 2加算（**3.2.1**参照）すると，

```
    1 1 0
 +) 1 0 1
    0 1 1
```

と上式のようになり，加算によって得られた011は符号集合Aの中に存在する．このように，二つの符号の和も自身の符号になるものを**線形符号**（linear code）という．

　線形符号は演算処理が容易であり，重要な符号の大部分は線形符号で構成され

ている．たとえば，2ビットのディジタル情報11を偶数パリティ符号に変換するには情報ビットをmod 2加算し，1+1=0のように情報ビットの和からパリティビット0は簡単に求められる．しかし，奇数パリティ符号の場合は巡回符号ではあるが，線形符号でないため演算処理が簡単には行えない．

8.3 巡回符号による誤り検出

　情報符号にパリティチェック用の1ビットを付加した検査方法では1ビットの誤りは検出できるが，2ビット同時に誤りがあった場合には受信符号は正しいと判断され，検出は不可能になる．そこで，ビット誤りをより確実に検出するために巡回符号が有効になる．

　いま，1011（**3.2.2**で述べた多項式表現では x^3+x+1）を 111（x^2+x+1）で割り算すると，次のようになる．

```
          1 1    ←(商)
1 1 1 ) 1 0 1 1
        1 1 1
          1 0 1
          1 1 1
            1 0  ←(余り)
```

　ここで，1011を左に2ビットシフトした101100を111で割り算すると，次の左の演算のようになる．しかし，この演算による余り1を101100に加えた101101は，右の演算のように111で割り切れる．

```
            1 1 1 1                          1 1 1 1
1 1 1 ) 1 0 1 1 0 0              1 1 1 ) 1 0 1 1 0 1
        1 1 1                            1 1 1
          1 0 1                            1 0 1
          1 1 1          余りを加えて        1 1 1
            1 0 0        割り算すると　→      1 0 0
            1 1 1                            1 1 1
              1 1 0                            1 1 1
              1 1 1                            1 1 1
                1                                0
```

ディジタル情報 1011 を送る場合に 101101 のように符号を変換して伝送し，受信側では受信信号を 111 で割り算して，割り切れれば誤りなく受信したと判断できる．この場合，送り出された信号は，受信符号の MSB から 4 ビットの 1011 が情報符号である．もし割り切れなければ誤って受信していることになり，この方法では 2 ビットまでの受信誤りに対応できる．

ここで行っている演算はすべて **3.2.1** で述べた**モデューロ演算**であり，また，この章における演算は特に断らない限りモデューロ演算である．

演算は符号の処理方法を表している．そこで，**ベクトル表現**（**3.4.2** 参照）である 2 値符号のまま演算するよりも多項式表現で行えば，通常の数学的感覚で演算が可能になる．

同じ演算を多項式で行うと，x^3+x+1 を左に 2 ビットシフト（x^2 を掛けることに等しい）した $x^5+x^3+x^2$ を x^2+x+1 で割り算していることであり，次のようになる．

$$
\begin{array}{r}
x^3+x^2+x+1 \\
x^2+x+1 \overline{)\, x^5+x^3+x^2} \\
\underline{x^5+x^4+x^3} \\
x^4+x^2 \\
\underline{x^4+x^3+x^2} \\
x^3 \\
\underline{x^3+x^2+x} \\
x^2+x \\
\underline{x^2+x+1} \\
1
\end{array}
$$

この割り算から次の式が成立する．

$$x^5+x^3+x^2=(x^2+x+1)(x^3+x^2+x+1)+1$$

したがって，

$$x^5+x^3+x^2+1=(x^2+x+1)(x^3+x^2+x+1)$$

このように，もとの符号（情報符号）に x^n を掛け，余りを加算した多項式は，ある多項式（この場合は x^2+x+1）で必ず割り切れる．

一般に，**3.4.4** で述べたように符号多項式 $A(x)$ を k ビット左にシフトし，多項式 $G(x)$ で割れば次式が必ず成立する．

$$x^k \times A(x) = G(x) \times Q(x) + R(x) \quad Q(x)：割り算の商$$
$$R(x)：割り算の余り$$

したがって，
$$x^k \times A(x) + R(x) = G(x) \times Q(x)$$

$x^k \times A(x) + R(x)$ を伝送符号とすれば，受信符号に誤りがなければ必ず $G(x)$ で割り切れ，割り切れなければ受信符号に誤りがあったと判断できる．

$G(x)$ を**生成多項式**（generator polynomial），情報符号に付加する割り算の余りを **CRCC**（Cyclic Redundancy Check Code）という．

8.4　ハミング符号による誤り訂正

巡回符号による誤り検出では $x^k \times A(x) + R(x)$ を伝送符号とし，受信側では $G(x)$ で割り算して，余りの有無で符号の誤りを検出した．余りの値は一つとは限らないから，複数の余りの値から正しい送信符号が何であったかを判別できるはずである．

余りの値から誤って受信したビットの位置が判別でき，誤り訂正が可能な符号（**誤り訂正符号**）の第1号に，1950年に発表された**ハミング符号**（Hamming code）がある．このときハミングが発表した**オリジナルハミング符号**は次のような構成であった．

情報ビットを a_1, a_2, a_3, a_4, 付加する検査ビットを c_1, c_2, c_3 とし，それぞれのビットを次のように配列する．

$$c_1, \quad c_2, \quad a_1, \quad c_3, \quad a_2, \quad a_3, \quad a_4$$

また，検査ビットは次のようにして求める．

$$c_1 = a_1 + a_2 + a_4$$
$$c_2 = a_1 + a_3 + a_4$$
$$c_3 = a_2 + a_3 + a_4$$

したがって，受信信号に誤りがなければ次式が必ず成立する．

表8-1 オリジナルハミング符号による誤りビット位置

	誤りビット位置						
	1ビット目	2ビット目	3ビット目	4ビット目	5ビット目	6ビット目	7ビット目
s_3	0	0	0	1	1	1	1
s_2	0	1	1	0	0	1	1
s_1	1	0	1	0	1	0	1

$$c_1+a_1+a_2+a_4=0$$
$$c_2+a_1+a_3+a_4=0$$
$$c_3+a_2+a_3+a_4=0$$

しかし,検査ビットを含む全7ビット中のどれか1ビットに受信誤りがあれば,上式は成立しなくなる.そこで,

$$s_1=c_1+a_1+a_2+a_4$$
$$s_2=c_2+a_1+a_3+a_4$$
$$s_3=c_3+a_2+a_3+a_4$$

を計算して s_1, s_2, s_3 を求めれば,表8-1のように誤って受信したビットの位置が検出できる.

オリジナルハミング符号による誤りビット位置は2進数となっている.一見,わかりやすい形ではあるが,オリジナルハミング符号は線形符号でも巡回符号でもないので,多項式演算での符号処理が困難である.また,誤ったビットの位置を2進数で表す必要もなく,七つの誤り位置が異なった符号であれば判別は可能である.

オリジナルハミング符号は c_1, c_2, a_1, c_3, a_2, a_3, a_4 のように,情報ビットと検査ビットが混在した配列になっている.これを a_1, a_2, a_3, a_4, c_1, c_2, c_3 のように配列した符号にできれば,情報ビットと検査ビットが分離された非常にスッキリした形になる.

情報符号4ビットを $A(x)=x^3+x^2+x+1$ とし,$A(x)$ を左に3ビットシフト(x^3 を掛けることに等しい)すれば,$x^3 \times A(x)=x^6+x^5+x^4+x^3$ になる.**3.4.4**

表 8-2 巡回ハミング (7,4) 符号

情報符号				CRCC			情報符号				CRCC		
x^6	x^5	x^4	x^3	x^2	x^1	x^0	x^6	x^5	x^4	x^3	x^2	x^1	x^0
0	0	0	0	0	0	0	1	0	0	0	1	0	1
0	0	0	1	0	1	1	1	0	0	1	1	1	0
0	0	1	0	1	1	0	1	0	1	0	0	1	1
0	0	1	1	1	0	1	1	0	1	1	0	0	0
0	1	0	0	1	1	1	1	1	0	0	0	1	0
0	1	0	1	1	0	0	1	1	0	1	0	0	1
0	1	1	0	0	0	1	1	1	1	0	1	0	0
0	1	1	1	0	1	0	1	1	1	1	1	1	1
a_1	a_2	a_3	a_4	c_1	c_2	c_3	a_1	a_2	a_3	a_4	c_1	c_2	c_3

と同様，生成多項式 $G(x)$ を $G(x)=x^3+x+1$（ベクトル表現では 1011）として，「巡回符号による誤り検出」で用いた手法により，

$$\frac{x^3 \times A(x)}{G(x)} = \frac{x^6+x^5+x^4+x^3}{x^3+x+1}$$

を計算し，伝送符号 $x^3 \times A(x)+R(x)$ を求めれば，表 8-2 のハミング符号が得られる．このハミング符号は線形符号であり巡回符号でもあるため，**巡回ハミング符号**（cyclic Hamming code）といわれるが，現在ではハミング符号といえば巡回ハミング符号を指している．

表 8-2 の巡回ハミング符号のビット配列は情報ビットと検査ビット（CRCC）が分離され，スッキリした a_1, a_2, a_3, a_4, c_1, c_2, c_3 の形になっている．また，各符号は他の符号の影響を受けない独立した符号であり，このような符号を**ブロック符号**（block code）という．ここで例にあげたハミング符号は全符号長が 7 ビット，情報ビットが 4 ビットである．これを表現するために符号長と情報ビット数を名称の後に付け，**巡回ハミング (7,4) 符号**と呼んでいる．

なお，巡回ハミング符号の CRCC（検査ビット）は，次のように計算して導き出すことも可能である．

$c_1 = a_1 + a_2 + a_3$

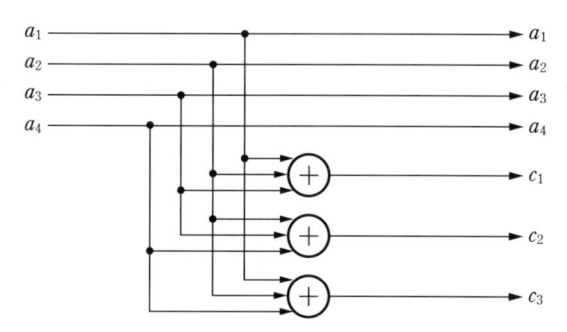

図 8-1　ハミング (7, 4) 符号のエンコーダ

表 8-3　1 ビット訂正可能なハミング符号の構成

符号長	情報ビット	検査ビット
7	4	3
15	11	4
31	26	5
63	57	6
127	120	7
255	247	8
511	502	9

$$c_2 = \quad a_2 + a_3 + a_4$$
$$c_3 = a_1 + a_2 \quad + a_4$$

　この式のとおり，EXOR によって図 8-1 に示すように構成すれば，巡回ハミング (7, 4) 符号の**エンコーダ**（encoder：**符号化器**）が実現できる．

　符号長 7 ビットのハミング (7, 4) 符号は，7 個所の誤りを指示するために 3 ビットの検査ビットが必要となる．検査ビットを 4 ビットにすれば，誤りのない状態を示す 0000 を除く 15 の誤り位置を指示できるから，ハミング (15, 11) 符号ができる．

　一般に，付加する検査ビットを n とすれば，符号長は次のようになる．
$$2^n - 1 \quad (\text{ビット})$$

したがって，情報ビット長は，

$$(2^n-1)-n \quad (\text{ビット})$$

になることは容易に理解できる．これを表にすれば，表8-3の一般的なハミング符号の構成になる．

8.5　伝送系における誤りの発生と誤りシンドローム

伝送系において誤りが発生するのは，伝送路において，正しく受信された送信信号に外部からノイズが誤り信号として加わったことによると考えられる．このような伝送系は図8-2のように表現できる．

図8-2において送信信号をωとすると，受信信号は送信信号ωに誤り信号eが加わった$\omega+e$となり，送信信号が巡回ハミング(7,4)符号だとすると，受信信号は次のようになる．

$$a_1+e_1, \quad a_2+e_2, \quad a_3+e_3, \quad a_4+e_4, \quad c_1+e_5, \quad c_2+e_6, \quad c_3+e_7$$

巡回ハミング(7,4)符号からオリジナルハミング符号と同じように$S(s_1, s_2, s_3)$を求めれば，

$$\begin{aligned}
s_1 &= (a_1+e_1)+(a_2+e_2)+(a_3+e_3)+(c_1+e_5) \\
&= (a_1+a_2+a_3+c_1)+(e_1+e_2+e_3+e_5) \\
&= e_1+e_2+e_3+e_5 \quad (a_1+a_2+a_3+c_1=0 \text{ となるように符号化している})
\end{aligned}$$

同様にしてs_2, s_3は次のようになる．

$$s_2 = e_2+e_3+e_4+e_6$$
$$s_3 = e_1+e_2+e_4+e_7$$

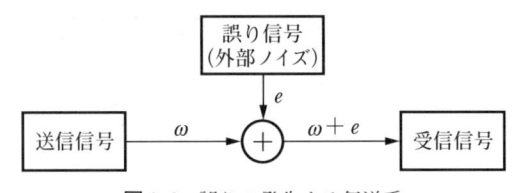

図8-2　誤りの発生する伝送系

2値信号においては外部から侵入する誤り信号 e も2値であり，0か1しか存在しない．誤りのない状態を $e=0$ とすれば，巡回ハミング (7, 4) 符号に対して外部から侵入する誤り信号は次の7種類である．

 1ビット目に誤りを発生させる外部信号　1000000
 2ビット目に誤りを発生させる外部信号　0100000
 3ビット目に誤りを発生させる外部信号　0010000
 4ビット目に誤りを発生させる外部信号　0001000
 5ビット目に誤りを発生させる外部信号　0000100
 6ビット目に誤りを発生させる外部信号　0000010
 7ビット目に誤りを発生させる外部信号　0000001

したがって，S はこの七つの外部信号から求めればよく，1ビット目を誤って受信した場合は，

$$s_1 = e_1 + e_2 + e_3 + e_5 = 1 + 0 + 0 + 0 = 1$$
$$s_2 = e_2 + e_3 + e_4 + e_6 = 0 + 0 + 0 + 0 = 0$$
$$s_3 = e_1 + e_2 + e_4 + e_7 = 1 + 0 + 0 + 0 = 1$$

となる．同様にして2ビット目〜7ビット目を誤って受信した場合の S を求めれば表 8-4 になる．

ビット誤りを一種の病気だとすれば，表 8-4 の $S(s_1, s_2, s_3)$ は病気の症候を表していると考えられるので，S を**誤りシンドローム**，あるいは単に**シンドローム** (syndrome) と呼んでいる．

誤って受信したビットの訂正は，シンドロームが指示する誤り位置のビットに

表 8-4　巡回ハミング (7, 4) 符号のシンドローム

	誤りビット位置						
	1ビット目	2ビット目	3ビット目	4ビット目	5ビット目	6ビット目	7ビット目
s_1	1	1	1	0	1	0	0
s_2	0	1	1	1	0	1	0
s_3	1	1	0	1	0	0	1

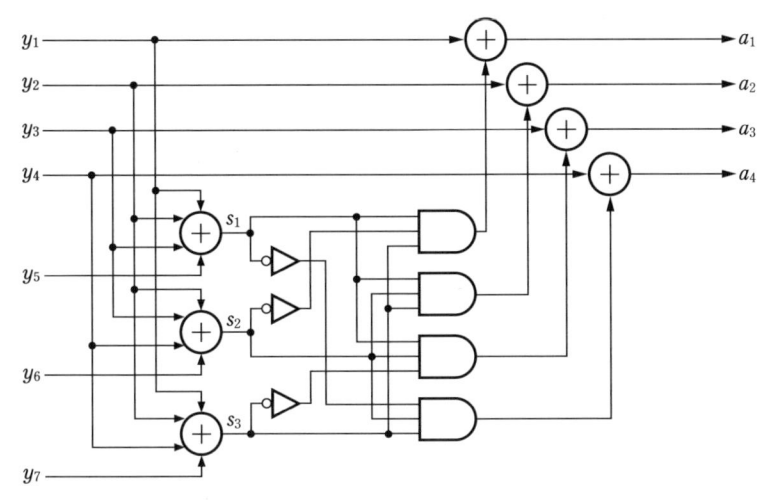

図 8-3 ハミング (7, 4) 符号のデコーダ

1 を加算すればよい．そこで，受信信号を $y\,(=\omega+e)$ とし，シンドローム S を求める式を EXOR で構成し，誤りの位置を AND ゲートで検出すれば，図 8-3 の**デコーダ**（decoder：**復号器**）が実現できる．

図 8-3 においては情報ビットの誤りのみを訂正しているが，受信した後に必要なビットは情報ビットである．したがって，検査ビットの誤りは訂正していない．

8.6　多項式演算による符号化，復号化回路

巡回ハミング符号の符号化は多項式演算によって行っている．加算（減算）は EXOR で可能であったが，多項式演算における掛け算，割り算も具体的な電子回路で実現可能である．

初期状態を 0 にした図 8-4 の 1 段シフトレジスタ D に 01011 (x^3+x+1) を通すと，D の出力には 10110 (x^4+x^2+x) となって現れる．これは入力信号に x を掛けた値であり，シフトレジスタは x の**掛け算回路**として動作している．した

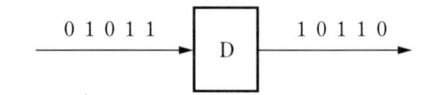

```
           01011       10110
          ─────────→ [  D  ] ─────────→
```

図 8-4　1 段シフトレジスタは x の掛け算回路

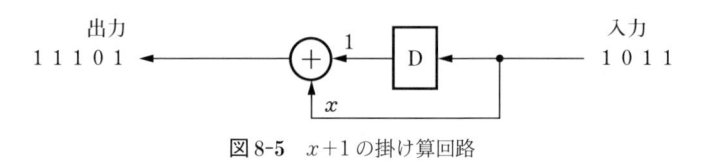

```
   出力                                入力
  11101  ←──── (+)─1─[ D ]──┬──── 1011
                  ↑         │
                  └────$x$──┘
```

図 8-5　$x+1$ の掛け算回路

がって，n 段シフトレジスタが x^n の掛け算回路になることは容易に理解できる．

図 8-5 のように 1011 (x^3+x+1) を MSB から入力した場合に行われる演算は次のようになる．

$$
\begin{array}{r}
1\ 0\ 1\ 1 \quad \rightarrow\ \text{Dを通過しない入力信号} \\
\text{EXOR}(\text{mod}\,2\,\text{の加算}) \rightarrow\ +)\quad 1\ 0\ 1\ 1\quad \rightarrow\ \text{Dを通過した入力信号} \\
\hline
1\ 1\ 1\ 0\ 1\quad \rightarrow\ \text{出力信号}
\end{array}
$$

したがって，この演算は次の掛け算を実行していることに他ならない．

$$
\begin{array}{r}
1\ 0\ 1\ 1 \quad \rightarrow\ \text{入力信号} \\
\text{図 8-5 の掛け算回路} \rightarrow\ \times)\quad 1\ 1 \\
\hline
1\ 0\ 1\ 1 \quad \rightarrow\ \text{Dを通過した入力信号} \\
1\ 0\ 1\ 1 \quad \rightarrow\ \text{Dを通過しない入力信号} \\
\hline
1\ 1\ 1\ 0\ 1 \quad \rightarrow\ \text{出力信号}
\end{array}
$$

これを多項式で表現すると次のようになり，図 8-5 が $(x+1)$ の掛け算回路であることが理解できる．

$$(x^3+x+1)(x+1) = x^4+x^3+x^2+1$$

なお，この回路は等価的にシフトレジスタを通らない信号に x を掛け，シフトレジスタを通った信号に対して 1 を掛けたことになる．したがって，シフトレジスタを通った EXOR の入力に 1 を，シフトレジスタを通らない EXOR の入力に x を記している．図 8-5 においてシフトレジスタを n 段にすれば，(x^n+1) の掛け算回路が構成できる．

8.6 多項式演算による符号化,復号化回路

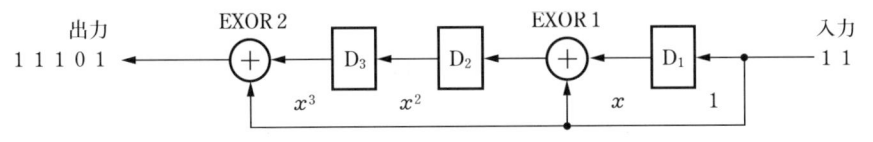

図 8-6 x^3+x+1 の掛け算回路

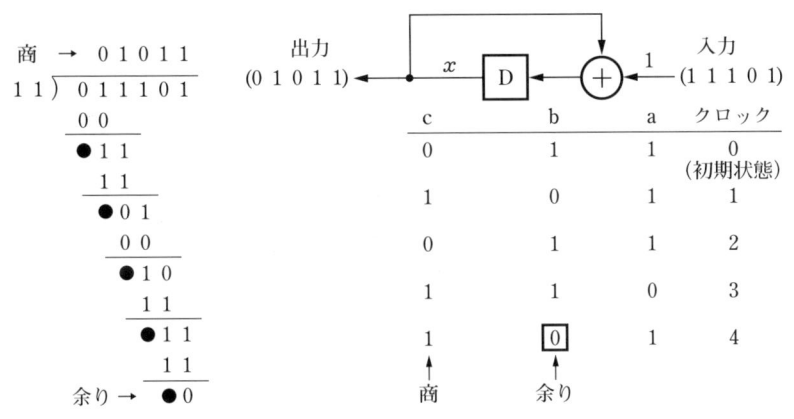

図 8-7 $x+1$ の割り算回路

x^3+x+1 の掛け算回路も同様にして図 8-6 のように構成できる.

図 8-5 の掛け算回路において EXOR の挿入位置をシフトレジスタの入力側に移し,出力を EXOR にフィードバックした図 8-7 は,$x+1$ の**割り算回路**である.

11101 ($x^4+x^3+x^2+1$) を 11 ($x+1$) で割り算すれば,図 8-7 の左のようになる.このように,割り算とは各演算ごとに加算(mod 2 演算であるから減算と同じ)を繰り返していることに過ぎない.シフトレジスタと EXOR で構成した右の回路では出力(c)に割り算の商が,商と入力(a)との加算が EXOR で実行されて,EXOR の出力(b)には各演算ごとの余りが現れる.左の演算において●で表示した部分は必ず 0 になる演算(シフトレジスタ出力と同じ値を加算)であり,シフトレジスタの出力に EXOR を挿入する必要はない.また,左の演算で被除数の次の桁を下すのは 1 ビットシフトすることに等しい.

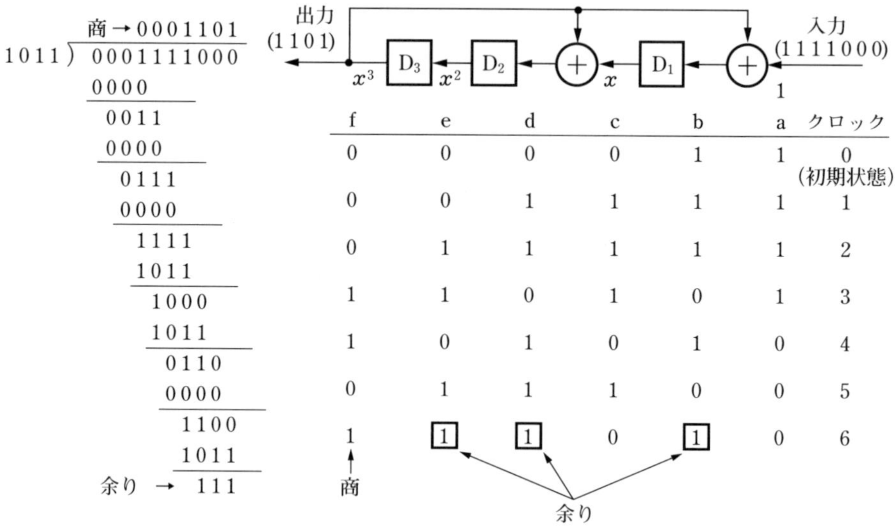

```
        商→ 0 0 0 1 1 0 1
1 0 1 1 ) 0 0 0 1 1 1 1 0 0 0
          0 0 0 0
            0 0 1 1
            0 0 0 0
              0 1 1 1
              0 0 0 0
                1 1 1 1
                1 0 1 1
                1 0 0 0
                1 0 1 1
                  0 1 1 0
                  0 0 0 0
                    1 1 0 0
                    1 0 1 1
         余り →     1 1 1
```

f	e	d	c	b	a	クロック
0	0	0	0	1	1	0 (初期状態)
0	0	1	1	1	1	1
0	1	1	1	1	1	2
1	1	0	1	0	1	3
1	0	1	0	1	0	4
0	1	1	1	0	0	5
1	1	0	1	0	0	6

図 8-8　x^3+x+1 の割り算回路

　図 8-8 は x^3+x+1 の割り算回路である．この回路は第 3 章で述べた M 系列発生器に似ているが，EXOR の挿入位置がシフトレジスタの段間になっている．この回路に 1111000 を入力すると，左の演算がシフトレジスタと EXOR で構成する回路で行われ，図 8-8 が x^3+x+1 の割り算回路であることが理解できる．D_2 の出力に EXOR がないので各演算ごとに 000 または 011 が加算され，7 回の演算が終わった時点で割り算の余り 111 が各シフトレジスタの入力 e，d，b に残っている．すなわち，

$$\frac{x^6+x^5+x^4+x^3}{x^3+x+1}=x^3+x^2+1 \quad 余り \quad x^2+x+1$$

の演算が行われたことになる．この式は，

$$x^3(x^3+x^2+x+1)+x^2+x+1$$
$$=x^6+x^5+x^4+x^3+x^2+x+1$$
$$=(x^3+x+1)(x^3+x^2+1)$$

となるので，この回路は $x^3 \times A(x)+R(x)=G(x) \times Q(x)$ として求めた巡回ハミ

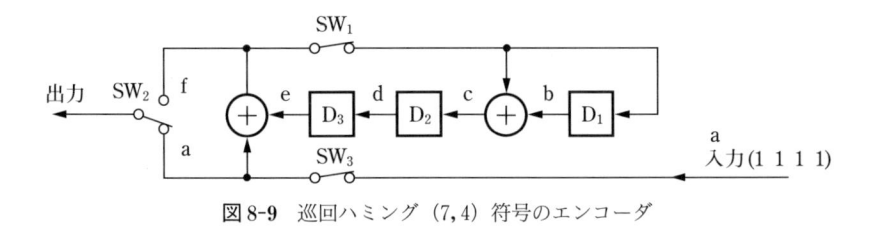

8.6 多項式演算による符号化，復号化回路

図8-9 巡回ハミング (7, 4) 符号のエンコーダ

ング (7, 4) 符号の符号化回路に適用できる．

巡回ハミング (7, 4) 符号では，4ビットの情報ビットに続いて3ビットの検査ビットが配列されている．このようなビット配列を得られるように構成したのが図8-9である．いま，SW_1，SW_3をONにし，SW_2を下に倒した状態で1111を入力した場合のシフトレジスタの動作は次のようになる．

```
                1 1 0 1       f(a+e)   e   d   c(b+f)   b   a   クロック
     1 0 1 1 ) 1 1 1 1 0 0 0    1     0   0     1      0   1     0
               1 0 1 1                                           (初期状態)
               ─────
               1 0 0 0          1     0   1     0      1   1     1
               1 0 1 1
               ─────
               0 1 1 0          0     1   0     1      1   1     2
               0 0 0 0
               ─────
               1 1 0 0          1     0   1     1      0   1     3
               1 0 1 1
               ─────
                 1 1 1          ※    1   1     ※     1   ※    4
```

　この動作は図8-8と同じように割り算を行う回路であり，入力信号の如何にかかわらず第4クロックによる動作が終了した時点において，レジスタ D_1，D_2，D_3の出力にはメモリされた割り算の余りが現れている．一方，入力信号1111は，回路が割り算を実行している間は順次出力端子から出力され，第4クロックによる動作が終了した時点ではすべてのビットが出力端子に現れる．このとき，SW_1，SW_3をOFFにすれば回路は単なるシフトレジスタとして動作するようになり，SW_2を上に倒して動作を続行すれば，情報ビットに続いて割り算の余り（検査ビット）が出力される．入力信号を割り算回路を通さずに直接出力することは入力信号を3ビットシフトしたことに等しく，情報ビットに x^3 を掛けた

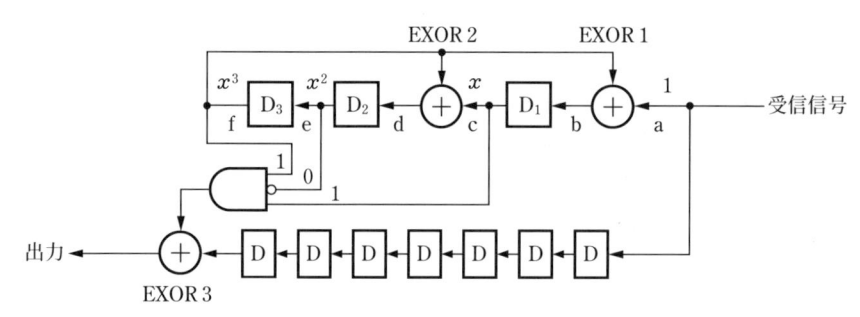

図 8-10 巡回ハミング (7, 4) 符号のデコーダ

ことになる．したがって，図 8-9 は x^3 を掛けて x^3+x+1 で割り算する回路であり，多項式演算処理による巡回ハミング (7, 4) 符号のエンコーダとして動作している．

多項式演算処理による巡回ハミング (7, 4) 符号のデコードは，受信信号を生成多項式 $G(x)$ で割り算し，シンドロームを求めればよい．図 8-10 は x^3+x+1 を $G(x)$ とする割り算回路によるデコーダである．

送信信号 0000000 に対して 1 ビット目に誤りを受けた受信信号は 1000000 になる．デコーダにこの信号を入力した場合，図 8-10 の $D_1 \sim D_3$ と EXOR で構成する割り算回路は次のように動作する．

f	e	d	c	b	a	クロック	
0	0	0	0	1	1	0	(初期状態)
0	0	1	1	0	0	1	
0	1	0	0	0	0	2	
1	0	1	0	1	0	3	
0	1	1	1	0	0	4	
1	1	1	0	1	0	5	
1	1	0	1	1	0	6	
1	0	0	1	1	0	7	

第7クロックの操作が終了した時点で，表8-4に示した1ビット目を誤って受信した場合のシンドローム101がD_1〜D_3の出力（f, e, c）に現れている．このとき，D_1〜D_3の出力101をANDゲートで検出し，誤りを示す1をEXOR 3に入力する．

一方，7段のシフトレジスタDを通過する入力信号100000は，第7クロック終了時点で誤りビットである1ビット目の1がシフトレジスタを通り抜け，EXOR 3でANDゲート出力と加算されて誤りの訂正が行われる．

2ビット目に誤りのある0100000が入力信号の場合は，8クロック目に101が現れ，以下，同様にして7ビット目に誤りがあれば13クロック目の動作終了時点で誤りの訂正が実行される．ただし，符号は連続して送られている．したがって，7クロック目には次の符号がデコーダ入力に現れるので，信号処理はもう少し複雑になる．

誤りが現れるまで操作を繰り返し，誤りが現れた時点で訂正する図8-10の復号法は**誤りトラップ復号法**（error-trapping decoding），あるいは**メギット復号法**（Meggitt decoding）といわれる．

8.7　BCH符号

1ビットの誤りを訂正できる表8-2の巡回ハミング(7, 4)符号から二つの符号を取り出して，その和を求めると，

```
     0 0 0 1 0 1 1
  +) 0 0 1 1 1 0 1
     0 0 1 0 1 1 0
```

となり，符号間の最小ハミング距離（**3.4.2**参照）は3（0000000と1111111のハミング距離は7であるが，最小距離は3）となる．また，2ビットの符号00, 01, 10, 11に偶数パリティを付加した000, 011, 101, 110の符号間距離は2である．これらを直線上に表せば図8-11になる．

誤り訂正を符号間距離によって考えるならば，図8-11において偶数パリティ

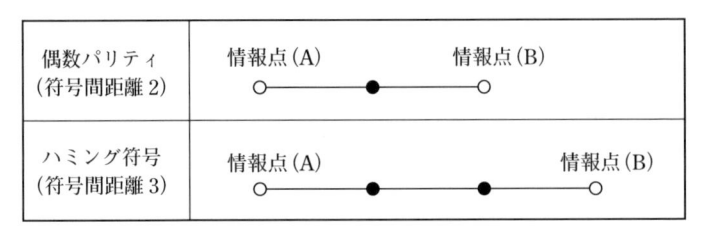

偶数パリティ (符号間距離2)	情報点(A)　　　　　　情報点(B) ○————●————○	
ハミング符号 (符号間距離3)	情報点(A)　　　　　　　　　　情報点(B) ○——●——●——○	

図8-11　符号と符号間距離

を付加した符号では，符号間距離は2である．したがってビット誤りがあれば，誤った符号は符号間距離1だけずれた●の位置に現れるので，誤りのあったことが検出できる．しかし，情報点(A)のずれなのか情報点(B)のずれなのかは判別できないため，誤りがあったことは検出できても訂正は不可能である．一方，ハミング符号の場合は符号間距離が3であり，情報点(A)の移動位置と情報点(B)の移動位置が異なるので，誤りの訂正が可能になる．

4ビットで構成できる符号の数は$2^4=16$であり，これを7ビット符号に展開して，$2^7=128$の符号の中から16の符号を割り当てたのがハミング(7,4)符号である．

2ビット以上の誤りを訂正できるようにするには，符号間距離5以上の符号を作成すればよいことが想像できる．

1959年にHocquenghem，1960年にBoseとChaudhuriによって2ビット以上の誤りを訂正できる符号が見つけ出され，3人の頭文字をとって**BCH符号**（BCH code）と呼ばれている．ハミングの1ビット訂正符号の発表から10年を経過して，やっと2ビット以上の誤り訂正符号が見つけ出されたことになる．

BCH符号の例として，2ビット誤り訂正が可能なBCH(15,7)符号を取り上げてみよう．この符号は情報ビットが7，検査ビット8，符号間ハミング距離5の符号である．ハミング符号と同じように，左シフトした情報符号多項式を生成多項式で割り算し，割り算の余り（CRCC）を情報符号に付加することにより作成できる．したがって，BCH符号もハミング符号の延長線上にあるとするならば，ハミング符号もBCH符号の一種といえる．

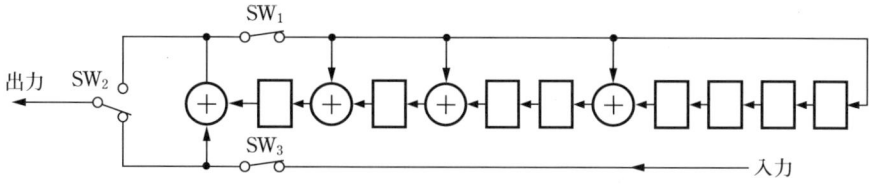

図 8-12 BCH(15, 7)符号のエンコーダ

生成多項式 $G(x)$ には，二つの多項式 $G_1(x)=x^4+x+1$ と $G_2(x)=x^4+x^3+x^2+x+1$ の積を使用する．したがって生成多項式は

$$G(x)=G_1(x)\cdot G_2(x)$$
$$=(x^4+x+1)(x^4+x^3+x^2+x+1)$$
$$=x^8+x^7+x^6+x^4+1$$

となる．この式は，

$$x^{15}+1=(x^4+x+1)(x^4+x^3+1)(x^4+x^3+x^2+x+1)(x^2+x+1)(x+1)$$

のように $x^{15}+1$ を割り切ることができ，また，**3.2.2** で述べた原始多項式の条件を満たしているので，$G_1(x)$, $G_2(x)$ ともに原始多項式である．

BCH (15, 7) 符号のエンコーダは，図 8-9 に示すハミング (7, 4) 符号のエンコーダの割り算回路を $x^8+x^7+x^6+x^4+1$ に変更した図 8-12 で実現できる．この符号は情報ビットが 7 ビットであるから 128 通りの符号になるが，どのような符号になるかは省略する．

3 次以上の多項式の積を生成多項式とした場合，誤り訂正の復号はハミング符号のように簡単には行えない．BCH 符号が取り扱いにくいのは，復号が複雑になることである．しかし，BCH(15, 7)符号ならば，巡回ハミング符号と同じようにトラップ復号法でも比較的簡単に復号できる．

誤り訂正を行うにはシンドロームを知る必要がある．まず，受信信号に 1 ビットの誤りがあった場合のシンドローム $S(s_1, s_2, s_3, s_4, s_5, s_6, s_7, s_8)$ を求めると，表 8-5 になる．

次に，2 ビット誤りについてシンドロームを求めると 105 通りになるが，15 ビットの中で 1 ビット目の他に 5 ビット目にも誤りがあったとして，シンドローム

表 8-5 BCH(15,7)符号の 1 ビット誤りシンドローム

誤りビット	s_1	s_2	s_3	s_4	s_5	s_6	s_7	s_8
1	1	1	1	0	1	0	0	0
2	0	1	1	1	0	1	0	0
3	0	0	1	1	1	0	1	0
4	0	0	0	1	1	1	0	1
5	1	1	1	0	0	1	1	0
6	0	1	1	1	0	0	1	1
7	1	1	0	1	0	0	0	1
8	1	0	0	0	0	0	0	0
9	0	1	0	0	0	0	0	0
10	0	0	1	0	0	0	0	0
11	0	0	0	1	0	0	0	0
12	0	0	0	0	1	0	0	0
13	0	0	0	0	0	1	0	0
14	0	0	0	0	0	0	1	0
15	0	0	0	0	0	0	0	1

を求めてみよう．生成多項式は，

$$G(x) = x^8 + x^7 + x^6 + x^4 + 1 \quad (111010001)$$

であり，1 ビット目と 5 ビット目に誤りを与える外部ノイズは，

1 0 0 0 1 0 0 0 0 0 0 0 0 0 0

である．一度は正直に割り算を行うと，

```
                           1 1 0 1 1 1 0
  1 1 1 0 1 0 0 0 1 ) 1 0 0 0 1 0 0 0 0 0 0 0 0 0 0
                      1 1 1 0 1 0 0 0 1
                      ─────────────────
                        1 1 0 0 0 0 0 1 0
                        1 1 1 0 1 0 0 0 1
                        ─────────────────
                          1 0 1 0 0 1 1 0 0
                          1 1 1 0 1 0 0 0 1
                          ─────────────────
                            1 0 0 1 1 1 0 1 0
                            1 1 1 0 1 0 0 0 1
                            ─────────────────
                              1 1 1 0 1 0 1 1 0
                              1 1 1 0 1 0 0 0 1
                              ─────────────────
                                          1 1 1 0
```

のようになる．この割り算の余り 00001110 が，1 ビット目と 5 ビット目に誤りがあった場合のシンドロームである．ここで，表 8-5 を眺めると，

 1 ビット目のみの誤りシンドローム 11101000

 5 ビット目のみの誤りシンドローム 11100110

である．いま，このシンドロームの和を求めると

```
   1 1 1 0 1 0 0 0
+) 1 1 1 0 0 1 1 0
   0 0 0 0 1 1 1 0
```

となり，割り算の計算値と一致する．したがって，2 ビット誤りのシンドロームは表 8-5 から直ちに計算できる．

1 ビット目のみの誤りと，1 ビット目とそれ以外のビットに誤りがあった場合のシンドロームを表 8-5 から計算したのが表 8-6 である．また，2 ビット目と 3 ビット目など他のビットの組合せの誤りを受けた場合，誤りトラップ復号においては巡回ハミング符号の復号のように (1, 2) ビット誤りのような各組合せのシ

表 8-6 BCH(15, 7) 符号の 1 ビット目と他の 1 ビットに誤りのあるシンドローム

誤りビット	s_1	s_2	s_3	s_4	s_5	s_6	s_7	s_8
1 のみ	1	1	1	0	1	0	0	0
1, 2	1	0	0	1	1	1	0	0
1, 3	1	1	0	1	0	0	1	0
1, 4	1	1	1	1	0	1	0	1
1, 5	0	0	0	0	1	1	1	0
1, 6	1	0	0	1	1	0	1	1
1, 7	0	0	1	1	1	0	0	1
1, 8	0	1	1	0	1	0	0	0
1, 9	1	0	1	0	1	0	0	0
1, 10	1	1	0	0	1	0	0	0
1, 11	1	1	1	1	1	0	0	0
1, 12	1	1	1	0	0	0	0	0
1, 13	1	1	1	0	1	1	0	0
1, 14	1	1	1	0	1	0	1	0
1, 15	1	1	1	0	1	0	0	1

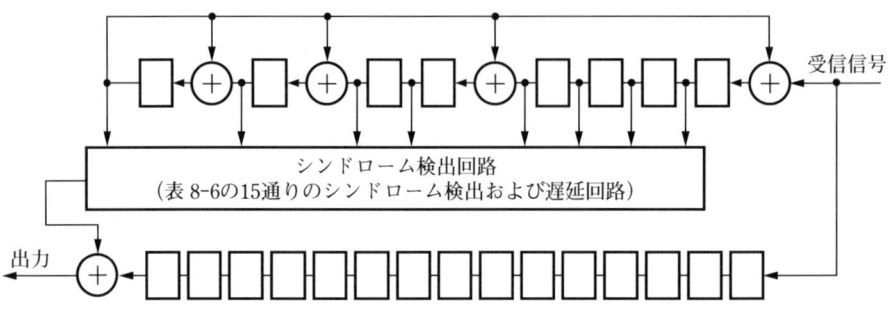

図 8-13 BCH(15, 7)符号のデコーダ

表 8-7 BCH符号の構成と生成多項式

符号長	情報ビット	検査ビット	符号間距離	生成多項式
15	7	8	5	$(x^4+x+1)(x^4+x^3+x^2+x+1)$
15	5	10	7	$(x^4+x+1)(x^4+x^3+x^2+x+1)(x^2+x+1)$
31	21	10	5	$(x^5+x^2+1)(x^5+x^4+x^3+x^2+1)$
31	16	15	7	$(x^5+x^2+1)(x^5+x^4+x^3+x^2+1)$ $\times(x^5+x^4+x^2+x+1)$
31	11	20	11	$(x^5+x^2+1)(x^5+x^4+x^3+x^2+1)$ $\times(x^5+x^4+x^2+x+1)(x^5+x^3+x^2+x+1)$
31	6	25	15	$(x^5+x^2+1)(x^5+x^4+x^3+x^2+1)$ $\times(x^5+x^4+x^2+x+1)(x^5+x^3+x^2+x+1)$ $\times(x^5+x^4+x^3+x+1)$

ンドロームが遅延して現れるから,表8-6から誤りトラップ復号法によるBCH(15, 7)符号のデコーダは図8-13のように構成できる．ハミング符号では誤りの位置が1個所であったからシンドローム検出も1通りで済んだが，BCH符号の場合は誤り位置の検出は15通り必要になる．また，2ビット誤りを検出した場合には，最初に訂正した誤り位置から次の誤りビットが現れるまでシンドローム検出回路の出力を遅延させ，受信信号とタイミングを合わせなければならない．

符号間ハミング距離を大きくすれば訂正できるビット数は多くなるが，それにつれて復号が複雑になることは否めない．また，訂正できるビット数を多くする

ために符号間ハミング距離を大きくすれば，符号の全ビット数（符号長）にしめる検査ビットの数が大きくなり，伝送できる情報量に制限を与えることになる．ここでは，5ビット以下の誤り訂正が可能なBCH符号の構成を表8-7に示しておく．

8.8　リードソロモン符号

　第3章ではリードソロモン符号（**RS符号**）の符号語をスペクトラム拡散符号に応用したが，ここではRS符号による誤り訂正について考えてみよう．本来アナログ情報である音声などの信号をサンプリングし量子化したデータは，2値符号と考えるよりもサンプルごとに多値データとして処理する方が適している．多値データを表すには，**3.4.1**で述べたガロア体による表現が符号処理演算にはふさわしい．**3.4.4**では符号1シンボルを3ビットとして，$GF(2^3)$の元（0，1，2，3，4，5，6，7）によって符号を多値表現したが，コンピュータをはじめ各種データは8ビット（1バイト）単位で処理されることが多い．符号1シンボルを8ビットで処理するとすれば，表3-4に示す8次の原始多項式 $x^8+x^4+x^3+x^2+1=0$ の根を α とする $GF(2^8)$ の元（0，1，…，255）を情報符号とすることができる．すべてを書くと256通りになるから，その一部を表8-8に示す．$GF(2^8)$ では $\alpha^{255}=\alpha^0$ となり，α^{255} 以降は $\alpha^0 \sim \alpha^{254}$ を繰り返す．

　8ビットを1シンボルとして，64シンボルの情報シンボルに対して4シンボルの検査シンボルを付加し，2シンボルの誤り訂正と4シンボルの誤り検出が可能な RS(68,64) 符号を例として取り上げよう．この場合，シンボルの誤りは8ビットすべてが誤っていてもかまわない．

　RS(68,64) 符号の生成多項式 $G(x)$ は，8次の原始多項式 $x^8+x^4+x^3+x^2+1=0$ の根を α として，次のように表せる．

$$G(x)=(x+1)(x+\alpha)(x+\alpha^2)(x+\alpha^3)$$
$$=x^4+\alpha^{75}x^3+\alpha^{249}x^2+\alpha^{78}x+\alpha^6$$

64シンボルの情報データが α^{63}，α^{62}，…，α^2，α，1 であると仮定すれば，伝

表 8-8　$GF(2^8)$ の元による符号表現（$x^8+x^4+x^3+x^2+1=0$ の根を α とする）

根のべき乗	線　形　結　合	ベクトル表現
	0	00000000
α^0	1	00000001
α^1	α	00000010
α^2	α^2	00000100
α^3	α^3	00001000
α^4	α^4	00010000
α^5	α^5	00100000
α^6	α^6	01000000
α^7	α^7	10000000
α^8	$\alpha^4+\alpha^3+\alpha^2\quad+1$	00011101
α^9	$\alpha^5+\alpha^4+\alpha^3\quad+\alpha$	00111010
α^{10}	$\alpha^6+\alpha^5+\alpha^4\quad+\alpha^2$	01110100
α^{11}	$\alpha^7+\alpha^6+\alpha^5\quad+\alpha^3$	11101000
α^{12}	$\alpha^7+\alpha^6\quad+\alpha^3+\alpha^2\quad+1$	11001101
$\vdots$	$\vdots$	$\vdots$
α^{25}	$\alpha+1$	00000011
$\vdots$	$\vdots$	$\vdots$
α^{174}	$\alpha^7+\alpha^6+\alpha^5+\alpha^4\quad+1$	11110001
α^{175}	$\alpha^7+\alpha^6+\alpha^5+\alpha^4+\alpha^3+\alpha^2+\alpha+1$	11111111
$\vdots$	$\vdots$	$\vdots$
α^{250}	$\alpha^6+\alpha^5\quad+\alpha^3+\alpha^2$	01101100
α^{251}	$\alpha^7+\alpha^6\quad+\alpha^4+\alpha^3$	11011000
α^{252}	$\alpha^7\quad+\alpha^5\quad+\alpha^3+\alpha^2\quad+1$	10101101
α^{253}	$\alpha^6\quad+\alpha^2+\alpha+1$	01000111
α^{254}	$\alpha^7\quad+\alpha^3+\alpha^2+\alpha$	10001110

送する情報符号 $I(x)$ は，

$$I(x) = a^{63}x^{63} + a^{62}x^{62} + \cdots + ax + 1$$

と多項式で表現できる．誤り訂正に 4 シンボルを付加するため，ハミング符号と同じように $I(x)$ に x^4 を掛け，$x^4 \times I(x)$ を生成多項式 $G(x)$ で割った余り $R(x)$ を求めると次式になる．

$$R(x) = \frac{x^4 \times I(x)}{G(x)} \mod (x^4 + a^{75}x^3 + a^{249}x^2 + a^{78}x + a^6)$$

$$= a^{103}x^3 + a^{167}x^2 + a^{99}x + a^{86}$$

したがって，伝送する信号 $W(x)$ は次のようになる．

$$W(x) = a^{63}x^{67} + a^{62}x^{66} + \cdots + ax^5 + x^4 + a^{103}x^3 + a^{167}x^2 + a^{99}x + a^{86}$$

この信号を受信した場合の復号は，次の順序で行う．

 ① シンドロームの計算
 ② 誤り位置の計算
 ③ 誤りの値の計算
 ④ 誤りの訂正

（1） シンドロームの計算

いま，0 から数えて i 番目と j 番目のシンボルに誤りがあり，その誤りの値が e_i, e_j であったと仮定しよう．このとき，シンドロームは受信信号 $Y(x)$ に 1, a, a^2, a^3 を順次代入した，

$$s_0 = Y(1) = y_{67} + \cdots + (y_i + e_i) + \cdots + (y_j + e_j) + \cdots + y_0$$
$$s_1 = Y(a) = y_{67}a^{67} + \cdots + (y_i + e_i)a^i + \cdots + (y_j + e_j)a^j + \cdots + y_0$$
$$s_2 = Y(a^2) = y_{67}a^{134} + \cdots + (y_i + e_i)a^{2i} + \cdots + (y_j + e_j)a^{2j} + \cdots + y_0$$
$$s_3 = Y(a^3) = y_{67}a^{201} + \cdots + (y_i + e_i)a^{3i} + \cdots + (y_j + e_j)a^{3j} + \cdots + y_0$$

から次のように求められる．

$$s_0 = e_i + e_j$$
$$s_1 = a^i e_i + a^j e_j$$
$$s_2 = a^{2i} e_i + a^{2j} e_j$$
$$s_3 = a^{3i} e_i + a^{3j} e_j$$

(2) 誤り位置の計算

0から数えて i, j 番目に誤りがあったと仮定しているから，α^{-i}, α^{-j} を根とする次式を考える．

$$\delta(x) = (1+\alpha^i x)(1+\alpha^j x)$$
$$= \alpha^i \cdot \alpha^j x^2 + (\alpha^i + \alpha^j)x + 1$$

この式を**誤り位置多項式**（error locator polynomial）という．さて，$s_0 \sim s_3$ を連立方程式として解き，$\alpha^i \cdot \alpha^j$ および $\alpha^i + \alpha^j$ を求めれば

$$\alpha^i \cdot \alpha^j = \frac{s_2^2 + s_1 \cdot s_3}{s_1^2 + s_0 \cdot s_2}$$

$$\alpha^i + \alpha^j = \frac{s_0 \cdot s_3 + s_1 \cdot s_2}{s_1^2 + s_0 \cdot s_2}$$

になり，これを誤り位置多項式に代入すれば，次式のようにシンドロームから誤り位置が計算できる．

$$\delta(x) = \frac{s_2^2 + s_1 \cdot s_3}{s_1^2 + s_0 \cdot s_2} \cdot x^2 + \frac{s_0 \cdot s_3 + s_1 \cdot s_2}{s_1^2 + s_0 \cdot s_2} \cdot x + 1$$

(3) 誤りの値の計算

誤り位置が確定すれば，誤りの値は $s_0 = e_i + e_j$，$s_1 = \alpha^i \cdot e_i + \alpha^j \cdot e_j$ から次のように計算できる．

$$e_i = \frac{s_1 + \alpha^j \cdot s_0}{\alpha^i + \alpha^j}, \quad e_j = e_i + s_0$$

(4) 誤りの訂正

（2）で求めた誤りの位置に（3）で求めた誤りの値を加算すれば，受信信号の誤りが訂正できる．

例として RS(68,64) 符号の $(0, 0, 0, 0, \cdots, 0, 0, 0)$ を伝送し，受信信号が $(0, 0, 0, \cdots, \alpha^{108}, 0, 0, 0, \alpha^{13}, 0, 0, 0)$ であったと仮定する．（0から数えて3番目と8番目に誤りがあり，誤りの値が $\alpha^{13}, \alpha^{108}$ であるとする）
この場合のシンドロームは，

$$s_0 = \alpha^{108} + \alpha^{13} = \alpha^{13}(\alpha^{95} + 1) = \alpha^{13} \cdot \alpha^{176} = \alpha^{189}$$
$$s_1 = \alpha^8 \cdot \alpha^{108} + \alpha^3 \cdot \alpha^{13} \qquad\qquad = \alpha^{20}$$

$$s_2 = \alpha^{16} \cdot \alpha^{108} + \alpha^6 \cdot \alpha^{13} = \alpha^{12}$$
$$s_3 = \alpha^{24} \cdot \alpha^{108} + \alpha^9 \cdot \alpha^{13} = \alpha^{148}$$

となる．したがって，誤り位置多項式は，

$$\delta(x) = \frac{s_2^2 + s_1 \cdot s_3}{s_1^2 + s_0 \cdot s_2} \cdot x^2 + \frac{s_0 \cdot s_3 + s_1 \cdot s_2}{s_1^2 + s_0 \cdot s_2} \cdot x + 1$$

$$= \frac{\alpha^{24} + \alpha^{20} \cdot \alpha^{148}}{\alpha^{40} + \alpha^{189} \cdot \alpha^{12}} \cdot x^2 + \frac{\alpha^{189} \cdot \alpha^{148} + \alpha^{20} \cdot \alpha^{12}}{\alpha^{40} + \alpha^{189} \cdot \alpha^{12}} \cdot x + 1$$

$$= \alpha^{11} x^2 + \alpha^{141} x + 1$$

と計算できる．この式に 1, α, α^2, α^3, …と順に代入する（このような方法を**チェン探査**（Chien search）という）と，α^{247}（$= \alpha^{-8}$）を代入したとき，

$$\delta(x) = \alpha^{11} \cdot \alpha^{239} + \alpha^{141} \cdot \alpha^{247} + 1$$
$$= \alpha^{250} + \alpha^{133} + 1 = \alpha^{133}(\alpha^{117} + 1) + 1$$
$$= \alpha^0 + 1 = 0$$

となる．同様に，α^{252}（$= \alpha^{-3}$）を代入した場合にも $\delta(x) = 0$ となり，誤り位置は α^8（0 から数えて 8 番目）と α^3（0 から数えて 3 番目）であると計算できる．したがって，誤りの値は，

$$e_i = \frac{s_1 + \alpha^j \cdot s_0}{\alpha^i + \alpha^j} = \frac{\alpha^{20} + \alpha^3 \cdot \alpha^{189}}{\alpha^8 + \alpha^3} = \alpha^{108}$$

$$e_j = e_i + s_0 = \alpha^{108} + \alpha^{189} = \alpha^{13}$$

として求められる．この値を受信信号 (0, 0, …, α^{108}, 0, 0, 0, 0, α^{13}, 0, 0, 0) に加算すれば，(0, 0, 0, 0, …, 0, 0, 0) が復号できる．

8.9　トレリス符号

　ハミング符号，リードソロモン符号までは，ある限られたビットあるいはシンボルをブロック単位で完結処理するブロック符号であった．

　たとえば，誤り検出に偶数パリティを用いた場合には，情報符号が 1 であれば伝送符号は必ず 11 であり，情報符号が 0 であれば伝送符号は必ず 00 である．しかし，情報符号が 0 であっても伝送符号が必ず 00 である必要性はない．

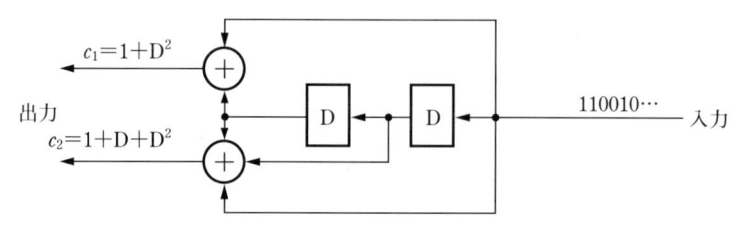

図 8-14　畳み込み符号のエンコーダの例

　いま，入力信号 1 ビットに対して 2 ビットを出力する符号化を考える．この符号化では過去のビットの影響を受け，入力信号に対する出力信号は，時間の経過にしたがって 00, 01, 10, 11 のどれかになるとしよう．

　このような符号の簡単な例として図 8-14 を考える．図 8-14 は二つのシフトレジスタ D と二つの EXOR で構成され，出力信号 c_1, c_2 は，

$$c_1 = 1 + D^2 \qquad c_2 = 1 + D + D^2$$

で表される．したがって，エンコーダの入力に情報符号 110010… が入力された場合の出力符号は，

時刻		0	1	2	3	4	5
情報符号		1	1	0	0	1	0
伝送符号	c_1	1	1	1	1	1	0
	c_2	1	0	0	1	1	1

のようになる．このような符号を**畳み込み符号**（convolutional code）といい，過去の情報が現在に影響を与えるため，1 を入力した場合でも出力は 11 にも 10 にもなる．このエンコーダでは，第 3 番目のビットがシフトレジスタの入力に現れたとき，第 1 番目のビットがシフトレジスタの出力に現れるから，第 3 ビットは過去 2 ビットの影響を受けて符号化される．しかし，それ以前のビットによる影響は受けないので，第 3 ビットが符号化にあたって拘束されるのは過去の 2 ビットのみである．したがって，シフトレジスタの個数 m が符号化においてビットを拘束するから，m を**拘束長**（constraint length）と呼び，このエンコーダ

の場合は 2 である（拘束長の定義にはいろいろあり，$m+1$ を拘束長と定義している場合もある）．

この符号の**符号化率** R は 1/2 である．通常，畳み込み符号を分数で表現した場合，分子に情報符号長，分母に伝送符号長の意味をもたせているので，符号化率 1/2 と 2/4 は違った符号であり，約分してはならない．

図 8-14 においては，時間の経過にしたがってシフトレジスタの状態が変化し，この回路から得られる符号は，符号の遷移がトレリス（trellis：四目格子）状になる．したがって，このような符号を**トレリス符号**（trellis code）と呼び，トレリス符号の中で線形符号になるものが畳み込み符号である．

図 8-14 で符号化された符号化率 1/2 の畳み込み符号は，シフトレジスタにセットされている 2 クロック過去までの信号と，そのときの入力信号によって符号化が行われている．したがって，それぞれの場合におけるエンコーダの状態は表 8-9 のようになる．

表 8-9 のようにシフトレジスタは 00～11 の四つの状態をとり，シフトレジスタの状態と入力信号によって得られるシフトレジスタの状態遷移を横に並べると，図 8-15 のようにトレリス状に表示でき，これを**トレリス線図**（trellis diagram）という．

図 8-15 において⓪〜⑪はシフトレジスタの状態を，また，実線で表す**パス**

表 8-9　符号化率 1/2 の畳み込み符号のエンコーダの状態

2クロック過去の信号 （現在のシフトレジスタの状態）	入力信号	出力信号 （伝送信号）
0 0	0	0 0
0 0	1	1 1
0 1	0	0 1
0 1	1	1 0
1 0	0	1 1
1 0	1	0 0
1 1	0	1 0
1 1	1	0 1

```
報報入力   1      1      0      0      1      0
伝送出力   11     10     10     11     11     01
```

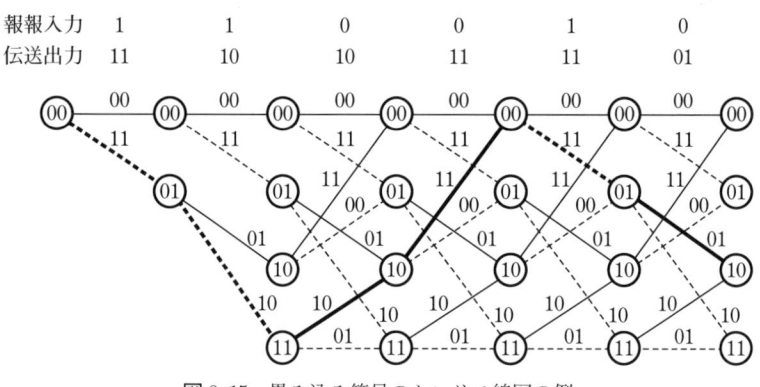

図 8-15 畳み込み符号のトレリス線図の例

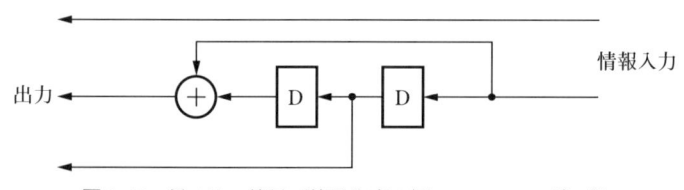

図 8-16 畳み込み符号（符号化率 2/3）のエンコーダの例

(path：状態遷移を表す経路）は入力信号が 0 であり，破線で表すパスは入力信号が 1 であることを示す．たとえば，シフトレジスタの初期状態（図 8-15 左端の 00）において入力信号が 0 ならばエンコーダ出力は 00 であり，実線で示すパスを通った後のシフトレジスタの状態は，初期状態と変わらず 00 の保持している．逆に，入力信号が 1 ならばエンコーダ出力は 11 となり，破線で示すパスを通ってシフトレジスタの状態は 01 に変化することを示している．太線で示すパスは，図 8-14 で例にあげた入力信号 110010 に対応する出力 11，10，10，11，11，01 の状態遷移を表すパスである．

畳み込み符号の符号化率は 1/2，2/3，3/4，5/6，7/8 などが用いられるが，伝送する情報量を多くするために符号化率を高くすれば，誤り訂正能力が低下することは避けられない．図 8-16 に符号化率 2/3 の畳み込み符号である**ウンガーベック符号**（Ungerboeck code）のエンコーダの例を示しておく．この符号は，位

相変調と組み合わせたトレリス符号化 8 相位相変調に用いられている．なお，ハミング符号，リードソロモン符号のエンコーダは数学的な演算処理によって求めることができたが，畳み込み符号にはこのような確立された方法がなく，コンピュータシミュレーションに頼らざるを得ないのが現状のようである．

8.10　畳み込み符号の復号

　畳み込み符号の復号には，通常**ビタビ復号**（Viterbi decoding）が用いられる．1967 年，ビタビによって発表された復号法であり，図 8-15 のどのパスが最も送信符号に近似しているかを推定して復号する「最もそれらしい復号法（**最尤復号**：maximum likelihood decoding）」である．

　情報符号が 110010，送信符号が 11，10，10，11，11，01 である畳み込み符号に伝送路ノイズ 00，00，01，00，00，00 が混入し，11，10，11，11，11，01 が受信されたとする．また，最もそれらしいと推定する**メトリック**（metric：測定基準）には，ハミング距離を用いるとする．

　復号は，時刻 0（シフトレジスタの初期状態 00）から時刻 1, 2, 3, …と順にシフトレジスタの状態が二つの次の時刻の状態へ遷移する場合のトレリス線図上の符号と受信符号とのハミング距離を求め，ハミング距離の小さなパスを**生き残りパス**（survivor）として残し，ハミング距離最小のパスが正しいと推定する．

　図 8-17 において，
（1）　時刻 0 の時点における受信信号は 11 である．初期状態 00 から時刻 1 の時点における状態 00，01 へ遷移するトレリス線図上の符号 11，00 とのハミング距離が小さい 01 へのパスを生き残りパスとして選択する．
（2）　時刻 1 の時点で生き残った 01 の状態から時刻 2 への遷移 10，11 の中から，ハミング距離が小さい 11 へのパスを選択する．
（3）　時刻 2 で選択した 11 の状態から時刻 3 への遷移 10,11 はハミング距離が同じ．(ともに 1)
（4）　時刻 3 においては確定したパスが選択されていない．まず，状態 10 から

時　　刻	0	1	2	3	4	5	6
情報符号		1	1	0	0	1	0
送信符号		11	10	10	11	11	01
付加誤り		00	00	01	00	00	00
受信符号		11	10	10	11	11	11

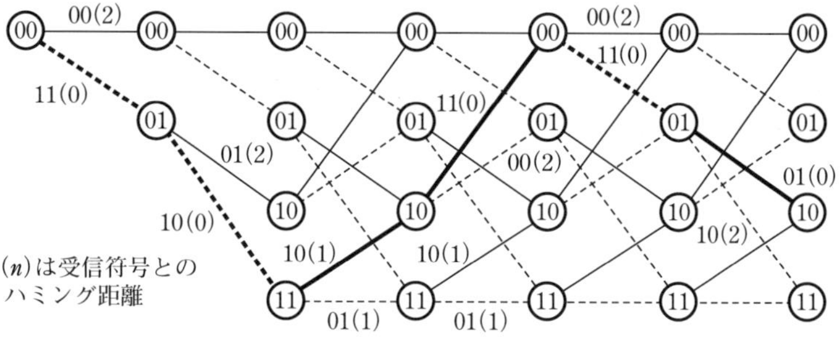

図 8-17　ビタビ復号法の例

時刻 4 へは 00 に遷移するパスが選択できる．一方，状態 11 からの遷移はハミング距離がともに 1 となり，時刻 3 においては 10 への遷移が選択すべき生き残りパスだと推定できる．

時刻 5 以降の状態遷移を省略して，時刻 0 〜時刻 4 までのトータルハミング距離を求めると，次のようになる．

 ① 状態遷移　$00 \to 01 \to 11 \to 10 \to 00$ のパスは　$0+0+1+0=1$
 ② 状態遷移　$00 \to 01 \to 11 \to 11 \to 10$ のパスは　$0+0+1+1=2$
 ③ 状態遷移　$00 \to 01 \to 11 \to 11 \to 11$ のパスは　$0+0+1+1=2$

このように，可能性のあるあらゆるパスについてハミング距離を計算し，ハミング距離の最も小さいパス①を生き残りパスとして選択する．

図 8-17 の太線で示した状態遷移 $00 \to 01 \to 11 \to 10 \to 00 \to 01 \to 10$ のパスに対応するトレリス線図上の符号は 11, 10, 10, 11, 11, 01 であり，この符号に対応する情報符号は 110010 として復号できる．

ブロック符号の誤り訂正能力の評価にはハミング距離が重要な要素であったが，畳み込み符号においては自由距離が重要な概念となる．

いま，情報符号を（000……00）と仮定しよう．これから得られる畳み込み符

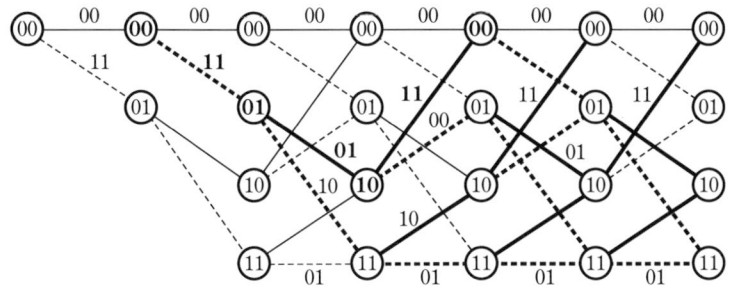

図8-18　畳み込み符号における自由距離

号も（000……00）であり，トレリス線図上では最上部のパスが対応している．伝送路において誤りを受けた信号を受信すると，受信信号によるパスは（000……00）のパスから離れ，再び（000……00）のパスに合流するパスとなる．例にあげた図8-14から得られる畳み込み符号でこのようなパスは，図8-18の太線で示すように無数に存在するが，それぞれのパスに対応する符号語の**ハミング重み**（Hammimg weight：(000……00) を基準にした場合の(00…00)以外の符号語とのハミング距離）の中で最小の重みを**自由距離**（free distance）d_f という．図8-18においては，最上段の (000…00) のパスから離れ，再び合流するパスに対応する符号語の中で，シフトレジスタの状態を太字で表したパスを通る(110111)のハミング重みが最小の5であり，この符号の自由距離 d_f は5になる．したがって，2ビットまでの誤りを訂正できる能力を持っている．

畳み込み符号において自由距離を大きくとり，誤り訂正能力を高くするには，拘束長を長くすればよい．しかし，エンコーダの構成によっては必ずしも誤り訂正能力が向上するとは限らない．

8.11　連接符号

伝送路における符号誤りのパターンには，ときどき誤りが発生する**ランダム誤り**（random error）と，誤りが連続し，集中して発生する**バースト誤り**（burst

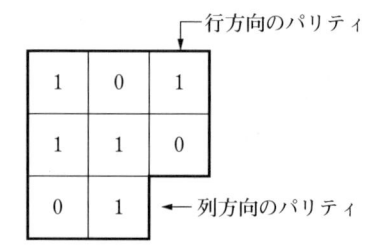

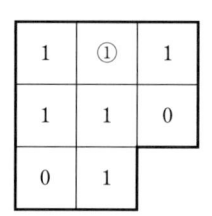

```
| 1 | 0 | 1 |
| 1 | 1 | 0 |
| 0 | 1 |
```
―行方向のパリティ
←列方向のパリティ

図 8-19 積符号の例

```
| 1 | ① | 1 |
| 1 | 1 | 0 |
| 0 | 1 |
```

図 8-20 10 を 11 と誤った場合の符号配列

error) があり，どのような誤りがいつ発生するかを完全に予測ことは困難である．したがって，どのような誤りにも対処できる高い誤り訂正能力をもった符号が望まれる．こうした符号を構成する場合に用いられるのが，二つ以上の符号を組み合わせることである．符号を組み合わせることにより，比較的簡単な装置で強力な誤り訂正能力をもち，伝送路に適した能力をもった符号が構成できる．

符号を構成する元の数が 0，1 の二つのみである 2 元符号 00，01，10，11 から二つの符号 10，11 を選んで 2 段に並べ，各行（水平方向），各列（垂直方向）ごとに偶数パリティを付加すると，図 8-19 が得られる．この符号を誤って受信し，10，11 が 11，11 になったとすれば，符号の配列は図 8-20 のようになる．図 8-20 において 1 行目の符号は 111 となり 1 の数が奇数となるので，符号誤りがあることが検出できる．また，垂直方向の 2 列目にも誤りがあることが検出できる．その他の行，列については偶数パリティが成立しているため，誤りはないと判断できる．したがって，1 行目と 2 列目の交点①に誤りがあり，これを 0 に修正すれば正しい符号 10 が復元できる．

このように，単一符号誤りが検出できるだけであった偶数パリティ符号を二つ組み合わせることで，誤りを訂正できる符号が構成できる．この場合は，符号の元が 0，1 しかない同じ 2 元符号の組合せで構成した**水平垂直パリティチェック符号**であるが，一般に，元が同じ符号同士を組み合わせた符号を**積符号**（product code）という．

一方，二つの符号の元が異なっている場合，たとえば，8.8 で例にあげた RS (68, 64) 符号（元の数が 256 の 256 元符号）と 8.4 で例にあげたハミング (7, 4)

8.11 連接符号

符号（2元符号）を組み合わせた場合は，**連接符号**（concatenated code），あるいは**鎖状符号**という．

連接符号の構成は積符号と同じように，情報符号 A_{nm} を2次元配列した図8-21のように表現できる．符号化は，まず2次元配列した情報符号を垂直方向に演算して検査符号 Q_1〜Q_9 を求め，誤り訂正符号化する．このようにして得られた垂直方向の符号を**外符号**（outer code）という．

次に，**インタリーブ**（interleave）あるいは**シャフリング**（shuffling）と呼ばれる符号順序の入れ替えを行う．たとえば，図8-22(a)のように配列した符号の順序を図8-22(b)のように入れ替えて伝送し，ある部分に集中した誤りを受けてバースト誤りが発生したとする．この信号を受信し，復号するにあたって，その順序を送信時の順序に入れ替えれば，図8-22(c)に示すように誤りが分散するため，バースト誤りがランダム誤りに変換されることになる．

A_{11}	A_{12}	A_{13}	A_{14}	A_{15}	A_{16}	A_{17}	A_{18}	A_{19}	P_1
A_{21}	A_{22}	A_{23}	A_{24}	A_{25}	A_{26}	A_{27}	A_{28}	A_{29}	P_2
A_{31}	A_{32}	A_{33}	A_{34}	A_{35}	A_{36}	A_{37}	A_{38}	A_{39}	P_3
A_{41}	A_{42}	A_{43}	A_{44}	A_{45}	A_{46}	A_{47}	A_{48}	A_{49}	P_4
A_{51}	A_{52}	A_{53}	A_{54}	A_{55}	A_{56}	A_{57}	A_{58}	A_{59}	P_5
Q_1	Q_2	Q_3	Q_4	Q_5	Q_6	Q_7	Q_8	Q_9	P_6

図 8-21 連接符号の構成

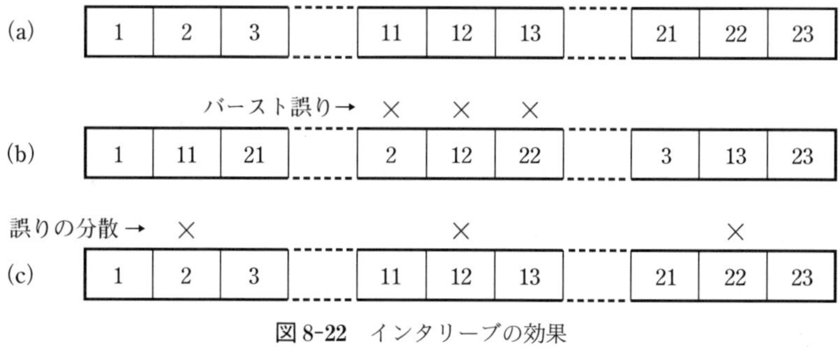

(a) | 1 | 2 | 3 | … | 11 | 12 | 13 | … | 21 | 22 | 23 |

バースト誤り→ × × ×
(b) | 1 | 11 | 21 | … | 2 | 12 | 22 | … | 3 | 13 | 23 |

誤りの分散→ × × ×
(c) | 1 | 2 | 3 | … | 11 | 12 | 13 | … | 21 | 22 | 23 |

図 8-22 インタリーブの効果

A_{11}	A_{16}	A_{22}	A_{27}	A_{33}	Q_6	A_{44}	A_{49}	A_{55}	P_1
A_{12}	A_{17}	A_{23}	A_{28}	Q_5	A_{38}	A_{45}	A_{51}	A_{56}	P_2
A_{13}	A_{18}	A_{24}	Q_4	A_{34}	A_{39}	A_{46}	A_{52}	A_{57}	P_3
A_{14}	A_{19}	Q_3	A_{29}	A_{35}	A_{41}	A_{47}	A_{53}	Q_9	P_4
A_{15}	Q_2	A_{25}	A_{31}	A_{36}	A_{42}	A_{48}	Q_8	A_{58}	P_5
Q_1	A_{21}	A_{26}	A_{32}	A_{37}	A_{43}	Q_7	A_{54}	A_{59}	P_6

図 8-23　インタリーブの例

　さて，外符号の符号化によって得られた検査符号も情報符号として扱い，図 8-21 の符号配列をインタリーブして，図 8-23 のように再配列したとする．この配列の水平方向に演算を行い，$P_1 \sim P_6$ を求め，誤り訂正符号化を行う．水平方向の符号化による符号を**内符号**（inner code）という．

　連接符号の復号は符号化の逆の順序で行う．最初に内符号の復号を行い，次に符号の順序をシャフリング以前の状態に再配置する**デシャフリング**（deshuffling）を行う．最後に外符号の復号を行えば復号が完了する．

8.12　ターボ符号

　1993 年，フランスの C. Berrou らによって発表された**ターボ符号**（turbo code）は，ディジタル通信路において符号を誤りなく伝送できる通信路容量の限界（シャノン限界）に近い符号として注目されている．この符号は，符号化にあたってインタリーブを取り込んだ畳み込み符号による連接符号であり，その構成を図 8-24 に示す．

　図 8-14 に示した畳み込み符号の符号化器では，情報ビットと検査ビットの区別はないが，ターボ符号では情報ビットが図 8-24 に示すようにそのまま出力されている．このように情報ビットと検査ビットが区別され，検査ビットがハミング符号などのように情報ビットからなんらかの関数で求められている符号を**組織符号**（systematic code）という．さて，図 8-14 の畳み込み符号をターボ符号に

図8-24 ターボ符号の符号化器

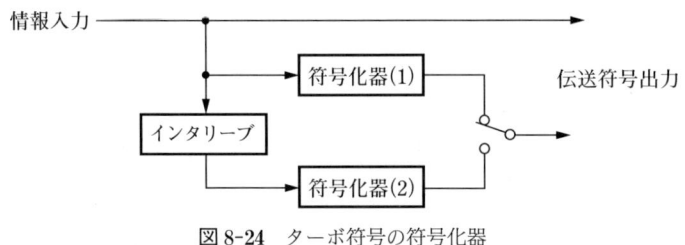

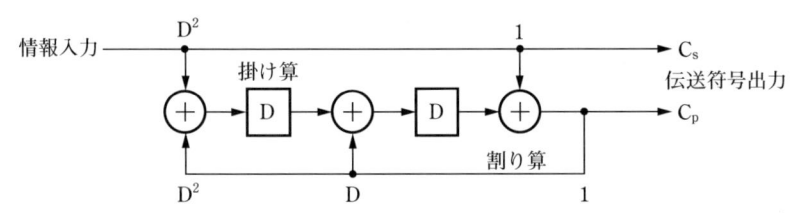

図8-25 組織符号化した畳み込み符号の符号化器の例

適応しようとすれば，組織符号に変換しなければならない．

図8-14の畳み込み符号では，情報入力に対して伝送符号出力は次のようになっていた．

$c_1 = 1 \quad\quad + D^2$
$c_2 = 1 + D + D^2$

いま，これらをともに $1+D+D^2$ で割り，次のような形に変換すれば組織符号が得られ，その符号化器の構成は図8-25のようになる．

$c_s = 1$
$c_p = \dfrac{1 \quad + D^2}{1+D+D^2}$

図8-24の符号化器(2)には，インタリーブによって順序が並べ替えられた情報符号が入力される．したがって，符号化器(2)から得られる検査ビットは，符号化器(1)から得られる値とは異なったものになる．情報入力と符号化器(1)，(2)から得られた検査ビットをそのまま伝送符号とすれば，符号化率1/3のター

ボ符号となるが，符号化率を高くするために検査ビットを図8-24のように交互に切り換えて伝送すれば，符号化率1/2の符号が得られる．

畳み込み符号の連続する符号化データをブロックに分割し，特定の位置のシンボルをブロックごとに周期的に消去すれば，符号化率の高い符号を構成することができる．このように符号をパンクさせて得られる符号を**パンクチュアド符号**（punctured convolutional code）という．パンクチュアド符号は伝送路の状態に応じ，伝送路の状態がよい場合には誤り訂正能力は低くなるが符号化率の高い符号にして情報量を多く，反対に伝送路状態が悪い場合には情報量は少なくなるが誤り訂正能力を高くして確実に情報が伝達できるようにする適応符号化が比較的容易に行える．図8-24から得られるターボ符号は，検査ビットを交互に切り換えて検査ビットを間引いているため，符号化率1/2のターボ符号はパンクチュアド符号化と同じになる．

いま，送信シンボルを x ($x=a_1, a_2, \cdots, a_i, \cdots, a_n$)，受信シンボルを y ($y=b_1, b_2, \cdots, b_j, \cdots, b_m$) としよう．かりに，送信シンボル $x=a_i$ が送信され受信シンボルが $y=b_j$ であったとき，伝送路にノイズが存在しなければ受信シンボルは $b_j=a_i$ であると判定できる．しかし，一般に伝送路にはノイズが存在し，受信シンボルにはノイズが加算されているため，b_j は $a_1, a_2, \cdots, a_i, \cdots, a_n$ のどれであるかを判断しなければならない．そこで，受信シンボルが $y=b_j$ である条件の下で，送信されたシンボルが $x=a_i$ であったとする条件付き確率 $P(x=a_i|y=b_j)$ から送信シンボルを推定して判定することにする．これは，受信シンボルが $y=b_j$ という結果をもたらした原因である送信シンボル $x=a_i$ を推定する**事後確率**（aposteriori probability）から判定することになる．

条件付き確率 $P(x=a_i|y=b_j)$ は，**ベイズの定理**（Bayes' rule）によって次のように表せる．

$$P(x=a_i|y=b_j)=\frac{P(x=a_i \cap y=b_j)}{P(y=b_j)}=\frac{P(x=a_i)\cdot P(y=b_j|x=a_i)}{P(y=b_j)}$$

この式における分母の $P(y=b_j)$ は次のようになり，送信シンボル $x=a_i$ にかかわらず共通の値となる．

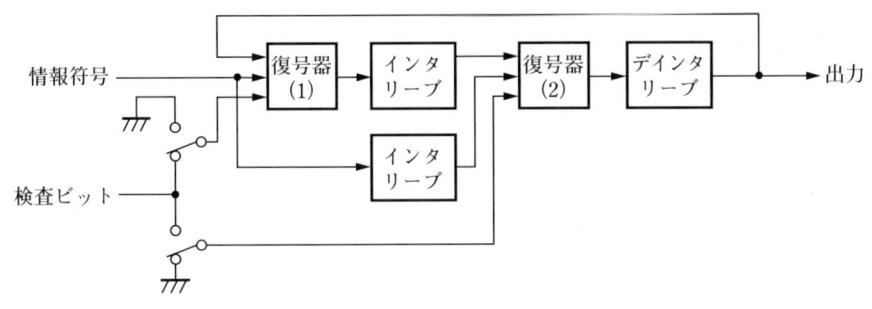

図 8-26 ターボ符号の復号器

$$P(y=b_j)=\sum_{i=1}^{n} P(y=b_j \cap x=a_i)=\sum_{i=1}^{n} P(x=a_i) \cdot P(y=b_j|x=a_i)$$

したがって，送信シンボルの生起確率（事前確率）$P(x=a_i)$ と，伝送路の状態による送信シンボルへの影響を推定する前向きの条件付き確率 $P(y=b_j|x=a_i)$ から，事後確率は次式のように求めればよいことになる．

$$P(x=a_i|y=b_j)=P(x=a_i) \cdot P(y=b_j|x=a_i)$$

ターボ符号の復号は，事後確率が最大になる送信シンボルが受信されたと判断する**最大事後確率復号**（Maximum A posteriori Probability decoding：**MAP復号**）が用いられ，図8-26に示すように復号結果も事後確率を求めるための条件として利用し，繰り返し行われる．

図8-26の復号器(1)，復号器(2)はMAP復号器である．復号器(1)は図8-24に示す符号化器(1)に対する復号器であり，復号器(2)は符号化器(2)に対する復号器である．復号器(2)の入力ではインタリーブが行われているが，これは符号化器で行われるインタリーブに対応するため，符号化器と同一パターンで行われる．また，復号器(2)の出力で行われるデインタリーブによって，符号の順序は送信された順序に復元される．

パワーアップに排気ガスを利用するターボエンジンのように，復号結果（排気ガス）をも復号精度を上げるために利用することから，ターボ符号と名付けられている．

参考文献

[1] 宮川洋，岩垂好裕，今井秀樹：符号理論，昭晃堂 (1973)

[2] 今井秀樹：符号理論，電子情報通信学会 (1990)

[3] 松尾憲一：ディジタル放送技術，東京電機大学出版局 (1997)

[4] 笹野　博：誤り訂正符号2（トレリス符号），テレビジョン学会関西支部専門講習会講演論文集 (1994-10)

[5] 羽物俊秀：わかりやすいディジタル符号の誤り検出と誤り訂正の話，放送技術 (1983.6〜1984.4)

[6] William E. Ryan: A Turbo Code Tutorial, http://www.ece.arizona.edu/~ryan/turbo2c.pdf

[7] 笹岡秀一編：移動通信，オーム社 (1998)

第9章

第3世代移動体通信システム

9.1　IMT-2000

　現在使用されている第2世代の携帯電話は各国が個別に開発し独自に発展したため，世界にはいろいろな方式が混在している．各地域が互いに異なった方式を採用しているために互換性はなく，1台の携帯電話を世界中のどこへでも移動して自由に使えるような標準方式は存在しない．ちなみに，独自の **PDC**（Personal Digital Cellular）方式を使用する日本の第2世代携帯電話は，日本国内のみでしか使用できない．このような問題を解決するため，国連の下部機関である **ITU-R**（International Telecommunication Union Radiocommunication sector：国際電気通信連合無線通信部門）において，1985年から標準化作業を行ってきたのが第3世代の移動体通信システム **IMT-2000**（International Mobile Telecommunications-2000）である．**FPLMTS**（Future Public Land Mobile Telecommunication Systems）の名称でスタートしたが，実現が近づくにつれfutureではなくなり，1997年にIMT-2000に改称した．この名称は2000 MHz周辺の周波数帯を使用し，伝送ビットレート2000 kbpsの通信を2000年に規格化することを目標としたことから名付けられている．

　IMT-2000の標準化にあたって，当初は単一の世界共通規格を目指し，次のような目標が掲げられた．

　　① 国際ローミング（roaming）が可能なこと．
　　② 固定電話と同等の高品質音声通話が可能なこと．
　　③ マルチメディア（multimedia）に対応できる高速データ通信が可能

なこと（伝送ビットレート：静止状態のような屋内環境で2 Mbps，歩行時のような低速移動環境で384 kbps，車で移動中のような高速移動環境で144 kbps）．

ITU-Rがこれらの要求を満足するシステムの提案を募ったところ，いろいろな国からさまざまな提案があった．しかし，これらの提案をまとめ上げ，IMT-2000の地上無線システムを単一規格にすることはできず，2000年5月，次の5方式がITU-Rから勧告（ITU-R Recommendation M.1457）された．

(1) **IMT-DS**（IMT-Direct Spread）

3GPP（3rd Generation Partnership Project：日本の**ARIB**（Association of Radio Industries and Businesses：電波産業会），ヨーロッパの**ETSI**（European Telecommunication Standards Institute：ヨーロッパ電気通信標準化機構）などで構成した標準化機関）が提案した**UTRA**（UMTS（Universal Mobile Telephone System）Terrestrial Radio Access：ヨーロッパ版**WCDMA**（Wideband CDMA））と日本版**W-CDMA**を統合した方式．**DS-CDMA**ともいわれ，復信方式は**FDD**（Frequency Division Duplex）．

(2) **IMT-MC**（IMT-Multi Carrier）

3GPP2（アメリカ**TIA**（Telecommunication Industry Association：全米通信機器工業会）などで構成する標準化機関）が提案した**cdma2000**方式．**MC-CDMA**ともいわれ，復信方式は**FDD**（Frequency Division Duplex）．

(3) **IMT-TC**（IMT-Time Code）

中国の**CWTS**（China Wireless Telecommunication Standard group）が提案．一般に**UTRA-TDD**，あるいは**TD-SCDMA**（Time Division Synchronous CDMA）といわれ，復信方式に**TDD**（Time Division Duplex）を使用するCDMA．

(4) **IMT-SC**（IMT-Single Carrier）

上記三つのCDMA方式に対して，アメリカ**TIA**の提案によるTDMA方式．一般に**UWC-136**（Universal Wireless Communications 136）と称される．AT&T，ERICSSON，NOKIA，Motorola，三菱電機，ソニーなど，2001年

3月1日現在,114社で構成するUWCC (UWC Consortium) の規格.

(5) IMT-FT(IMT-Frequency Time)

ETSIの提案した日本のPHS (Personal Handy-phone System) に類似するヨーロッパのDECT (Digital European Cordless Telephone) を発展させたTDMA方式.

日本では,上記5方式の中から(1)と(2)のCDMA-FDDを標準方式に採用し,使用周波数帯域は1,920〜1,980 MHz(上り回線),2,110〜2,170 MHz(下り回線)の合計120 MHz幅を割り当てている.三つの通信事業者に20 MHzずつ割り当て,送受信間隔190 MHzをペアとして使用する.

二つの標準方式の諸元を比較すると表9-1になる.

IMT-DS(W-CDMA)は単一の搬送波を直接拡散するスペクトラム拡散方式であるが,IMT-MC(cdma 2000)は名前のとおり,複数のスペクトラム拡散された搬送波を基地局から移動局への伝送(下り回線)に使用することができる.したがって,二つの方式のスペクトラムを比較すると,図9-1のようにな

表9-1　W-CDMAとcdm 2000の比較

	IMT-DS(W-CDMA)	IMT-MC(cdma 2000)
周波数帯域幅	5 MHz	1.25 MHz(1 X) 5 MHz　(3 X)
チップレート	3.84 Mcps	1.2288 Mcps(1 X) 3.6864 Mcps(3 X)
データ変調	下り QPSK 上り BPSK	下り QPSK 上り BPSK
拡散変調	下り QPSK 上り HPSK※	下り QPSK 上り HPSK
基地局間同期	非同期(同期運用も可)	同期(必須)
誤り訂正符号	畳み込み符号 ターボ符号(高速データ伝送)	畳み込み符号 ターボ符号(高速データ伝送)

※ HPSK(Hybrid PSK:チップごとにQPSKとπ/2シフトBPSKを繰り返すハイブリッドPSK)

方 式	スペクトラム	
	上り	下り
IMT-DS (W-CDMA)	3.84 Mcps	3.84 Mcps
IMT-MC (cdma 2000 3X)	3.6864 Mcps	1.2288 Mcps×3
IMT-MC (cdma 2000 1X)	1.2288 Mcps	1.2288 Mcps

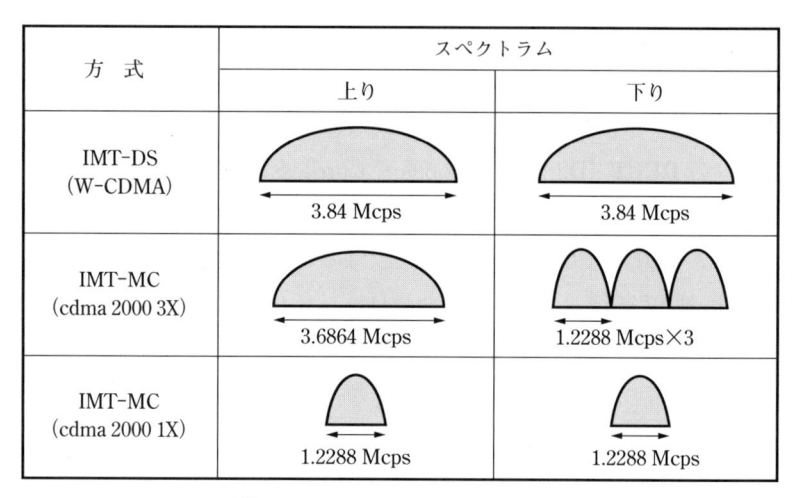

図 9-1　CDMA のスペクトラム比較

る．

なお，cdma 2000 では単一搬送波モードを **1 X**，三つの搬送波を使用するモードを **3 X** と呼んでいる．

9.2　IMT-DS（W-CDMA）

W-CDMA は，基地局間非同期の周波数分割復信方式による単一搬送波の直接スペクトラム拡散方式である．表 9-1 に示すように，基地局（BS：Base Station，3 GPP では node B と呼んでいる）から移動局（MS：Mobile Station，3 GPP では **UE**（User Equipment）と呼んでいる）（下り回線）へのデータ変調には QPSK，移動局から基地局（上り回線）へは BPSK を使用している．また，上り回線の拡散変調には後述する **HPSK**（Hybrid PSK）を使用し，**4.6** で述べた $\pi/4$ シフト QPSK のように包絡線の振幅が 0 になるのを避けて，電力増幅器の負担が軽くなるようにしている．

音声符号化では **ACELP**（Algebraic CELP，6.6 参照）をベースにしたマルチレート符号化である **AMR**（Adaptive Multi-Rate）が採用されている．

9.2 IMT-DS（W-CDMA）

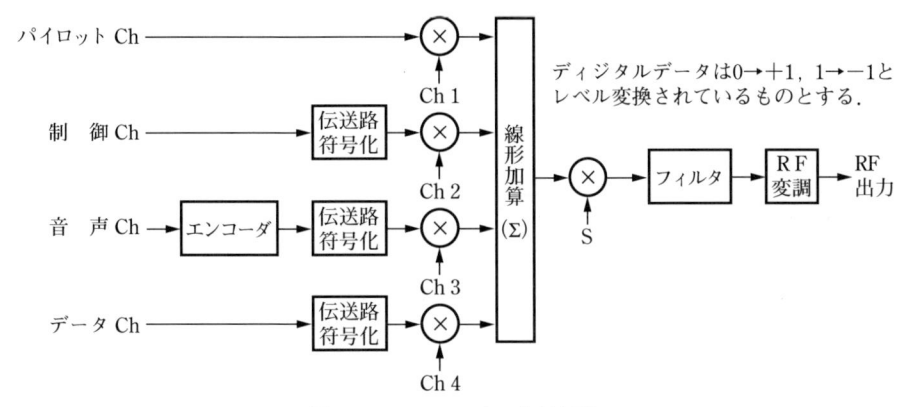

図 9-2 CDMA による無線伝送

AMR には 4.75, 5.15, 5.90, 6.70, 7.40, 7.95, 10.2, 12.2 kbps の八つの符号化レートがある．12.2 kbps における動作では，他の方式と比較して最も高い音声品質を実現しているとされ，通信条件に適合した最適ビットレートを選択できるようにしている．

一般に，CDMA の無線伝送は図 9-2 のように行われる．伝送するデータチャネルはチャネルごとに伝送路符号化が行われ，伝送途中の符号誤りに対する保護処理が施される．周波数分割ならば，異なる周波数の副搬送波で変調すれば各チャネルの識別が可能になるように，CDMA では各チャネルデータに異なったチャネル識別符号 Ch（W-CDMA ではチャネライゼーションコード（channelization code）といい，直交符号を使用）を乗算してスペクトラム拡散し，符号分割によってチャネル識別を可能にしている．チャネルの合成は，スペクトラム拡散された各チャネルを単純に線形加算することによって行われる．したがって，合成信号は2値のディジタル信号ではなく，すべてのチャネル数を N とすれば $+N$ から $-N$ の値をもつディジタル信号になる．

この線形加算出力は，1人のユーザに関する情報である．複数のユーザが同一周波数帯を共有する CDMA では，ユーザを識別するために，チャネル識別符号とは別にユーザ固有の識別符号 S（W-CDMA ではスクランブルコード

(scrambling code) と呼び，Gold 符号を使用) を加算出力に乗算する．ユーザ識別が可能になった信号はフィルタによって帯域制限が行われ，RF変調を行い無線伝送される．

9.2.1　無線インタフェース

W-CDMA における基地局と移動局間のデータ伝送は，**無線インタフェース** (radio interface or air interface) を経由して行われる．無線インタフェースの構築には，**ITU-T**（International Telecommunication Union Telecommunica-

表 9-2　OSI 参照モデルの 7 階層と機能

階層		機能
レイヤ 7	アプリケーション層 (application layer)	もう一つ上位のレイヤ 8 ともいえる人間が使用するコンピュータ通信，音声通信などのアプリケーションと機械とのインタフェースを構築．
レイヤ 6	プレゼンテーション層 (presentation layer)	機種によって異なる符号形式のデータをネットワークで使用する統一した符号形式に変換，およびデータの暗号化，圧縮する機能．
レイヤ 5	セション層 (session layer)	通信の継続中は送受間で送信要求，応答などの同期をとることが必要．通信の開始から終了まで (session という) の同期管理の機能．
レイヤ 4	トランスポート層 (transport layer)	一連のデータ列を伝送に適した形への分割と再構築，分割したデータの伝送時の異常監視，異常時の再送要求などデータ伝送の信頼性確保．
レイヤ 3	ネットワーク層 (network layer)	伝送できるデータサイズ，宛先，発信元のアドレス指定法など，仕様の異なるネットワーク (複数) をまたがって端末を相互接続する機能を構築．
レイヤ 2	データリンク層 (data link layer)	宛先，発信元，データの境界の認識，データ誤りの制御など，同一ネットワーク (data link) に接続された端末間を相互接続する機能の構築．
レイヤ 1	物理層 (physical layer)	データのパルス列の電圧，波形，変調方式などネットワークを流れる電気的特性，ケーブルの特性，コネクタの形状など物理的な仕様を規定．

9.2 IMT-DS (W-CDMA)

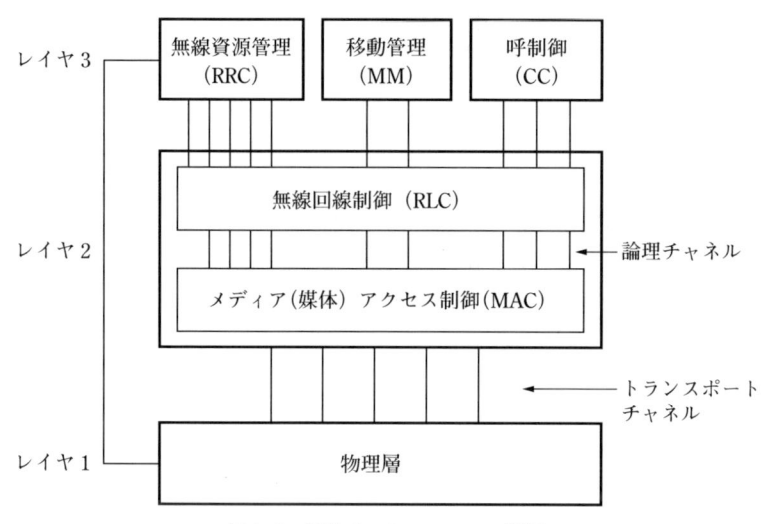

図9-3 無線インタフェースの階層

tion standardization sector：国際電気通信連合電気通信標準化部門）や **ISO** (International Organization for Standardization：**国際標準化機構**）がプロトコル（protocol）作成のための基本的な概念・構造について提唱した，表9-2に示す **OSI 参照モデル**（Open Systems Interconnection basic reference model：開放型システム間相互接続基本参照モデル）が有効である．

表9-2の各階層では，隣接する上下の階層との間のみがインタフェースで接続され，2階層以上離れた階層には影響を与えないようになっている．したがって，各階層を互いに独立して扱えるため，機能の拡張を容易に可能にしている．

無線インタフェースの構成も OSI 参照モデルにしたがっている．OSI 参照モデルの7階層のうち，無線インタフェースに関わるのはレイヤ3，レイヤ2，レイヤ1の3階層である．しかし，無線インタフェースに OSI 参照モデルを適用するには，移動体通信に固有の機能も加味しなければならない．

レイヤ3（ネットワーク層）の機能はネットワークと移動局を接続することであり，**RRC**（Radio Resource Control：無線資源管理），**MM**（Mobility Management：移動管理），**CC**（Call Control：呼制御）の独立した三つの機能から

表9-3　論理チャネル

名称		用途
CCH (Control Channel)	BCCH (Broadcast Control Channel)	下り回線におけるシステム制御情報の報知チャネル.
	PCCH (Paging Control Channel)	下り回線における呼出し制御情報チャネル.
	CCCH (Common Control Channel)	移動局と基地局が共通で使う双方向の制御チャネル.
	DCCH (Dedicated Control Channel)	移動局と基地局が1対1で使う双方向の個別制御チャネル.
TCH (Traffic Channel)	DTCH (Dedicated Traffic Channel)	一つの移動局が情報伝送のために個別に使う双方向チャネル.
	CTCH (Common Traffic Channel)	全移動局または特定の移動局に対して情報伝送を行う1対複数局通信のための片方向チャネル.

表9-4　トランスポートチャネル

名称	用途
DCH (Dedicated Channel)	ユーザデータを伝送するために移動局に割り当てられた個別チャネル.
BCH (Broadcast Channel)	システム情報などを伝送する下り方向の報知チャネル.
FACH (Forward Access Channel)	制御情報,ユーザデータの伝送に使用する下り方向の共通チャネル.複数の移動局で共有し,主に低レートデータ伝送に使用.
PCH (Paging Channel)	呼出し信号の伝送を行う下り方向の共通チャネル.
RACH (Random Access Channel)	制御情報,ユーザデータの伝送に使用する上り方向の共通チャネル.他の通信を気にせずにランダムにアクセスする低レートの伝送に使用.
CPCH (Common Packet Channel)	高レートのユーザデータを伝送する,ランダムアクセスの上り方向の共通チャネル.
DSCH (Downlink Shared Channel)	複数の移動局が共有して使用する,高レートのデータを伝送する下り方向の共通チャネル.

構成される．RRC は，送信電力制御（transmitter power control）などの無線資源の制御を行う．これに対し，MM は移動局の位置登録などの移動性を管理し，CC は固定電話回線にも共通の呼制御，開放などの制御を行う．三つの機能のうち，無線アクセスの対象となるのは RRC である．

レイヤ 2（データリンク層）は **RLC**（Radio Link Control：無線回線制御）と **MAC**（Medium Access Control：メディア（媒体）アクセス制御）の二つのサブレイヤで構成される．MAC の機能は，移動局と無線ネットワーク制御装置（**RNC**：Radio Network Contoroller equipment，基地局と交換機ネットワークであるコアネットワーク（core network：地上固定回線），および他の RNC とインタフェースで結ばれている）との間で 1 対 1 のデータ転送を行うことであり，RLC は移動局と RNC の伝送速度の違いによるデータ溢れの防止（flow control），重複データの検出，誤り検出，訂正など，データを誤りなく転送するための制御を行うことである．

レイヤ 1（物理層）の機能は，上位レイヤで構成された各種伝送データの無線伝送路による伝送である．このため，拡散変復調，閉ループ送信電力制御（受信側で受信信号の品質を測定し，受信側が送信電力の制御信号を送り返して相手の送信電力制御を行う）などを行うことである．

各階層の関係を図示すれば図 9-3 になる．レイヤ 2 の RLC と MAC の間は**論理チャネル**（logical channel），レイヤ 2 とレイヤ 1 の間は**トランスポートチャネル**（transport channel）で結ばれている．また，レイヤ 1 とノード（node：移動局および基地局の総称）間の通信を行うのが**物理チャネル**（physical channel）である．

論理チャネルは情報の内容であり，最終的にはトランスポートチャネルを経由して物理チャネルから無線伝送される．論理チャネルは制御チャネル（CCH：Control Channel）と通話（情報）チャネル（TCH：Traffic Channel）で構成され，表 9-3 に示すようなチャネルが用意されている．

トランスポートチャネルの機能は，音声，画像，データなど，それぞれデータレートあるいは伝送形態の異なる論理チャネルの情報を MAC サブレイヤで対応

```
基地局 (BS)                                                                    移動局 (UE)

    ┌─ P-CCCH (Primary Common Control Channel) ──────────→
    │  SCH   (Synchronization Channel)
    ├─ CPICH (Common Pilot Channel) ──────────────────────→
    ├─ S-CCPCH (Secondary Common Control Physical Channel) →
    ├─ PICH  (Paging Indication Channel) ─────────────────→
    ←─ PRACH (Physical Random Access Channel) ────────────
    ├─ AICH  (Acquisition Indication Channel) ────────────→
    ←─ PCPCH (Physical Common Packet Channel) ────────────
    ├─ AP-AICH (Access Preamble Acquisition Channel) ─────→
    ├─ CD/CA-ICH (CPCH Collision Detection/Channel Assign Indicator Channel) →
    ├─ CSICH (CPCH Status Indicator Channel) ─────────────→
    ←→ DPDCH (Dedicated Physical Data Channel)
    ←→ DPCCH (Dedicated Physical Control Channel)
    ├─ PDSCH (Physical Downlink Shared Channel) ──────────→
```

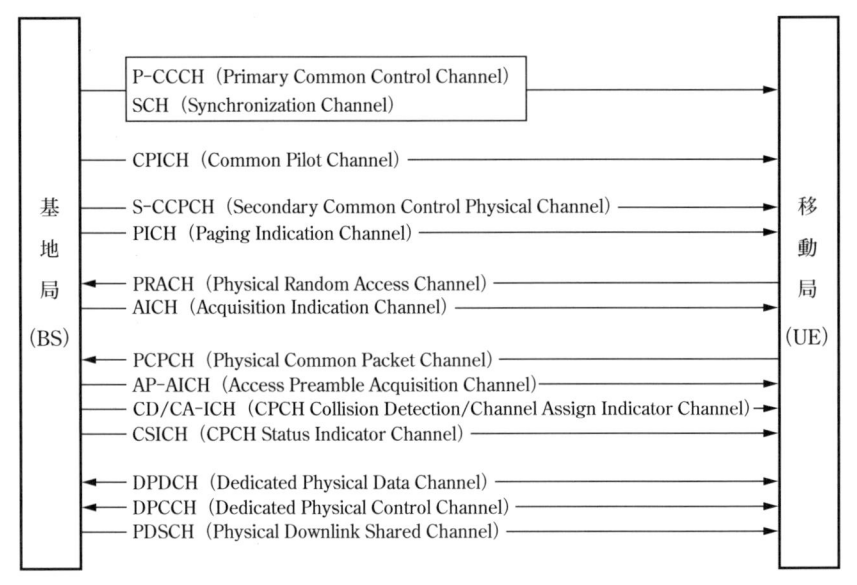

図 9-4 W-CDMA の物理チャネル

づけ (mapping：**マッピング**) て物理チャネルに結びつけることであり，表 9-4 に示すようなチャネルが用意されている．

　物理チャネルは図 9-4 に示すように基地局と移動局間の通信を行うチャネルであり，トランスポートチャネルのデータを無線伝送路において伝送することである．これら物理チャネルは，それぞれ異なったチャネル識別用の拡散符号（チャネライゼーションコード）によりスペクトラム拡散され，符号分割多重により並列伝送される．

　各物理チャネルは，後述するように無線フレーム，タイムスロットで構成する階層構造になっており，関連するデータを時分割により多重化している．

　論理チャネルは MAC サブレイヤで多重化されてトランスポートチャネルとなり，トランスポートチャネルは物理レイヤにおいて多重化されて物理チャネルとなる．表 9-5 に示す主な物理チャネルとトランスポートチャネル，論理チャネルのマッピングの様子を図 9-5 に示す．

9.2 IMT-DS (W-CDMA)

表 9-5 主な物理チャネル

名 称	用 途
DPCH (Dedicated Physical Channel)	移動局に対して個別に割り当てられた固有のデータ伝送チャネル．制御とデータ用の二つのチャネルで構成される双方向チャネル．
PRACH (Physical Random Access Channel)	低レートのデータ伝送に使用する上り方向の共通チャネル．
PDSCH (Physical Downlink Shared Channel)	高レートのデータ伝送に使用する下り方向の共通チャネル．各基地局に複数（0 でもよい）が存在可能．
P-CCPCH (Primary Common Control Physical Channel)	報知情報の伝送に使用する下り方向の共通チャネル．各基地局に一つ存在する．
S-CCPCH (Secondary Common Control Physical Channel)	呼出し信号および低レートのデータ伝送に使用する下り方向の共通チャネル．各基地局に複数の存在可能．

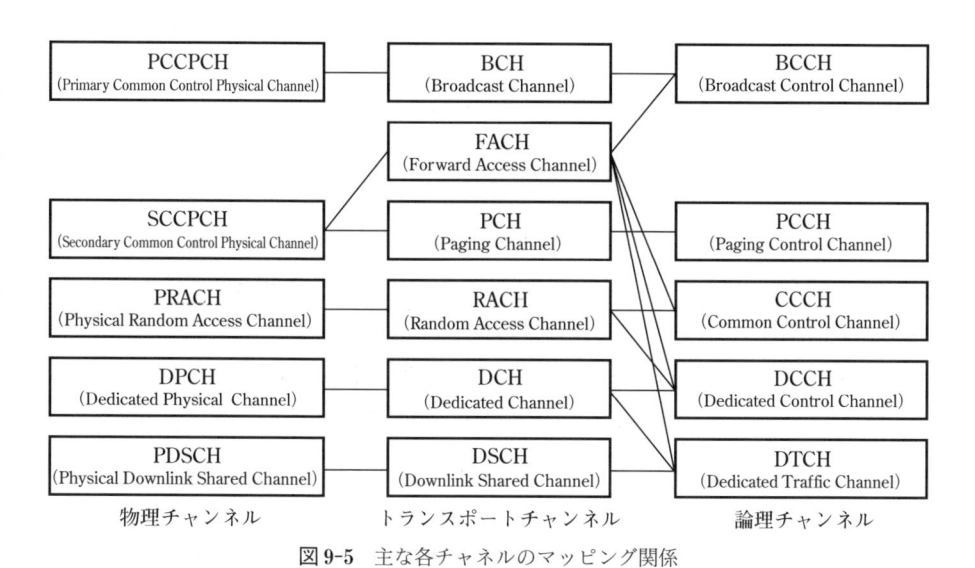

物理チャネル	トランスポートチャネル	論理チャネル
PCCPCH (Primary Common Control Physical Channel)	BCH (Broadcast Channel)	BCCH (Broadcast Control Channel)
	FACH (Forward Access Channel)	
SCCPCH (Secondary Common Control Physical Channel)	PCH (Paging Channel)	PCCH (Paging Control Channel)
PRACH (Physical Random Access Channel)	RACH (Random Access Channel)	CCCH (Common Control Channel)
DPCH (Dedicated Physical Channel)	DCH (Dedicated Channel)	DCCH (Dedicated Control Channel)
PDSCH (Physical Downlink Shared Channel)	DSCH (Downlink Shared Channel)	DTCH (Dedicated Traffic Channel)

図 9-5　主な各チャネルのマッピング関係

9.2.2 データフレーム構成

　無線伝送信号である物理チャネルは，信号処理の最小単位である 10 ms 長の**無線フレーム**と，フレームを分割した 15 の**タイムスロット**からなる階層構造で構成されている．タイムスロットは物理層におけるビット列の最小単位であり，送信電力制御，あるいはチャネル推定処理（フェージングによる受信信号の位相変動，および振幅変動を推定すること）の最低単位になる．W-CDMA のチップレートは表 9-1 に示すように 3.84 Mcps であるから，1 フレームは 38,400 チップ，1 タイムスロットは 2,560 チップになる．

　表 9-1 に示すようにデータ変調は上り回線が BPSK，下り回線が QPSK となっているため，物理チャネルのフレーム構成も上り回線と下り回線では異なっている．例として，DPCH (Dedicated Physical Channel) のフレーム構成を図 9-6 に示す．DPCH はユーザ情報である DPDCH (Dedicated Physical Data Channel) と制御情報である DPCCH (Dedicated Physical Control Channel) から構成されている．

　図 9-6(a) に示すように上り回線では，DPDCH と DPCCH はそれぞれ後述する拡散変調によって I (In-phase) 軸と Q (Quadrature phase) 軸上に **I/Q 多重**される．DPCCH のデータ伝送レートは 15 kbps で常に一定値であり，拡散率 (SF) 256 の固定値で拡散される．一方，DPDCH は情報量によりデータ伝送レート，拡散率も変化する．1 スロットあたりの情報ビット数を 10×2^k ($k=0\cdots6$) とすると，情報ビット数に対して拡散率は $256/2^k$ を対応させている．したがって，データ伝送レートは 15 kbps〜960 kbps，これに対応する拡散率は 256〜4 になる．このように I 軸と Q 軸は異なった伝送レートの情報を伝送することになり，DPDCH と DPCCH はそれぞれ BPSK 変調されることになる．

　DPDCH と DPCCH は個別の BPSK で I/Q 多重されているため，伝送情報 DPDCH が存在しない場合でも，制御情報 DPCCH を連続して送信することにより送信が途切れないようにしている．これによって，間欠送信による外部機器への障害を軽減することができる．

　なお，この段階の I 信号，Q 信号はともにまだベースバンド信号であり，搬

9.2 IMT-DS (W-CDMA)

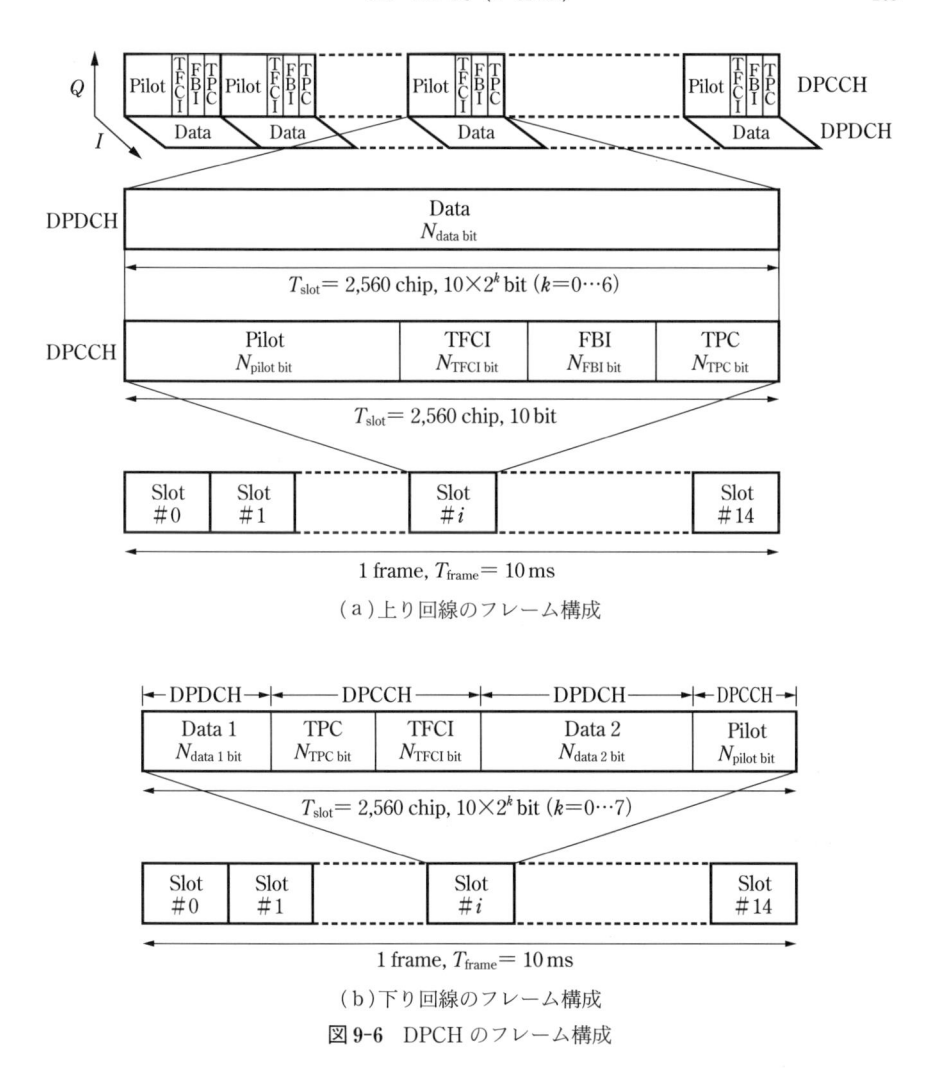

(a) 上り回線のフレーム構成

DPCCH: Pilot / TFCI / FBI / TPC
DPDCH: Data

DPDCH: Data, $N_{\text{data bit}}$

$T_{\text{slot}} = 2{,}560\,\text{chip},\ 10 \times 2^k\,\text{bit}\ (k=0\cdots 6)$

DPCCH: Pilot $N_{\text{pilot bit}}$ / TFCI $N_{\text{TFCI bit}}$ / FBI $N_{\text{FBI bit}}$ / TPC $N_{\text{TPC bit}}$

$T_{\text{slot}} = 2{,}560\,\text{chip},\ 10\,\text{bit}$

Slot #0, Slot #1, …, Slot #i, …, Slot #14

1 frame, $T_{\text{frame}} = 10\,\text{ms}$

(b) 下り回線のフレーム構成

DPDCH: Data 1 $N_{\text{data 1 bit}}$ | DPCCH: TPC $N_{\text{TPC bit}}$ / TFCI $N_{\text{TFCI bit}}$ | DPDCH: Data 2 $N_{\text{data 2 bit}}$ | DPCCH: Pilot $N_{\text{pilot bit}}$

$T_{\text{slot}} = 2{,}560\,\text{chip},\ 10 \times 2^k\,\text{bit}\ (k=0\cdots 7)$

Slot #0, Slot #1, …, Slot #i, …, Slot #14

1 frame, $T_{\text{frame}} = 10\,\text{ms}$

図 9-6 DPCH のフレーム構成

送波を変調した無線周波の BPSK ではない．しかし，直列データ 0, 1 を +1, −1 に変換し，無線周波の BPSK 変調器を直接駆動できる信号形式に処理されているため，ベースバンドの段階ですでに BPSK と呼んでいる．

W-CDMA における位相検波は，同期検波を使用する．同期検波では，第 4 章で述べたように位相基準となる搬送波を再生しなければならない．そのため受

信機の搬送波発振器の位相基準を与え，また，受信信号の振幅変動をチェックするためのパイロットビット（**Pilot**）を挿入している．

TFCI（Transport Format Combination Indicator）は，受信フレームのDPDCHに多重されているトランスポートチャネルの数，各トランスポートチャネルのフォーマット形式を示す情報である．

できる限り小型化が求められる携帯端末の受信機において，ダイバーシティ受信を行うのは困難である．このため，一つの移動局に対して基地局から複数のアンテナを使用して信号を送信すれば，移動局においてはダイバーシティ受信を行ったのと同等の効果を得ることができる．このように送信側で行うダイバーシティ（**送信ダイバーシティ**）のために移動局から基地局に対して伝送される制御信号が **FBI**（Feedback Information）である．

TPC（Transmit Power Control）は，名前の通り遠近問題を解決するために行う送信電力制御のための信号である．各タイムスロットに挿入されているため，電力制御は $666.7\,\mu s$ ごとに実行される．

下り回線では上り回線とは異なり，図9-6(b)に示すようにDPDCHとDPCCHは時分割多重され，また，データ変調はQPSKである．

9.2.3　伝送路符号化とレートマッチング

伝送路符号化（channel coding）とは，伝送途中において発生したデータ誤りを受信側で検出，あるいは誤りの訂正が可能な符号にすることである．音声のように通信中に情報の中断が許されない場合には，誤り訂正符号が有効である．一方，データ通信のように受信データの遅延がある程度許される状況ならば，誤りを検出し，送信側に同一データの再送信を要求する **ARQ**（Automatic Repeat Request：**自動再送要求**）が有効な手段となる．

誤りの検出には，8.3で述べたように **CRC**（Cyclic Redundancy Check）符号を付加する方法が用いられる．

MAC層と物理層間のデータ伝送を行うトランスポートチャネルは，データ処理の基本単位である**トランスポートブロック**（transport block）に分割される．

トランスポートブロックはCRCを計算する単位であり，**トランスポートブロック長**（transport block size）は上位層から送られる信号に支配され，ビット単位で定義される．たとえば，トランスポートチャネル下り回線のBCH（Broadcast Channel）では，トランスポートブロック長は246ビット，CRCは16ビット，符号化率1/2の畳み込み符号で伝送路符号化が行われる．BCHが図9-24のP-CCPCHにマッピングされるまでを表すと，図9-7のように図示できる．

CRCビットには24，16，12，8，0が規定されており，それぞれに対して次のような生成多項式によって生成される．

$$G_{CRC24} = x^{24} + x^{23} + x^6 + x^5 + x + 1$$
$$G_{CRC16} = x^{16} + x^{12} + x^5 + 1$$
$$G_{CRC12} = x^{12} + x^{11} + x^3 + x^2 + x + 1$$
$$G_{CRC8} = x^8 + x^7 + x^4 + x^3 + x + 1$$

CRCを付加した後に誤り訂正符号化が行われる．誤り訂正符号には畳み込み符号とターボ符号の2種類が使い分けられている．動画像のように高速伝送が必要であり，なおかつ高品質を要求される場合には拘束長4，符号化率1/3の**ターボ符号**が，音声などの低速伝送の場合には拘束長9，符号化率1/2または1/3の**畳み込み符号**が使用される．これらの符号化法は，トランスポートチャネルが伝送する伝送レート，品質によって使い分けられる．

物理チャネルには伝送レート，要求される**QoS**（Quality of Service：BER（Bit Error Rate：ビット誤り率）などの通信品質）の異なったトランスポートチャネルが多重化されるが，フェージングを伴った伝送路を使用せざるを得ない移動体通信においては，送信（受信）電力，あるいは変調方式を変化させてQoSを一定にすることが可能である．しかし，一つの無線フレーム（10 ms）区間における受信電界強度に大きな変化はなく，所要QoSを得るために物理チャネルに多重化される情報ビットの数を変化させるようにする．このような処理を**レートマッチング**（rate matching）という．

たとえば，データ伝送のように高品質を要求されるがリアルタイム通信が必ずしも必要でない場合には，データビット列に対して一定周期でビットを繰り返し

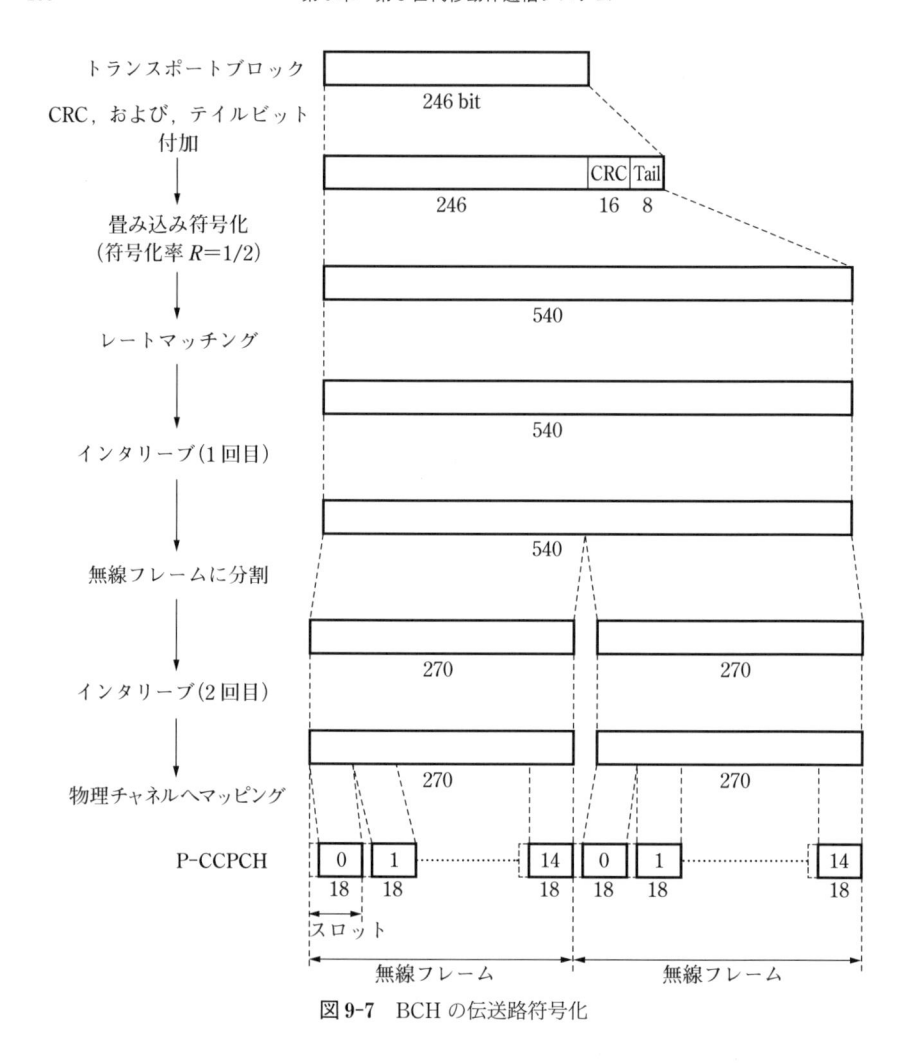

```
トランスポートブロック          ┌──────────────────┐
                              │    246 bit       │
CRC，および，テイルビット       └──────────────────┘
        付加                            │
                              ┌──────────────┬───┬──┐
                              │              │CRC│Tail│
                              └──────────────┴───┴──┘
          │                      246         16  8
          ▼
    畳み込み符号化
   （符号化率 R=1/2）
          │                   ┌────────────────────────┐
          ▼                   │          540           │
    レートマッチング           └────────────────────────┘
          │
          ▼                   ┌────────────────────────┐
   インタリーブ(1回目)          │          540           │
                              └────────────────────────┘
          │
          ▼                   ┌────────────────────────┐
  無線フレームに分割            │          540           │
                              └────────────────────────┘
          │
          ▼               ┌────────────┐  ┌────────────┐
   インタリーブ(2回目)      │    270     │  │    270     │
                          └────────────┘  └────────────┘

  物理チャネルへマッピング  ┌────────────┐  ┌────────────┐
                          │    270     │  │    270     │
                          └────────────┘  └────────────┘
       P-CCPCH   │0│1│ ……… │14│ │0│1│ ……… │14│
                  18 18     18   18 18     18
                  └スロット┘
                  └─無線フレーム─┘ └─無線フレーム─┘
```

図 9-7　BCH の伝送路符号化

挿入するレピティション（repetition）によって伝送誤りに対処し，逆に音声通信のように伝送遅延を避けなければならない場合には，誤り訂正符号のビット列から一定周期でビットを間引くパンクチュア（puncture）が行われる．

9.2.4　拡散符号

W-CDMA では，拡散符号に**チャネライゼーションコード**（**channelization code**）と**スクランブルコード**（**scrambling code**）の2種類を使用している．チャネライゼーションコードはデータシンボル長を繰り返し周期とする4チップ〜512チップの**ショートコード**（short code）であり，スクランブルコードは38,400チップ（周期10 ms）の**ロングコード**（long code）である．

チャネライゼーションコードは物理チャネルの拡散変調に使用され，上り回線では基地局において移動局の送り出している物理チャネルの識別に，下り回線では基地局が送り出している物理チャネルの識別に使用される．

各移動局および基地局には固有の異なったスクランブルコードが割り当てられ，上り回線では基地局において移動局を識別する．また，下り回線では移動局はスクランブルコードからどの基地局のエリア（セル）に存在しているかを識別する．

基地局では移動局の識別をスクランブルコードで行っているため，複数の移動局が同じチャネライゼーションコードを共有することができる．また，基地局ごとに異なったスクランブルコードを割り当てているから，基地局間もチャネライゼーションコードを共有することが可能である．

チャネライゼーションコードには上り，下りともに **OVSF**（Orthogonal Variable Spreading Factor：**直交可変拡散率**）符号を使用する．

二つの符号 a と b を n 次元空間上のベクトルとしたとき，n 次元空間上で互いに直交するような符号を**直交符号**（orthogonal code）という．いま，二つのベクトル a と b の内積 (a, b) を求めると，a と b が直交している場合には内積 $(a, b) = a_1 b_1 + a_2 b_2 + \cdots + a_n b_n = 0$ が成立する．

+1 と −1 を要素とし，かつ各行をベクトルとしたとき，各行ベクトルが互いに直交している次のような 2^n 行×2^n 列の正方行列を**アダマール行列**（Hadamard matrix）という．

アダマール行列の行ベクトルを関数とすれば，互いに直交した直交関数が得られる．このようにして得られる関数を **Walsh 関数**（Walsh function）という．

$$H_0 = [1], \qquad H_1 = \begin{bmatrix} 1 & 1 \\ 1 & -1 \end{bmatrix},$$

$$H_2 = \begin{bmatrix} 1 & 1 & 1 & 1 \\ 1 & -1 & 1 & -1 \\ 1 & 1 & -1 & -1 \\ 1 & -1 & -1 & 1 \end{bmatrix}, \quad \cdots \quad H_n = \begin{bmatrix} H_{n-1} & H_{n-1} \\ H_{n-1} & -H_{n-1} \end{bmatrix}$$

アダマール行列の最初の行 $\{1,1,1,1,\cdots\}$ を Walsh 関数 0，順次 Walsh 関数 1，2，3，…と呼び，W_0，W_1，W_2，…と表す．いいかえれば，Walsh 関数を行列の形で表現したのがアダマール行列である．アダマール行列の行ベクトル（Walsh 関数）から直交符号が構成できる．こうして得られた直交符号は符号周期の数だけ符号が存在し，また，符号間に位相差がない場合（ゼロ時間シフト）には符号間の相互相関は 0 となる．

OVSF 符号はアダマール行列と同様に行列の形で表され，次の行列から再帰的に生成される．

$$C_{\mathrm{ch},1,0} = [1]$$

$$\begin{bmatrix} C_{\mathrm{ch},2,0} \\ C_{\mathrm{ch},2,1} \end{bmatrix} = \begin{bmatrix} C_{\mathrm{ch},1,0} & C_{\mathrm{ch},1,0} \\ C_{\mathrm{ch},1,0} & -C_{\mathrm{ch},1,0} \end{bmatrix} = \begin{bmatrix} 1 & 1 \\ 1 & -1 \end{bmatrix}$$

$$\begin{bmatrix} C_{\mathrm{ch},2^{(n+1)},0} \\ C_{\mathrm{ch},2^{(n+1)},1} \\ C_{\mathrm{ch},2^{(n+1)},2} \\ C_{\mathrm{ch},2^{(n+1)},3} \\ \vdots \\ C_{\mathrm{ch},2^{(n+1)},2^{(n+1)}-2} \\ C_{\mathrm{ch},2^{(n+1)},2^{(n+1)}-1} \end{bmatrix} = \begin{bmatrix} C_{\mathrm{ch},2^n,0} & C_{\mathrm{ch},2^n,0} \\ C_{\mathrm{ch},2^n,0} & -C_{\mathrm{ch},2^n,0} \\ C_{\mathrm{ch},2^n,1} & C_{\mathrm{ch},2^n,1} \\ C_{\mathrm{ch},2^n,1} & -C_{\mathrm{ch},2^n,1} \\ \vdots & \vdots \\ C_{\mathrm{ch},2^n,2^n-1} & C_{\mathrm{ch},2^n,2^n-1} \\ C_{\mathrm{ch},2^n,2^n-1} & -C_{\mathrm{ch},2^n,2^n-1} \end{bmatrix}$$

OVSF は $C_{\mathrm{ch},SF,k}$ のように表現し，SF は拡散率（Spreading Factor），k はコード番号である．拡散率 1 の $C_{\mathrm{ch},1,0}=[1]$ からスタートし，順次拡散率が 2 倍になる図 9-8 のようなツリー構造で OVSF は定義される．

スクランブルコードは上り，下りともに Gold 符号である．上り回線のスクラ

ンブルコードは生成多項式 $x^{25}+x^3+1$，および $x^{25}+x^3+x^2+x+1$ で生成される M 系列符号を合成した Gold 符号であり，図 9-9 に示す符号器で生成される Gold 符号の頭から 38,400 チップ分の長さの符号である．出力符号 $C_{\text{long},1}$，$C_{\text{long},2}$ は，後述する HPSK の拡散符号になるよう処理される．

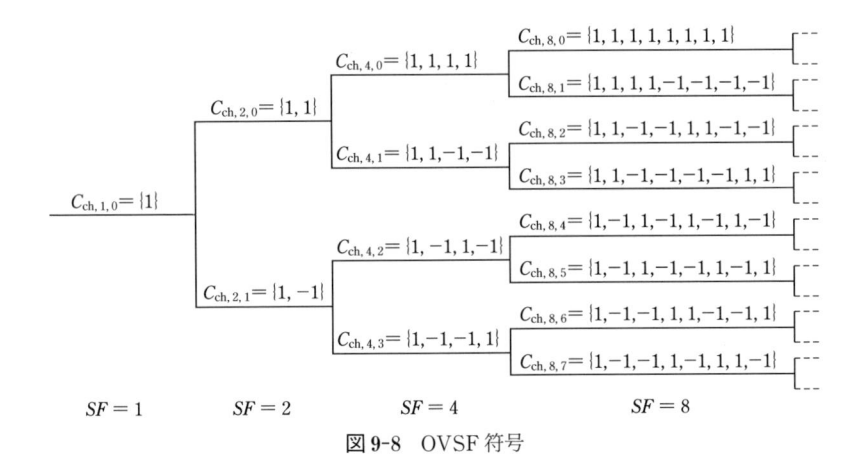

下り回線のスクランブルコードは，$x^{18}+x^7+1$ および $x^{18}+x^{10}+x^7+x^5+1$ を生成多項式とする M 系列符号を合成した Gold 符号であり，符号化器の構成を図 9-10 に示す．符号化器の Q 出力は，I 出力を 131,072 チップシフトした符号である．18 次の生成多項式を用いているから全部で $2^{18}-1=262,143$ 個の符号が生成されるが，すべてを使用するわけではない．

スクランブルコードは **1 次スクランブルコード**（primary scrambling code）と **2 次スクランブルコード**（secondary scrambling code）に分割される．スクランブルコードは 512 にグループ分けされ，各グループはコード番号 $n=16\times i$ ($i=0,1,\cdots,511$) で表される一つの 1 次スクランブルコード，および $16\times 4+k$ ($k=1,2,\cdots,15$) で表される 15 の 2 次スクランブルコードで構成される．したがって，i 番目の 1 次スクランブルコードは i 番目の 2 次スクランブルコードの集合と 1 対 1 で対応している．このためスクランブルコードは，符号化器で発生可能な 262,143 の中の 8,192 のコードが使用されるにすぎない．

図 9-8 OVSF 符号

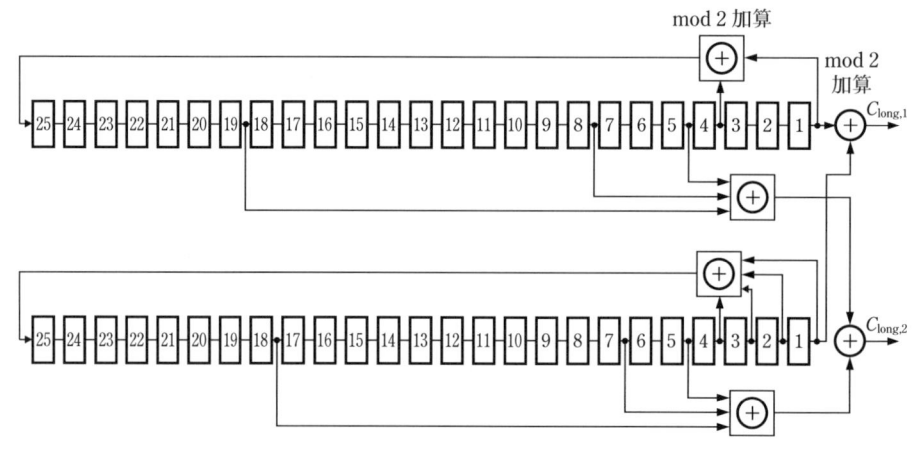

図 9-9 上り回線のスクランブルコード符号化器の構成

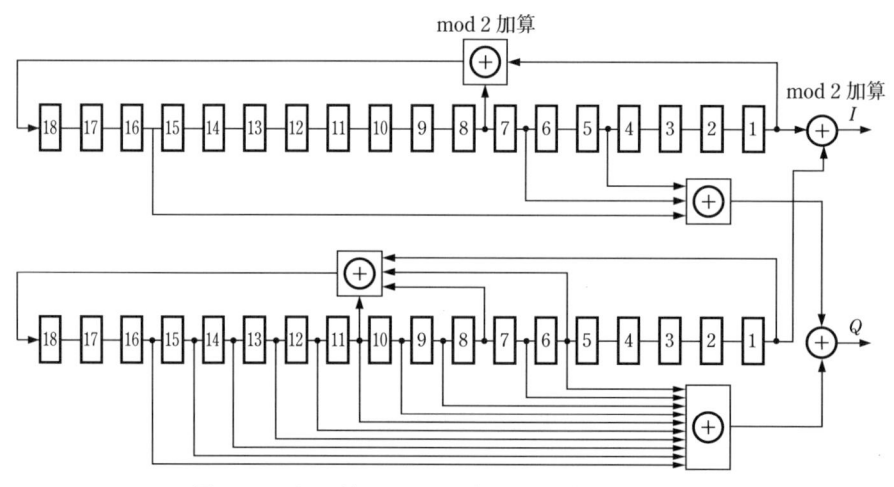

図 9-10 下り回線のスクランブルコード符号化器の構成

　512 の 1 次スクランブルコードは 64 のグループに分割され，1 グループを八つの 1 次スクランブルコードで構成する．これは，後述する同期捕捉において捕捉性能を向上させるためである．

9.2.5　上り回線の拡散処理

W-CDMA では，最初に OVSF 符号（チャネライゼーションコード）によって拡散処理が行われる．上り回線における DPDCH と DPCCH に対する OVSF 符号による拡散は，図 9-11 に示すように DPDCH と DPCCH に対して異なった OVSF 符号 C_c，C_d により個別に独立して行われる．C_c，C_d によって拡散された信号を I_c，Q_c とし，これを**チップ信号**（chip signal）と呼ぶことにする．OVSF 符号 C_c，C_d によってチップ信号は 3.84 Mcps のチップレートに拡散されている．

なお，図 9-6(a) に示すように，DPCCH のデータレートは常に 15 kbps（1 スロット（10 ms）が 10 bit で構成）であり，SF（拡散率）= 256（固定値）の OVSF 符号で拡散される．一方，DPDCH はデータレートも拡散率も可変である．そこで，β は DPDCH の拡散率にあわせて送信電力を調整するための**利得係数**（gain factor）である．

次にスクランブルコード I_s，Q_s による拡散が，図 9-12 のように行われる．この回路で行われる演算により，出力に現れる信号 I，Q は次のようになる．なお，この項で行われている加算は線形加算である．

$$I = I_c \cdot I_s - Q_c \cdot Q_s$$
$$Q = I_c \cdot Q_s + Q_c \cdot I_s$$

ここまでの段階では複素信号（complex signal）とはいえないが，最後に sin 波と cos 波で変調され，無線周波として伝送されることになるので，I，Q 信号を複素信号と呼ぶことにする．I を実数軸，Q を虚数軸に対応させ，I，Q 信号

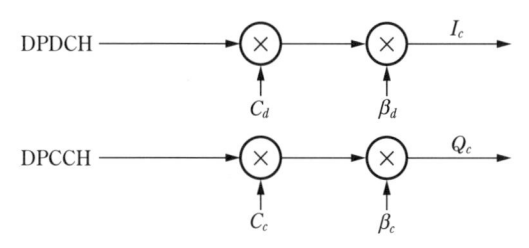

図 9-11　DPDCH と DPCCH に対する OVSF 符号による拡散

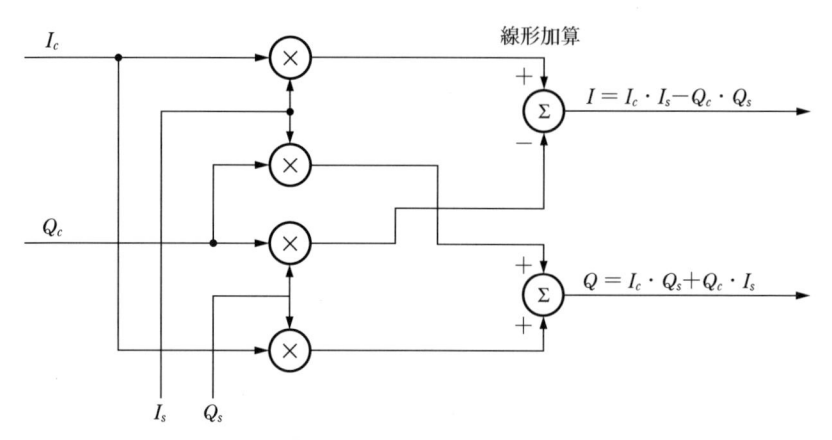

図 9-12 複素スクランブル

を複素表現すれば次のようになる．

$$I+jQ = (I_c \cdot I_s - Q_c \cdot Q_s) + j(I_c \cdot Q_s + Q_c \cdot I_s)$$
$$= I_c \cdot I_s + I_c \cdot jQ_s + I_s \cdot jQ_c + j^2 Q_c \cdot Q_s$$
$$= (I_c + jQ_c)(I_s + jQ_s)$$

$I_c + jQ_c$ 信号の振幅を A_c, 位相を $e^{j\phi_c}$, $I_s + jQ_s$ 信号の振幅を A_s, 位相を $e^{j\phi_s}$ として極形式で表せば，次式のようになる．

$$I+jQ = A_c \cdot A_s \cdot e^{j(\phi_c + \phi_s)}$$

したがって，$I+jQ$ 信号の振幅は $I_c + jQ_c$ 信号の振幅と $I_s + jQ_s$ 信号の振幅との積になり，位相は二つの信号の位相の和になる．

単純に I_c, Q_c を I_s, Q_s で拡散する方法に対して，図 9-12 のような拡散方法を**複素スクランブル**（complex scrambling）という．

$I_c + jQ_c$, $I_s + jQ_s$, $I+jQ$ の関係を $I_c = 1$, $Q_c = 1$ に固定し，I_s, Q_s を変化させて I/Q 平面にマッピングしてみよう．$I+jQ$ の振幅は二つの信号の振幅の積であり，位相は二つの信号の位相の和であるから，図 9-13 に示すように複素スクランブルでは，$I+jQ$ の符号点は I 軸，Q 軸上に配置される．

複素スクランブルによる出力は $I+jQ = (I_c + jQ_c)(I_s + jQ_s)$ であるから，$C_{\text{scramb.}} = I_s + jQ_s$ とすれば，上り回線の拡散処理は図 9-14 のように行われてい

9.2 IMT-DS (W-CDMA)

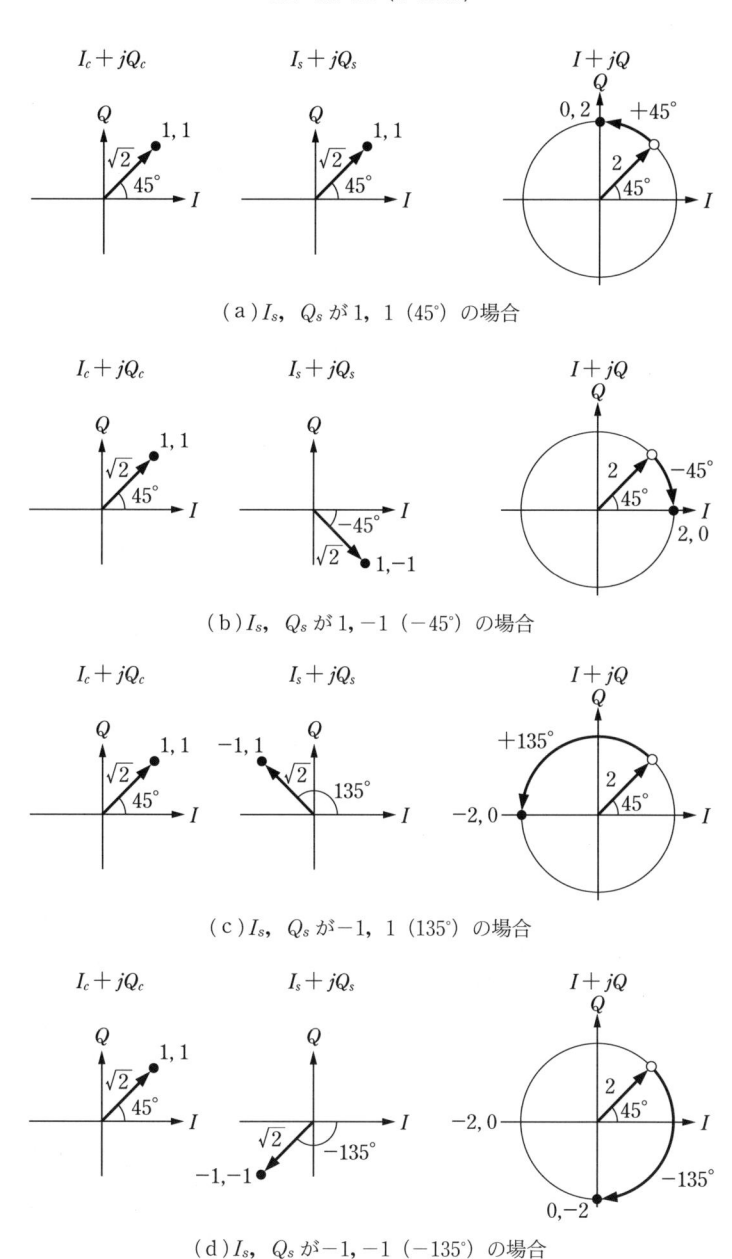

(a) I_s, Q_s が 1, 1 (45°) の場合

(b) I_s, Q_s が 1, −1 (−45°) の場合

(c) I_s, Q_s が −1, 1 (135°) の場合

(d) I_s, Q_s が −1, −1 (−135°) の場合

図 **9-13** 複素スクランブルによるコンスタレーション

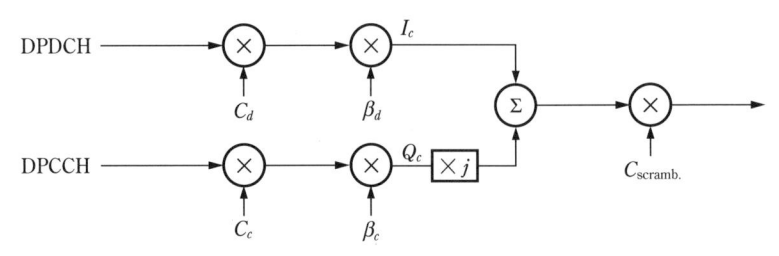

図 9-14 上り回線拡散処理

ることになる．

9.2.6　HPSK

　前項で述べた複素スクランブルでは，符号点から符号点に位相が遷移する場合に原点を通る遷移が発生し，位相変調であっても AM 成分が発生するため，搬送波の振幅が一定ではなくなる．振幅変動のある搬送波を増幅するには直線性の良好な高周波増幅器が要求されるが，直線性の良い増幅器は一般に電力効率が悪く消費電力が増加する．電力効率の悪さは移動局における電池の消耗を増大させることになり，増幅器の負担を軽くするためには，できる限り振幅変動の小さな変調方式が望ましい．

　原点を通る位相遷移をなくし，振幅変動を抑えた変調方式には，4.6 で述べた **π/4 シフト QPSK**，あるいは **OQPSK**（Offset QPSK：ベースバンド変調信号のパルス幅を T とするとき，ベースバンド信号を互いに $T/2$ だけ時間シフト（オフセット）させた QPSK．I，Q チャネルの極性が同時に変化することがなく，位相遷移において原点を通ることはない）があるが，W–CDMA（cdma 2000）では原点を通る位相遷移をできる限り少なくなるように考慮した **HPSK**（Hybrid Phase Shift Keying）が用いられる．

　HPSK は，拡散符号に固定の繰り返し関数を用いる**複素スクランブル**（complex scrambling）である．関数は **Walsh ローテータ**（Walsh rotator）とよばれ，I_s に対して $W_0=\{1, 1\}$，Q_s に対して $W_1=\{1, -1\}$ と定義される．

　複素スクランブルにおいて，図 9-15(a) に示すようにスクランブル信号 I_s，

9.2 IMT-DS (W-CDMA)

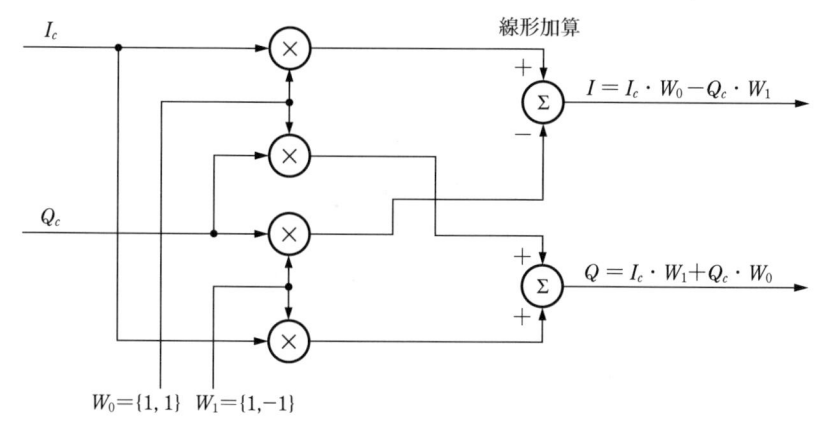

(a) スクランブル符号を W_0, W_1 とした複素スクランブル

$I = I_c \cdot W_0 - Q_c \cdot W_1$

$Q = I_c \cdot W_1 + Q_c \cdot W_0$

$W_0 = \{1, 1\}$　$W_1 = \{1, -1\}$

(b) チップ信号の符号点

$I_c + jQ_c$

(c) W_0, W_1 の符号点

$I_s + jQ_s = W_0 + jW_1$
$= \{1, 1\} + j\{1, -1\}$

(d) W_0, W_1 による位相遷移

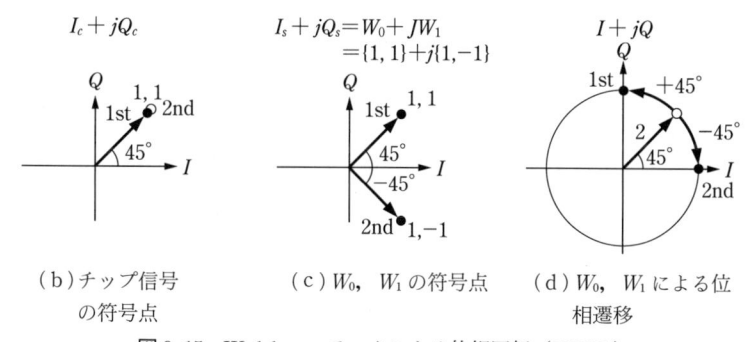

$I + jQ$

図 9-15 Walsh ローテータによる位相回転 (HPSK)

Q_s に Walsh ローテータを使用し，連続する二つのチップ信号は図 9-15(b) のように I/Q 平面上の同一符号点 $\{1, 1\}$ にあるとする．

この状態で複素スクランブルを行えば，図 9-15(d) に示すように最初のチップ信号は $+45°$ 回転し，第 2 のチップ信号に対しては $-45°$ の回転が与えられることになる．このように，W_0, W_1 を拡散信号として繰り返し使用すれば，同一点に位置するチップ信号が連続しても，出力 I, Q 信号の符号点はチップ信号ごとに回転し，二つの符号点は常に $90°$ の間隔を保つことになる．また，原点を通る遷移も発生しない．この場合，出力 I, Q 信号のコンスタレーションは $\pi/2$

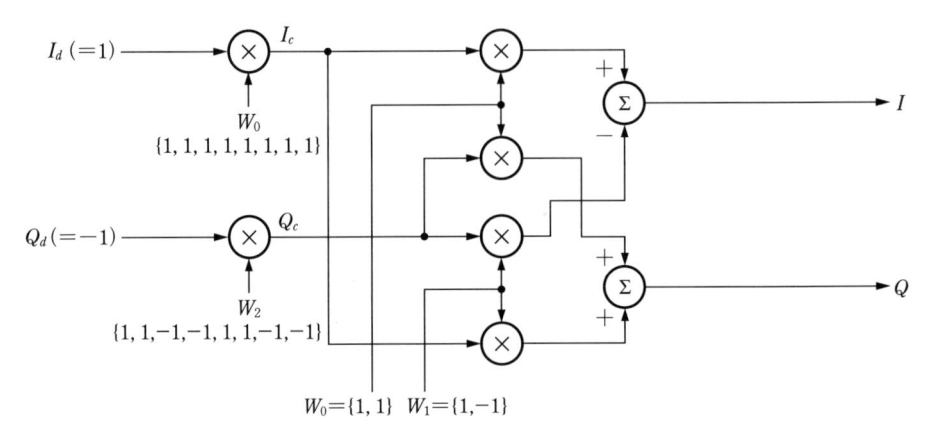

図 9-16 データ拡散に Walsh 符号を用いた Walsh ローテータによる複素スクランブル

シフト BPSK と考えることができる

一方，図9-15(a)において I_s, $Q_s(W_0, W_1)$ をともに1とし，I_c, Q_c の組合せを (1, 1)，(1, −1)，(−1, 1)，(−1, −1) と変化させれば，出力 I, Q 信号のコンスタレーションは I 軸，Q 軸上に符号点を配置した QPSK と同じになる．したがって HPSK は，QPSK と $\pi/2$ シフト BPSK を Walsh ローテータによってチップごとに繰り返す，文字通り混成（hybrid）PSK である．

この手法は，符号長が偶数である直交符号をデータ拡散に用いることによって可能になる．例えば，符号長 8 ビットの Walsh 符号のペア，$W_0=\{1,1,1,1,1,1,1,1\}$，$W_2=\{1,1,-1,-1,1,1,-1,-1\}$ をデータ拡散に用いることができる．

いま，図9-16 に示すようにデータ信号を $I_d=1$, $Q_d=-1$ とし，データ拡散に 8 ビットの Walsh 符号のペア $W_0=\{1,1,1,1,1,1,1,1\}$，および $W_2=\{1,1,-1,-1,1,1,-1,-1\}$ を使用した場合，得られるチップ信号は $I_c=1,1,1,1,1,1,1,1$，および $Q_c=-1,-1,1,1,-1,-1,1,1$ となる．したがって，チップ信号の符号点は次のようになり，連続するチップ信号のペアは同一符号点に配置される．

$$I_c+jQ_c=\{1-j, 1-j, 1+j, 1+j, 1-j, 1-j, 1+j, 1+j\}$$

各ペアは Walsh ローテータによる拡散符号 $I_s+jQ_s=W_0+jW_1=\{1+j, 1-j\}$ と乗算され，最初の符号点は $+45°$，次の符号点は $-45°$ シフトされる．したがっ

て，出力信号 I, Q の符号点には $90°$ の位相差が生じることになる．

現実のシステムでは，直交拡散符号の符号長はデータ入力信号のデータレートによって変化するから，HPSK では直交拡散符号の選択には制限を受けることになる．しかし，一つの移動局に多数の通話（情報）チャネルは必要ではないから，符号の制限は大きな制約にはならない．

HPSK においては，連続するチップ信号の符号点が同じであるペアならば，原点を通る位相遷移は発生しない．しかし，図 9-16 において四つの連続する直交拡散符号のペアを取り出した場合，第 2 のペアによる符号点から第 3 のペアによる符号点への遷移では原点を通る遷移となり，原点を通る遷移をなくすことはできない．HPSK の基本的な考え方は，原点を通る遷移をできる限り少なくして **PAPR**（Peak-to-Average Power Ratio：ピーク電力対平均電力比）を改善することであり，そのためには連続するチップ信号が同じ符号である方が有効に動作する．

現実の HPSK の系統はより複雑な構成である．図 9-17 に示すように，Walsh ローテータによる複素スクランブルの後に**一次 PN 信号**（primary PN function）$PN^{(1)}$ によって，基地局における移動局の識別，および受信機における相関検出のために出力 I, Q 信号を拡散している．この $PN^{(1)}$ による拡散は，複素スクランブルを行うスクランブル信号の I, Q 成分に直接 $PN^{(1)}$ を乗算しても行うことができ，どちらの場合でも結果は同じである．

図 9-18 に示すように $PN^{(1)}$ による拡散は，符号点間の $90°$ 位相差に対して影響を与えることはない．$PN^{(1)}$ 信号は常に I, Q に対して同じ値であり，$PN^{(1)}$ の値が +1 の場合には符号点が変化することはなく，-1 の場合には符号点は反転する．

チップ信号の符号点を $1+j$ に固定し，Walsh ローテータによって複素スクランブルされた信号は，$PN^{(1)}$ によって図 9-18 のように動作する．

図 9-18(a) は，時系列で表す $PN^{(1)}$ が $\{1, 1\}$ の場合である．この場合，複素スクランブルによって最初に Q 軸上に配置された符号点は，$PN^{(1)}$ の 2 ビット目の時点において I 軸上にシフトすることになり，$PN^{(1)}$ によって符号点に遷移

W_0
{1, 1, 1, 1, 1, 1, 1, 1}

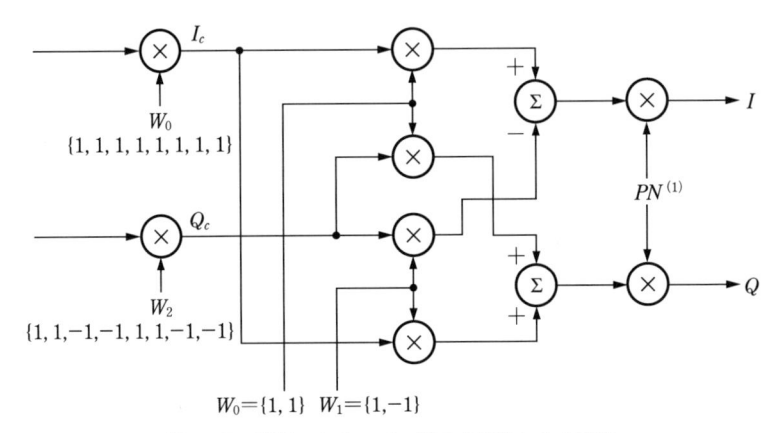

I_c

W_2
{1, 1, −1, −1, 1, 1, −1, −1}

Q_c

$PN^{(1)}$

I

Q

$W_0=\{1, 1\}$ $W_1=\{1, −1\}$

図 9-17　複素スクランブル後の $PN^{(1)}$ による拡散

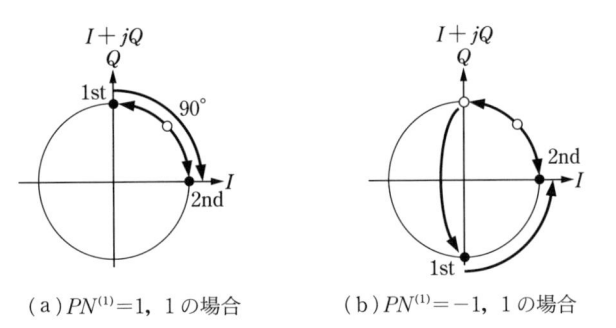

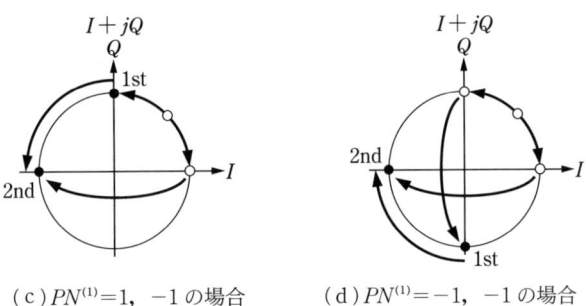

（a）$PN^{(1)}=1$, 1 の場合

（b）$PN^{(1)}=−1$, 1 の場合

（c）$PN^{(1)}=1$, −1 の場合

（d）$PN^{(1)}=−1$, −1 の場合

図 9-18　1 次 PN 信号による効果

9.2 IMT-DS (W-CDMA)

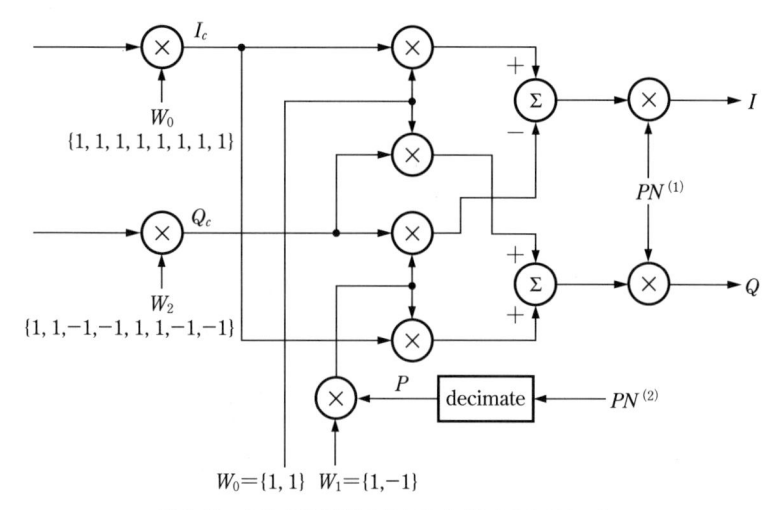

図 9-19 2次 PN 符号を付加した複素スクランブル

は生じない（Walsh ローテータによる遷移のみ）．

図 9-18(b) は $PN^{(1)}$ の符号列が $\{-1, 1\}$ の場合である．Q 軸上に配置された最初の符号点に対しては $PN^{(1)}$ による $180°$ 遷移が発生するが，$PN^{(1)}$ の 2 ビット目の時点における遷移は生じない．しかし符号点の位相差は $90°$ を保っている．

図 9-18(c) は $PN^{(1)}$ の符号列が $\{1, -1\}$ の場合である．Q 軸上に配置された最初の符号点は遷移しないが，$PN^{(1)}$ の 2 ビット目の時点において I 軸上の符号点は $180°$ 遷移する．

図 9-18(d) は $PN^{(1)}$ の符号列が $\{-1, -1\}$ の場合である．この場合，複素スクランブルによる符号点はともに $180°$ 遷移する．しかし，いずれのケースの場合も符号点間には $90°$ の位相差が保たれている．

図 9-19 では，図 9-18 の Walsh ローテータの Q 成分に **2 次拡散符号**（secondary PN function）P を乗算している．この 2 次拡散符号は基地局の受信機において，他の移動局やマルチパスなどによる干渉を低減するための処理を容易にするために挿入される．

P は真のチップレート $PN^{(2)}$ 信号をデシメーションしたものである．例え

(a) $P=1$ の場合

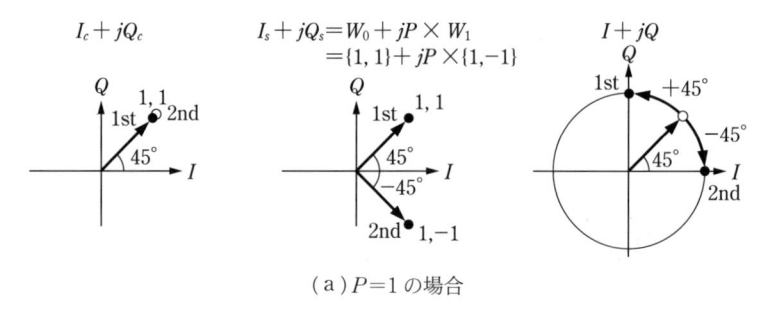

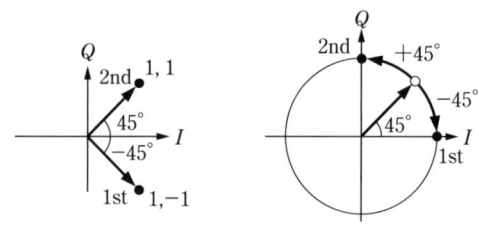

(b) $P=-1$ の場合

図 9-20 P による I, Q 符号点の位相回転

ば，$PN^{(2)}$ を 2 でデシメーションすれば P は 2 チップ区間その値を保持するから，効果的にチップレートを 1/2 にできる．

また，P は連続する二つの I, Q 信号間の位相差を 90° に保ちながらランダムな位相回転を与える．図 9-20(a)に示す $P=1$ の場合，スクランブル信号の Q 成分は $W_1=\{1,-1\}$ であり，最初のチップ信号の符号点は $+45°$，次のチップ信号の符号点は $-45°$ 回転する．しかし，図 9-20(b)に示すように $P=-1$ の場合，スクランブル信号の Q 成分は $\{-1,1\}$ となり，最初のチップ信号の符号点は $-45°$，次のチップ信号の符号点は $+45°$ 回転することになる．この場合，P に起因する符号点の回転も原点を通る位相遷移を発生させない．

$PN^{(1)}$，P を挿入したスクランブル信号は次のように表される．

$$I_s+jQ_s=PN^{(1)}\times(W_0+jP\times W_1)$$

ただし，$W_0=\{1,1\}$, $W_1=\{1,-1\}$

$W_0=\{1,1\}$ であり，W_0 を繰り返し使用した場合の符号は $\{1,1,1,1,\cdots\}$ で

9.2 IMT-DS（W-CDMA）

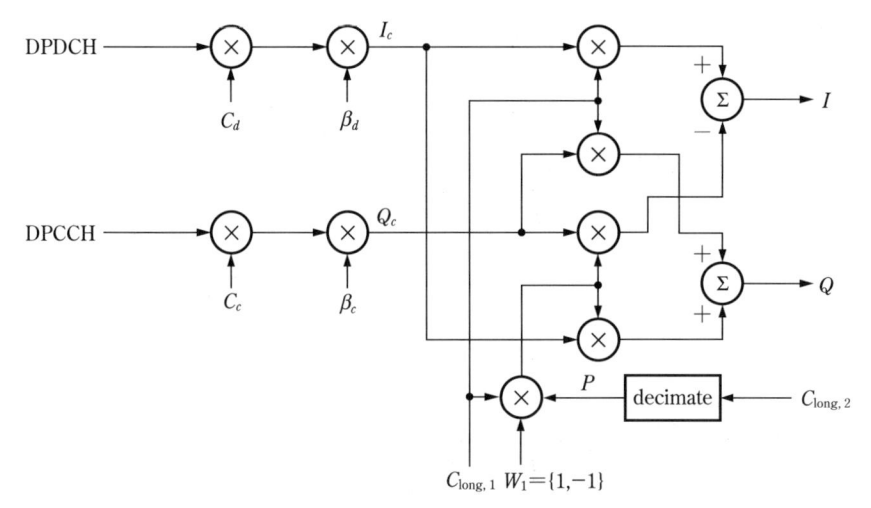

図 9-21 W-CDMA の HPSK 変調器の構成

あるから，この式は次のように表せる．

$$I_s + jQ_s = PN^{(1)} + jP \times PN^{(1)} \times W_1$$

W-CDMA では $PN^{(1)}$ に図 9-9 の $C_{\text{long},1}$ を用い，P は $C_{\text{long},2}$ を 2 でデシメーションした符号である．したがって，スクランブル信号は次式になる．

$$I_s + jQ_s = PN^{(1)} + jP \times PN^{(1)} \times W_1$$
$$= C_{\text{long},1} + jP \times C_{\text{long},1} \times W_1$$

図 9-19 における $PN^{(1)}$ をスクランブル信号の I，Q 成分に乗算した形で表せば，W-CDMA の HPSK は図 9-21 の構成になる．

図 9-21 の出力 I，Q 信号は，送信と受信にロールオフ特性をルート（root：平方根）配分したロールオフ率 0.22 の RRC（root-raised cosine）フィルタ（**6.3** 参照）で波形整形されて搬送波を変調する．

図 9-4 に示すように，上り回線で使用される物理チャネルは DPCH，PRACH，PCPCH の 3 チャネルであり，移動局の送信系統は図 9-22 の構成になる．

DPDCH#2～DPDCH#6 は拡散率 $SF=4$ の場合に限り設定できる．この場合

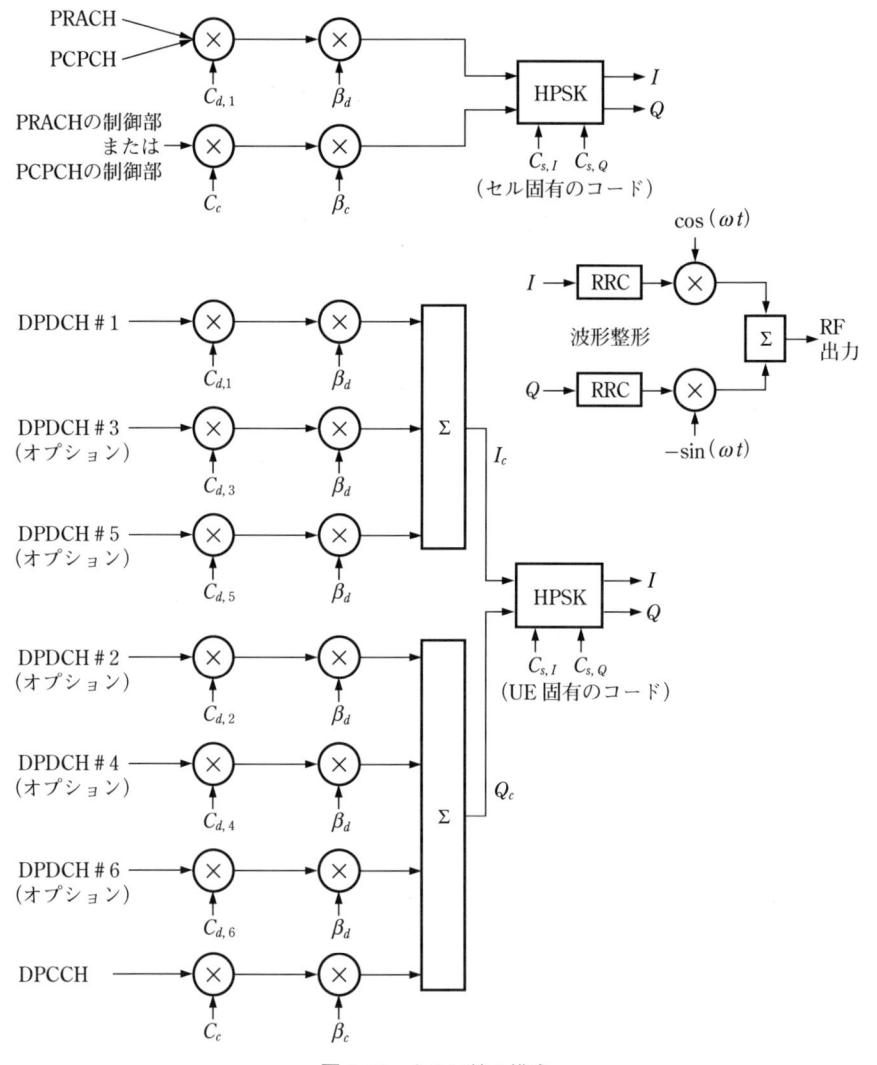

図 9-22 上り回線の構成

のチャネライゼーションコードの割り当ては，次のように行われる．

$\quad$ DPDCH$_{\#1}$, DPDCH$_{\#2}$: $C_{\mathrm{ch},4,1} = \{1, 1, -1, -1\}$

$\quad$ DPDCH$_{\#3}$, DPDCH$_{\#4}$: $C_{\mathrm{ch},4,3} = \{1, -1, -1, 1\}$

DPDCH#5, DPDCH#6 : $C_{ch,4,2}=\{1,-1,1,-1\}$

二つの DPDCH に対して同じコードを使用してしているが，同じコードを使用する DPDCH のペアは I 軸，Q 軸に分離されているため，互いに直交している．したがって，6 チャネルすべてのデータは分離可能である．しかし，前述したように HPSK は，連続する二つのチップが同じ符号である場合には有効に動作する．$C_{ch,4,2}$ はこの条件を満たしていないため，DPDCH#5, DPDCH#6 を使用する場合には高周波電力増幅器に重い負担がかかることになる．

9.2.7　　　下り回線の拡散処理

　下り回線の信号構成は図 9-23 のようになる．拡散変調には表 9-1 に示すように QPSK が用いられる．したがって，各物理チャネルは直並列変換（S/P）された後にチャネライゼーションコードによって拡散され，I, Q 信号はそれぞれ個別に線形加算される．加算された I, Q 信号は複素拡散によって QPSK のコンスタレーションににマッピングされる．複素拡散の出力に挿入される同期チャネルは，移動局における同期捕捉を容易にするためのチャネルであり，QPSK の I 軸，Q 軸に対して同一コードが加算される（**9.2.8** 参照）．出力 I, Q 信号は上り回線と同様にロールオフ率 0.22 の RRC フィルタで帯域制限（波形整形）されて，搬送波を変調し RF 信号に変換される．

　基地局が常に送信しているパイロット信号（**CPICH**）は，図 9-23 に示すように入力信号がすべて 1 であり，チャネライゼーションコード $C_{ch,256,0}$ で拡散されている．$C_{ch,256,0}$ は図 9-8 に示すようにすべて 1 の OVSF 符号であり，入力信号とチャネライゼーションコードの積もすべて 1 の信号である．したがって，パイロット信号は基地局に割り当てられたスクランブルコードを連続して送信しているにすぎない．しかし，パイロット信号の始まりと終わりは，無線フレーム 10 ms の始まりと終わりを指示している．

　P-CCPCH の頭 256 チップ区間は図 9-24 に示すように送信を停止し，この区間に SCH が送信される．したがって，先頭部分を除いた 2,304 チップ区間にトランスポートチャネルの BCH が伝送される．P-CCPCH は常にチャネライゼー

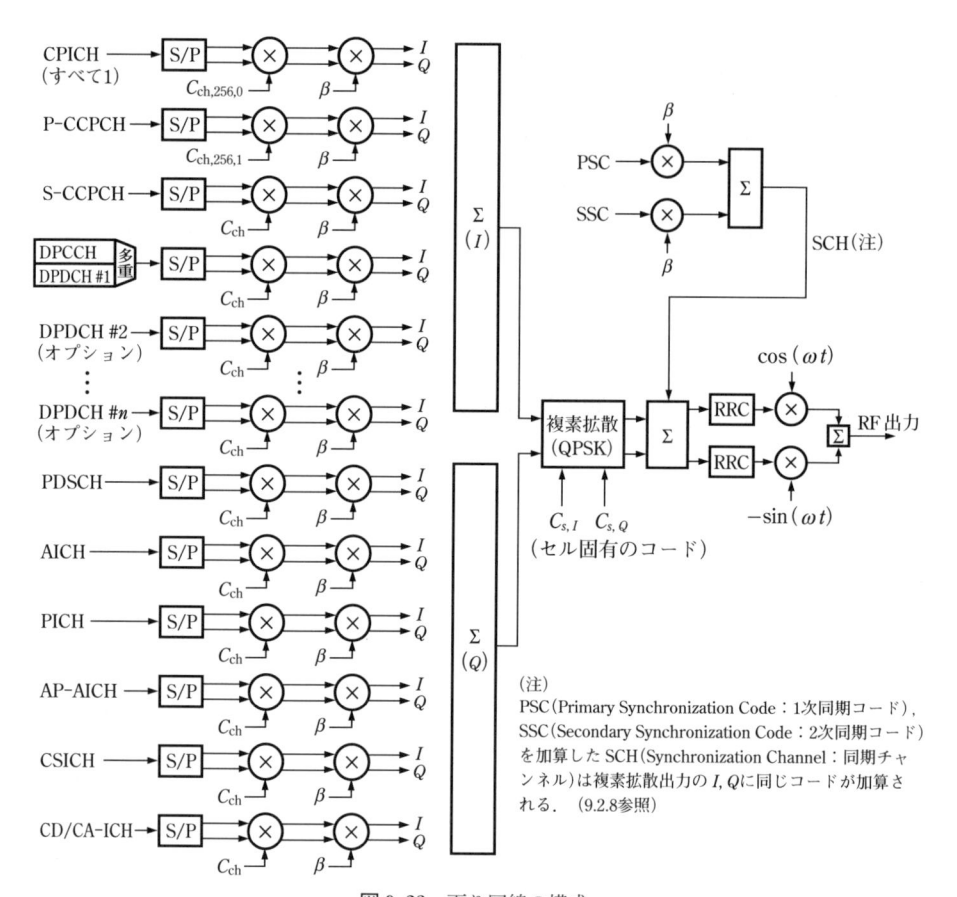

図 9-23　下り回線の構成

ションコード $C_{ch,256,1}$ で拡散されている．

　その他のチャネライゼーションコードは，物理チャネルの状況によって上位レイヤから指定される．

9.2.8　同期捕捉

　移動局において，セル（セクタ）の識別のために基地局に割り当てられるスクランブルコードは周期の長いロングコードであり，**9.2.4** で述べたように 512 の

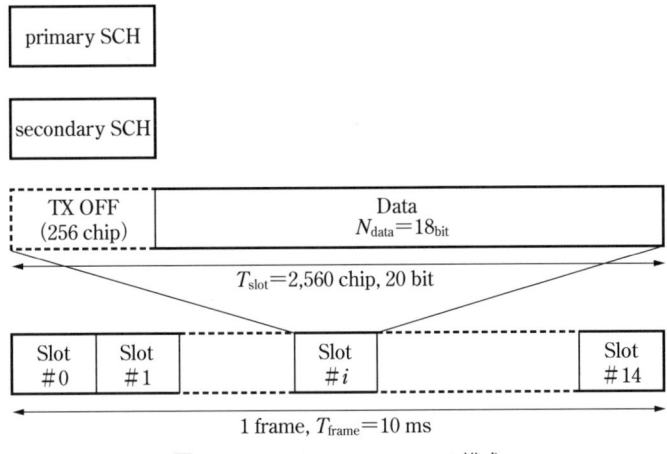

```
primary SCH

secondary SCH

TX OFF      |  Data
(256 chip)  |  $N_{data}=18_{bit}$

$T_{slot}=2,560$ chip, 20 bit

Slot #0 | Slot #1 | ... | Slot #$i$ | ... | Slot #14

1 frame, $T_{frame}=10$ ms
```

図 9-24　P-CCPCH のフレーム構成

グループを構成している．したがって，移動局は基地局を捕捉するために 512 種類のスクランブルコードをサーチしなければならず，同期捕捉に長時間を要することになる．これを解消するため，下り回線に **P-SCH**（Primary Synchronization Channel：1 次同期チャネル）と **S-SCH**（Secondary Synchronization Channel：2 次同期チャネル）で構成する**同期チャネル**（**SCH**：Synchronization Channel）を多重して，最初にスロット同期を行い，その後スクランブルコードのグループ，スクランブルコードの順に同期を確定する 3 段階のセルサーチが用いられる．

SCH は，図 9-24 に示すように下り回線の **P-CCPCH**（Primary Common Control Physical Channel）の各スロットの先頭から 256 チップ区間（TX OFF の部分）に時分割多重で挿入され，P-SCH と S-SCH は符号分割多重によって同時に送信される．

P-SCH は，256 チップ長の **PSC**（Primary Synchronization Code：1 次同期符号）で拡散され，第 1 段階において移動局が基地局とのスロット同期を確立するためのチャネルである．すべてのセル（基地局）に同じ PSC が使用され，各スロットごとに 1 回伝送される．P-SCH の相関検出には **5.2.2** で述べた**整合フ**

ィルタ (Matched Fiter：**MF**) を使用するが，256 チップを直接検出するにはフィルタの規模が大きくなる．

そこで，PSC には 16 チップの直交符号

$$a=\{x_1, x_2, x_3, x_4, \cdots, x_{16}\}$$
$$=\{1, 1, 1, 1, 1, 1, -1, -1, 1, -1, 1, -1, 1, -1, -1, 1\}$$

を次のように時間シフトして繰り返し使用し，I 軸，Q 軸を同じ成分で構成する 256 チップの符号 C_{psc} を PSC とする．

$$C_{psc}=(1+j)\times\{a, a, a, -a, -a, a, -a, -a, a, a, a, -a, a, -a, a, a\}$$

S-SCH は，同期確立の第 2 段階において移動局がフレーム同期を確立するためのチャネルであり，また，基地局が送信しているセル（セクタ）のスクランブルコードがどのグループに属するかを知るために使用するチャネルである．S-SCH は **SSC**(Secondary Synchronization Code：2 次同期符号) で拡散される．

SSC も 256 チップ長であり，16 種類ある．まず，すべての SSC に共通な長さ 256 チップの系列 z を次のように定義する．

$$z=\{b, b, b, -b, b, b, -b, -b, b, -b, b, -b, -b, -b, -b, -b\}$$

ただし，b は a で定義した x_1, x_2, $\cdots$, x_{16} で構成する次の系列である．

$$b=\{x_1, x_2, x_3, x_4, x_5, x_6, x_7, x_8, -x_9, -x_{10}, -x_{11}, -x_{12}, -x_{13}, -x_{14}, -x_{15},$$
$$-x_{16}\}$$
$$=\{1, 1, 1, 1, 1, 1, -1, -1, -1, 1, -1, 1, -1, 1, 1, -1\}$$

このように定義した z の i 番目のシンボル $z_{(i)}$ に 2^8 行×2^8 列のアダマール行列 H_8 の m 行 i 番目のシンボル $h_{m(i)}$ をそれぞれ乗算し，k 番目の SSC，$C_{SSC,k}$ を次のように生成する（ただし，$z_{(i)}$，$h_{m(i)}$ はともに $i=0, 1, \cdots, 255$，また，$i=0$ を 1 番左のシンボルとする）．

$$C_{SSC,k}=(1+j)\times\{h_m(0)\times z(0), h_m(1)\times z(1), h_m(2)\times z(2), \cdots, h_m(255)$$
$$\times z(255)\}$$

ただし，$k=1, 2, \cdots, 16$
$$m=16\times(k-1)$$

アダマール行列の行番号が $m=16\times(k-1)$ であることからも理解できるよう

9.2 IMT-DS (W-CDMA)

に，H_8 アダマール行列の 256 行から 16 行おきにベクトルが取り出され，16 の SSC が生成される．

16 種類の SSC は 15 のスロットに 64 の異なったパターン，たとえばスクランブルコードのグループ 0 に対しては，図 9-24 のスロット 0 から順に 1, 1, 2, 8, 9, 10, 15, 8, 10, 16, 2, 7, 15, 7, 16 のように SSC が配置される．この 64 のパターンは，基地局が発信するスクランブルコードの 64 のグループ番号に対して 1 対 1 に対応している．移動局では SSC のパターンを検出してスクランブルコードのグループを特定するとともに，受信信号とのフレーム同期を確定する．

SSC を検出した段階でスクランブルコードとのフレーム同期は確定している．したがって，最後に 9.2.4 で述べたスクランブルコードのグループ内（8 通り）について相関検出を行えば，基地局を特定することができる．

移動局において基地局との同期が確定すれば，基地局も移動局との同期を確立しなければならない．そこで，移動局は基地局との同期が確立したあと，トランスポートチャネルの **RACH**（Random Access Channel）を物理チャネルの **PRACH**（Physical Random Access Channel）で送信する．

RACH は図 9-25 に示すように，一つ以上のプリアンブル（preamble：序文，4,096 チップ）とメッセージ部（message part：10 ms あるいは 20 ms，20 ms の場合は二つの連続する 10 ms のメッセージ部）で構成される．

プリアンブルはメッセージを送る前に伝送される，4,096 チップの拡散符号の同期検出を行う短い信号である．プリアンブルの拡散は，H_4 アダマール行列か

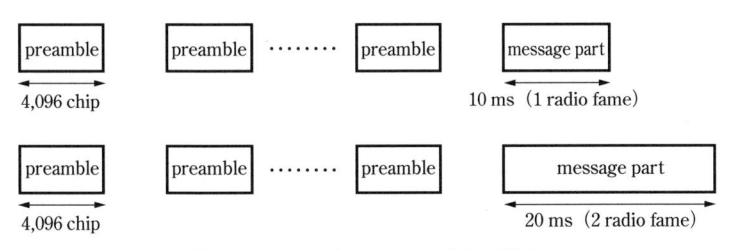

図 9-25　ランダムアクセス送信の構成

```
              radio frame : 10 ms          radio frame : 10 ms
         5,120 chip
access slot  #0 #1 #2 #3 #4 #5 #6 #7 #8 #9 #10 #11 #12 #13 #14
            ┌─────────────────┐
            │ランダムアクセス送信│
            └─────────────────┘
               ┌─────────────────┐
               │ランダムアクセス送信│
               └─────────────────┘
                          ┌─────────────────┐
                          │ランダムアクセス送信│
                          └─────────────────┘
                             ┌─────────────────┐
                             │ランダムアクセス送信│
                             └─────────────────┘
```

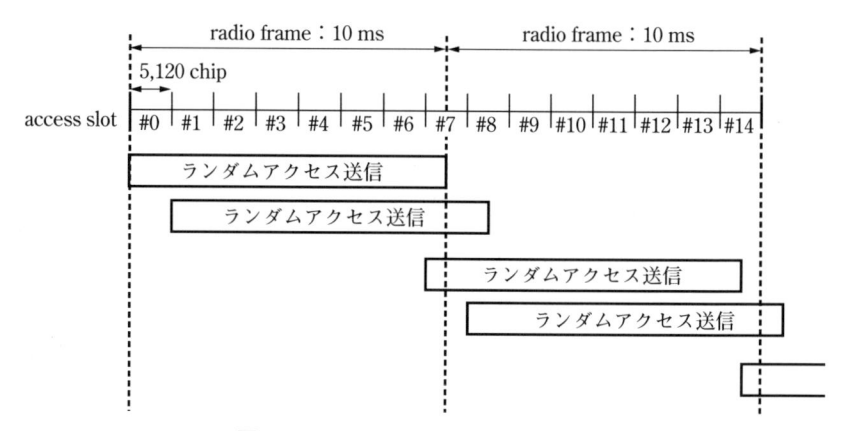

図 9-26　アクセススロット数とその間隔

ら構成される 16 チップのシグネチュア (signature：記号) を 256 回繰り返す (4,096 チップ) 16 種類の短い符号と, 図 9-9 に示すスクランブルコード $C_{\text{long},1}$ によって 2 階層の拡散が行われる. 一方, メッセージ部は, プリアンブルのシグネチュアと同じパターンの OVSF 符号と, シグネチュアに使用したスクランブルコードによる, 2 階層の拡散が行われる.

RACH は任意の時点で送信を開始 (ランダムアクセス) してもよく, この場合, 他のユーザとの**衝突** (collision) が起こる可能性がある. そこで, 移動局は基地局が捕捉 (acquisition) したことを知らせる **AICH** (Acquisition Indicator Channel：同期捕捉表示チャネル) 上の **AI** (Acquisition Indicator) が受信できるまで, プリアンブルのみを**アクセススロット** (access slot) と呼ばれる 5,120 チップのスロット間隔で送信する. アクセススロットは無線スロット二つ分の長さであり, アクセススロットとその送信間隔を図 9-26 に示す. AI が受信できたことを確認すれば移動局はメッセージ部を送信し, 基地局と移動局間の無線回線を確立する. プリアンブルの送信にあたっては他の移動局への干渉を避けるため, 送信電力は小さな値から徐々に AI が受信できるまで 1 dB ステップで増大させる方法が用いられる.

このように衝突を承知の上で任意の時点に送信する方式は, 島々に点在してい

るハワイ大学がホノルルに設置されている中央コンピュータにアクセスするために開発したので，**アロハ**（ALOHA）方式と呼ばれている．伝送するデータをすべて連続して送信する方式を**ピュアアロハ**（pure ALOHA：純粋なアロハ）と呼び，データをスロットに分割して送信する方式は**スロッテッドアロハ**（slotted ALOHA）と呼ばれる．アクセススロット間隔でプリアンブルを送信するW-CDMA は，スロッテッドアロハ方式によるランダムアクセスである．

9.2.9　送信電力制御

CDMA においては遠近問題による干渉を避けるため，送信電力を適正な値に制御する**送信電力制御**（**TPC**：Transmit Power Control）は必須の機能である．W-CDMA で用いられる送信電力制御は，オープンループ送信電力制御とクローズド送信電力制御に大別される．

オープンループ送信電力制御では，移動局が下り回線の伝搬損失を推定し，推定値に基づいて送信電力を決定する．基地局と移動局間の回線設定のために行われるランダムアクセスのような初期送信電力の設定は，オープンループ送信電力制御によって行われている．

クローズドループ送信電力制御は受信側において，ビット誤り率などの通信回線品質の測定結果に基づき，必要とする品質が維持できるよう，DPCCH 上のTPC ビットによって制御情報をフィードバックすることによって行われる．図9-6 に示すように，上下回線とも TPC は各スロットに挿入されているから，$666.7\ \mu s$ 間隔で 1 秒間に 1500 回の制御が行われることになる．

クローズドループは図 9-27 に示すように，(1) **インナーループ**（inner loop）と (2) **アウターループ**（outer loop）の二つのループで構成される．

(1)　インナーループ送信電力制御

上り（下り）回線における電力制御では，基地局（移動局）において受信 **SIR**（Signal to Interference Ratio：信号対干渉比）を測定し，目標 SIR と比較する．SIR が目標値以下の場合には "up" 命令を，目標値以上であれば "down" 命令を TPC ビットとして送信する．移動局（基地局）は TPC ビットの命令に

図9-27 送信電力制御の概要

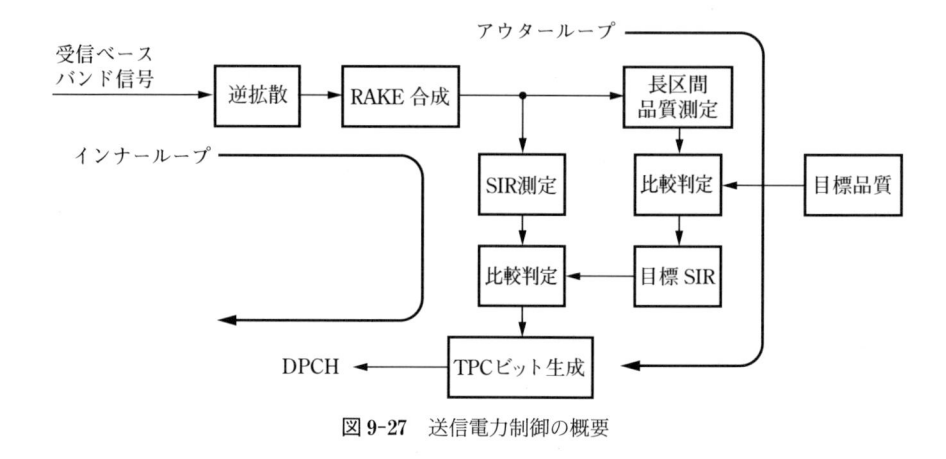

より，送信電力を1dBステップで制御する．スロットごとに命令が受信されるため，このような操作が666.7 μs ごと（1秒間に1,500回）に行われることになる．

(2) アウターループ送信電力制御

インナーループ制御で行うSIR比較において，基準となる目標SIRを設定するのがアウターループ制御である．同じSIRでも伝搬路パスの数，移動局の移動速度など，伝搬状況の変化により必ずしも同じ受信品質が得られるとは限らない．そこで，アウターループにより長い区間，たとえば，数100msから数秒の区間にわたる受信品質を測定し，緩やかな周期で目標SIRを補正するようにしている．

9.2.10　ソフトハンドオーバ

W-CDMAでは，各基地局が送信する信号は基地局間非同期であり，移動局が受信する複数の基地局信号には図9-28のように時間差（offset）が存在する．したがって，現在通信中の基地局と次に通信を行おうとする**ハンドオーバ**（hand over，3GPP2では**ハンドオフ**と呼んでいる）先の基地局信号とのフレームタイミングが一致せず，ソフトハンドオーバが困難になる．

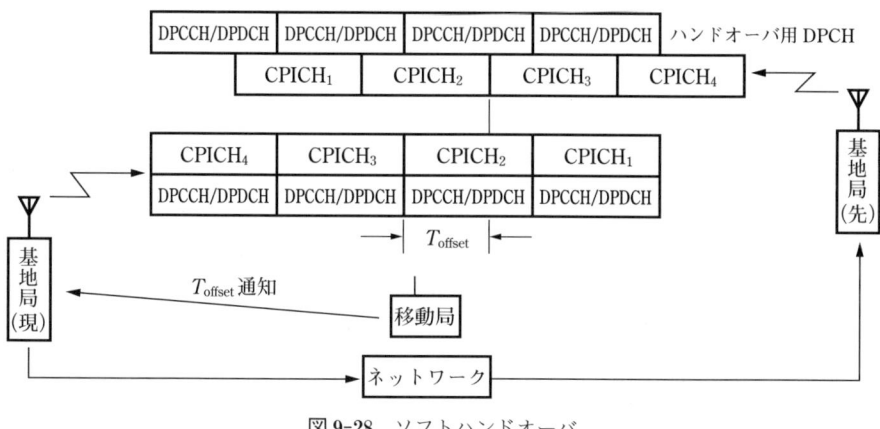

図 9-28 ソフトハンドオーバ

移動局は同時に複数の基地局と通信が確立できるようになっている．したがってハンドオーバに入る前には，現在通信中の基地局に続く受信電界強度の高い基地局に対しても同期捕捉を行うことが可能である．しかし，二つの基地局からの信号には図 9-28 のように時間差（T_{offset}）があり，この状態ではソフトハンドオーバを行うことはできない．この問題を解決するために，移動局は二つの基地局間のフレームタイミングの差を CPICH を利用して測定し，基地局に伝送する．ハンドオーバ先の基地局はネットワークを通じて情報を受け取り，ハンドオーバ接続用にフレームタイミングが同じになるように調整した DPCH を用意する．これにより，移動局は二つの基地局から同じタイミングの DPDCH が受信可能になり，ハンドオーバ先の基地局に接続が可能になる．移動局が行うことはオフセット時間を測定することだけであり，あとはネットワークがすべて処理する．

9.3　cdmaOne

cdmaOne は cdma 2000 のベースになったシステムであり，チップレート 1.2288 Mcps，占有帯域幅 1.25 MHz の直接拡散方式の CDMA である．すべての基地局のクロックを **GPS**（Global Positioning System：**10.2** 参照）の時間基

準に同期させた基地局間同期方式を採用している．cdmaOne は図 9-29 に示すようなチャネルで構成され，これらの機能は cdma 2000 にすべて包含されている．変調方式は，基地局（下り回線：cdmaOne では forward link と呼ぶ）が QPSK（I 成分，Q 成分はともに同一データを変調信号とするためデュアル BPSK という方が正確な表現であろう），移動局（上り回線：reverse link）が OQPSK（Offset QPSK）（下り回線の変調と同じく I 成分，Q 成分は同一データであるが，変調器入力信号の Q 成分が 1/2 チップオフセットされている）である．

音声符号化は RCELP をベースにした可変ビットレートの EVRC（**6.6** 参照）が用いられ，固定電話に近い音声品質を確保している．

なお，cdmaOne のベースバンド信号は 0，1 で表されているため，Walsh 符号（Walsh 関数）も 0，1（+1→0，−1→1）で表現されている．

パイロットチャネル（PICH） は W-CDMA 下り回線の CPICH と同様に，基地局を識別するための PN 符号（Pseudo Noise：疑似雑音，W-CDMA におけるスクランブルコードに該当する．**3.2** 参照）を常に送信している．PN 符号と同期をとることにより，受信機はすべての下り回線のチャネルを復号できるようになる．パイロットチャネルの入力データはすべて 0 である．チャネル識別には符号長 64 チップの Walsh 符号が使用され，パイロットチャネルには Walsh 符

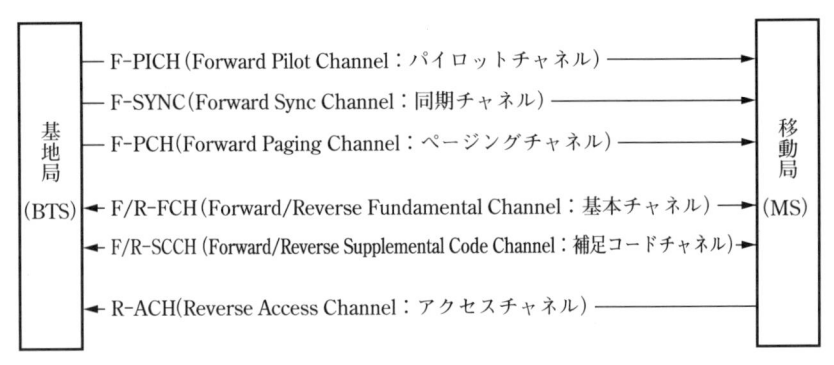

図 9-29 cdmaOne の物理チャネル

号 $W_0\{0, 0, \cdots\}$ が使用されている（したがって，Walsh 符号による拡散は行われず，PN 符号を連続送信していることになる）．

　同期チャネル（SYNC） は基地局とネットワーク情報を報知（broadcast）するチャネルであり，基地局のカバレッジエリア内において，移動局が初期時間同期（initial time synchronization）を確立するために利用する．データレートは 1.2 kbps の固定値であり，チャネル識別には 32 チップの 0 の連続に続いて 1 が 32 チップ連続する Walsh 符号 $W_{32}\{0, \cdots, 0, 1, \cdots, 1\}$ が使用される．

　ページングチャネル（PCH） は，基地局のカバレッジエリア内の移動局にシステム情報，移動局固有のメッセージを送信するチャネルであり，データレートは 4.8 kbps，あるいは，9.6 kbps である．チャネルは七つまで存在でき，Walsh 符号 $W_1 \sim W_7$ によって識別される．

　基本チャネル（FCH） は音声伝送以外に 14.4 kbps のデータ伝送が可能なトラフィックチャネルである．

　補足コードチャネル（SCCH） は 14.4 kbps のデータ伝送を行うオプションのトラフィックチャネルであり，七つまで存在できる．

　下り回線の FCH，および SCCH を識別する Walsh 符号は，すでに PICH，SYNC, PCH が使用している 0, 1〜7, 32 を除く任意の符号を使用できる．

　図 9-30 に下り回線（基地局）の構成を示す．チャネル識別のために Walsh 符号による拡散の後，各チャネルは RF 変調器の I 成分と Q 成分に同一信号が分配される．I 成分，Q 成分に対して，基地局（セル，セクタ）識別のために PN 符号が乗算（**2.4** 参照）され，I/Q 成分はそれぞれ個別に二つの搬送波 $\cos(\omega t)$，$\sin(\omega t)$ によって BPSK 変調される．同一データを二つの搬送波で伝送することにより，障害に対する抵抗力を向上させている．

　PCH と FCH には，Walsh 符号を乗算する前にロング PN 符号をデシメーションした信号が乗算されている．デシメーションは，ロング PN 符号の 64 チップごとに最初の 1 チップを取り出すことによって行われる．これは，移動局端末において，他のユーザへの通信を誤って復号されることを防止し，通信の秘密の保護をはかっている．また，FCH には移動局の送信電力を制御するため 800

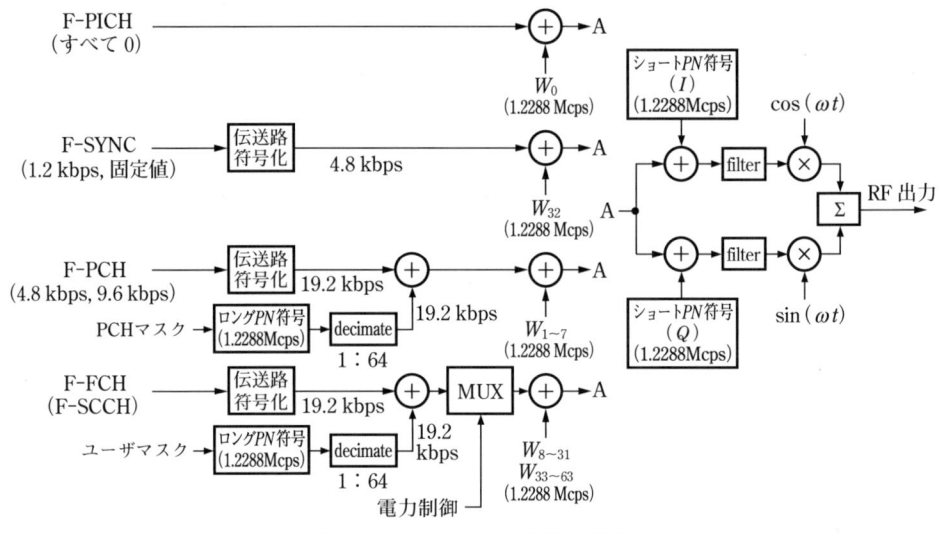

図 9-30 cdmaOne 下り回線の構成

bps の電力制御信号を挿入している．

上り回線には，トラフィックチャネル（FCH，SCCH）以外にアクセスチャネルが存在するのみである．**アクセスチャネル**（ACH）は移動局からネットワークへの接続要求，通信の開始に用いられ，ページングチャネルのメッセージに応答するために使用される．

図 9-31 に示す上り回線（移動局）は，下り回線とは異なった構成になっていて，Walsh 符号をチャネル識別には使用していない．各チャネルは伝送路符号化を行った後，**64 次直交変調**（64-ary orthogonal modulation）が行われる．

データ信号を 6 ビットごとに区切り，6 ビットで表現できる 0〜63 を Walsh 符号 W_0〜W_{63} に対応させ，データ 6 ビットを 64 個の Walsh 符号の一つに変換している．したがって，6 ビットを 64 チップに変換しているから，Walsh 符号に変換後のチップレートは 307.2 kcps（28.8×64/6）になる．この変換を直交変調と呼んでいる．上り回線におけるチャネル識別は，ロング PN 符号によって識別されることになる．基本チャネル（R-FCH）と補足コードチャネル（R-

9.3 cdmaOne

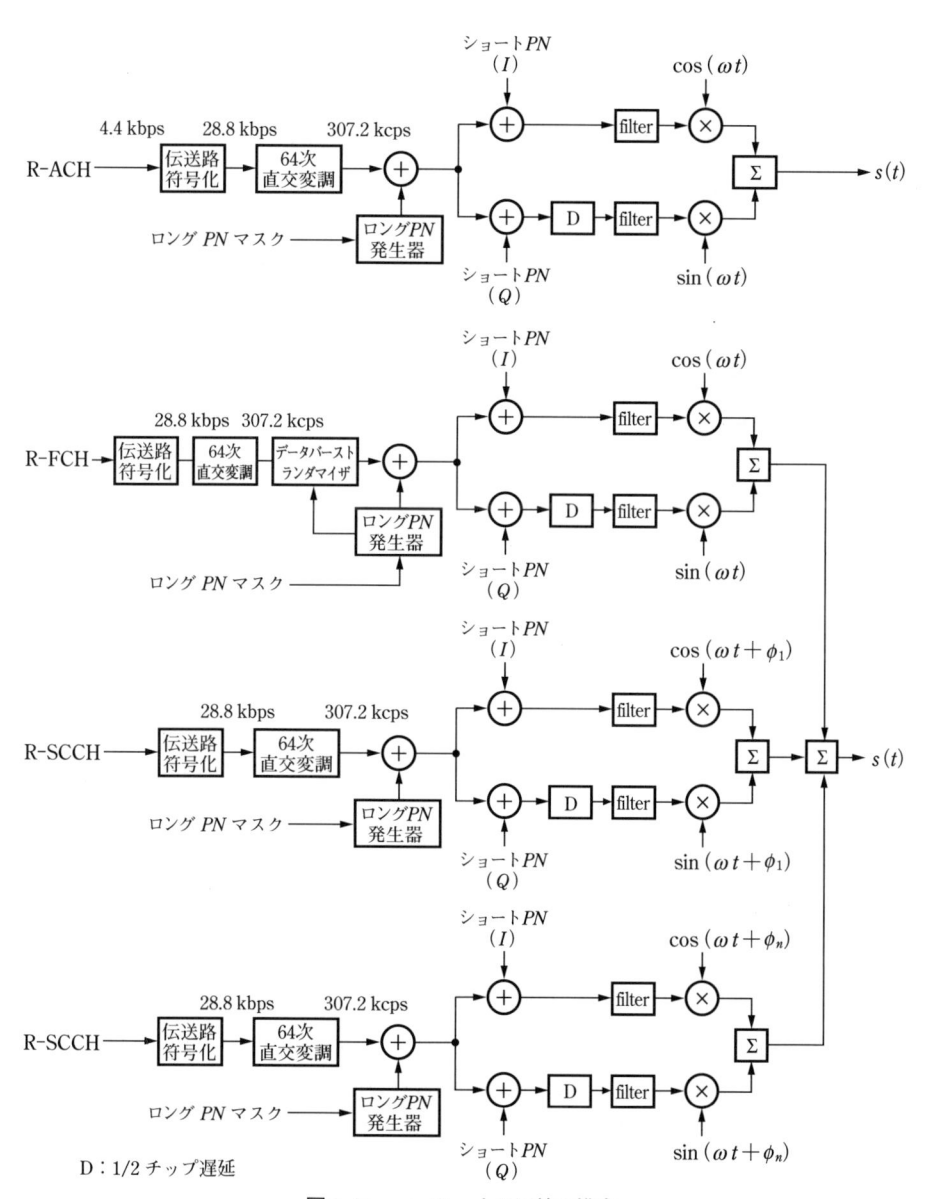

図 9-31 cdmOne 上り回線の構成

SCCH）を多重化するには，図9-31に示すように搬送波の位相差によってRFで合成することも可能である．

データバーストランダマイザ（data burst randomizer）は，可変データレート送信（variable data rate transmission）に対応するために基本チャネルに挿入される．後述する伝送路符号化においては，シンボルレピティションによってレートマッチングが行われるが，これによって発生する冗長データを削除することにより可変データレートを可能にしている．

9.3.1 伝送路符号化

cdmaOneの伝送路符号化では，CRCによる誤り検出および誤り訂正符号に畳み込み符号が用いられる．誤り検出用に付加されるCRCビットは，トラフィックチャネルのデータ伝送レートによって12, 10, 8, 6ビットの4種類が用意されている．

トラフィックチャネルのデータ伝送レートには2種類の組合せがあり，**レートセット**（**RS**: Rate Set）と呼ばれる．レートセット1は1.2 kbps, 2.4 kbps, 4.8 kbps, 9.6 kbpsの組であり，レートセット2は1.8 kbps, 3.6 kbps, 7.2 kbps, 14.4 kbpsである．これらの伝送レートに対して次のようにCRCビットが付加される．

レートセット1の9.6 kbpsおよびレートセット2の14.4 kbpsによる伝送は12ビットのCRC，レートセット2の7.2 kbpsの伝送では10ビットのCRC，レートセット1の4.8 kbpsおよびレートセット2の3.6 kbpsでは8ビットのCRC，レートセット2の1.8 kbpsの伝送では6ビットのCRCが付加される．レートセット1の2.4 kbpsおよび1.2 kbpsの伝送においてはCRCは付加されない．CRCの生成には次の生成多項式が用いられる．

12ビットCRCに対して $G(x) = x^{12} + x^{11} + x^{10} + x^9 + x^8 + x^4 + x + 1$

10ビットCRCに対して $G(x) = x^{10} + x^9 + x^8 + x^7 + x^6 + x^4 + x^3 + 1$

8ビットCRCに対して $G(x) = x^8 + x^7 + x^4 + x^3 + x + 1$

6ビットCRCに対して $G(x) = x^6 + x^2 + x + 1$

9.3 cdmaOne

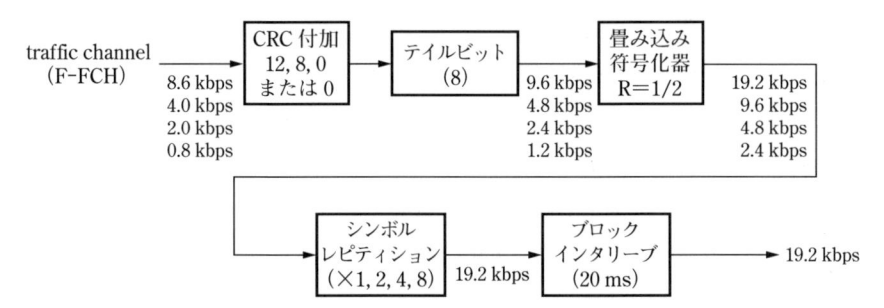

図 9-32 下りトラフィックチャネル（F-FCH）の伝送路符号化（RS-1）

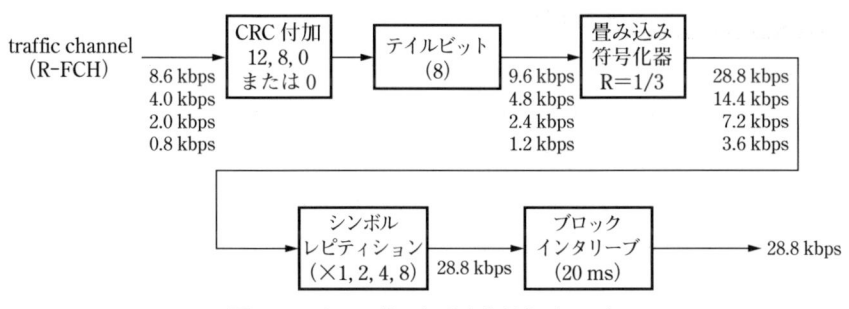

図 9-33 上り回線の伝送路符号化（RS-1）

　誤り訂正符号には拘束長 $k=9$，符号化率 $R=1/2$ の畳み込み符号が使用される．データレートがレートセット 1 において 9.6 kbps よりも低いとき，また，レートセット 2 において 14.4 kbps よりも低いときには，インタリーブされる前に畳み込み符号化器の出力でデータ出力を繰り返し挿入し，レートマッチングを行っている．例として，下り回線トラフィックチャネルの伝送路符号化の構成を図 9-32 に示す．

　許容できる最大の音声遅延を考慮して，ブロックインタリーブは 20 ms に固定され，CRC を付加したデータフレームも伝送レートに関わらず 20 ms に固定されている．

　なお，下り回線の同期チャネル，ページングチャネル，および上り回線のアク

セスチャネルに関しては畳み込み符号のみが適用され，CRC は付加されない．

図 9-33 に上り回線の伝送路符号化の例を示す．上り回線の伝送路符号化において，CRC の付加は下り回線と同様の処理が行われる．しかし，畳み込み符号の拘束長 $k=9$ は同じであるが，アクセスチャネルおよびレートセット 1 で伝送するトラフィックチャネルでは符号化率 $R=1/3$ が使用される．トラフィックチャネルがレートセット 2 で伝送する場合は $R=1/2$ が使用される．この場合のデータ伝送レートは 14.4 kbps であり，畳み込み符号化による符号化出力はレートセット 1 の場合と同じ 28.8 kbps が得られる．

9.3.2　拡散符号

cdmaOne の拡散符号は Walsh 符号（**9.2.4** 参照）と短周期の**ショート PN 符号**および長周期の**ロング PN 符号**が使用される．2 種類の PN 符号は cdma 2000 においても同じ符号が適用される．

ショート PN 符号は，I 成分に対して 15 次の生成多項式

$$P_I(x) = x^{15} + x^{13} + x^9 + x^8 + x^7 + x^5 + 1$$

Q 成分に対して

$$P_Q(x) = x^{15} + x^{12} + x^{11} + x^{10} + x^6 + x^5 + x^4 + x^3 + 1$$

から生成される．

$P_I(x)$ から生成される周期（$2^{15}-1$）の M 系列符号発生器は，図 9-34 のように構成できる．かりに，シフトレジスタの初期状態がレジスタ 15 を 1 に，他のレジスタを 0 にセットした状態でシフトを繰り返すと，出力信号は 0 が 14 個連続した後に 1 が現れる符号が得られる．もし，シフトレジスタの初期状態（すべて 0 を除く）が異なれば，14 個の 0 の連続する個所は周期の途中に現れる．しかし，0 が 14 個連続するのは 1 周期に 1 回しか発生しない．ショート PN 符号は，14 個の連続した 0 出力の後に 0 を一つ挿入し，15 個の連続した 0 になるようにした周期 2^{15} 符号である．（P_Q に対しても同様の処理が施される）しがって，ショート PN 符号は周期 26.66…ms（$=32{,}768/1{,}228{,}800$），2 秒ごとに 75 回繰り返される符号である．毎偶数秒の開始時をゼロオフセットと定義し，ゼロ

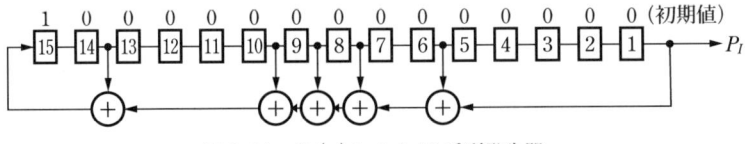

図 9-34 $P_I(x)$ による M 系列発生器

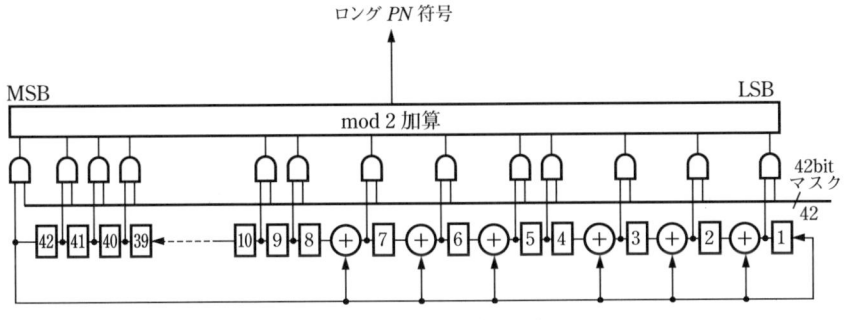

図 9-35 ロング PN 符号発生器

オフセット PN 符号の始まりは 0 が 15 個連続した後の最初の 1 である．

ロング PN 符号は 42 次の生成多項式

$$P(x) = x^{42} + x^{35} + x^{33} + x^{31} + x^{27} + x^{26} + x^{25} + x^{22} + x^{21}$$
$$+ x^{19} + x^{18} + x^{17} + x^{16} + x^{10} + x^7 + x^6 + x^5 + x^3 + x^2 + x + 1$$

から生成される周期 41 日の符号であり，構成を図 9-35 に示す．

9.3.3　同期捕捉とソフトハンドオフ

移動局は受信可能なすべての基地局のパイロットチャネルを受信する．パイロットチャネルはショート PN 符号のみで構成され，また，すべての基地局信号のクロックは GPS に時間同期しているから，時間差（オフセット）の異なる複数のパイロット信号を受信していることになる．複数のパイロット信号の中から最も受信レベルの高い基地局信号を受信機は選択する．基地局のパイロット信号は $N \times 64$ チップの時間オフセットで送信され，N（0 から 511）が基地局を識別することになる．9.3.2 で述べたように，ゼロオフセットのショート PN 符号は

毎偶数秒の開始時である．

　移動局の受信機が最も受信レベルの高い基地局のパイロット信号に同期すれば，Walsh 符号 0 から Walsh 符号 32 に相関器を切り換えることにより同期チャネルが検出できる．同期チャネルからページングチャネルの Walsh 符号，ページングチャネルからトラフィックチャネルの Walsh 符号へと順次 Walsh 符号を知り，移動局は待ち受け状態になる．

　9.2.10 で述べたように，W-CDMA におけるソフトハンドオーバでは基地局間非同期のため，無線フレームのタイミングを合わせる操作が必要になる．しかし，cdmaOne では基地局間同期方式であり，ハンドオフ先の基地局データも同一タイミングで送信されているからソフトハンドオフに対して余分な操作は必要としない．したがって，比較的簡単にソフトハンドオフが可能である．

9.4　　IMT-MC（cdma2000）

　cdma 2000 は IS-95 B（cdmaOne）を発展させた方式で，cdmaOne に対して後方互換性（backward compatibility）を備えている．すべての基地局を cdmaOne と同様に GPS の時間基準に同期させた基地局間同期方式であり，下り回線（3 GPP 2 では **forward link** と呼んでいる）の拡散符号をチップレベルでタイミングをあわせている．このため，基地局の識別を拡散符号の位相差で判断できる直接拡散方式の CDMA である．

　cdma 2000 のスペクトラムは cdmaOne と同じチップレート 1.2288 Mcps，占有帯域幅 1.25 MHz を単位として単一搬送波の **SR**（Spreading Rate）-1(1 X) モードと，SR-1 を三つ束ねた SR-3(3 X) モードがある．SR-3 モードの下り回線ではデータを 3 分割して三つの搬送波（multi carrier）で伝送し，各搬送波は 1.2288 Mcps で拡散変調される．上り回線（3 GPP 2 では **reverse link** と呼んでいる）の SR-3 モードは，3.6864（1.2288×3）Mcps で拡散した単一搬送波で伝送される．上り，下り回線ともに上下 625 kHz のガードバンドを設け，帯域幅は図 9-36 に示すように 5 MHz としている．

9.4 IMT-MC (cdma2000)

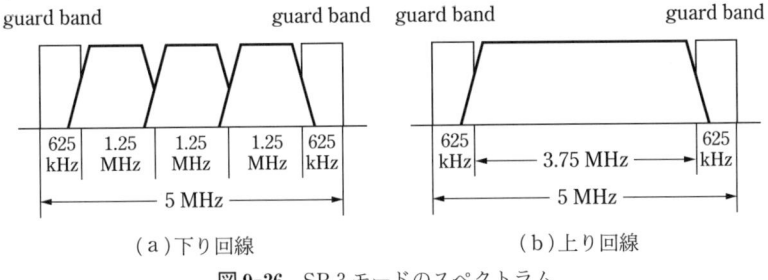

図 9-36 SR3モードのスペクトラム

(a) 下り回線／(b) 上り回線

データ変調は下り回線が QPSK, 上り回線は BPSK, 拡散変調は下り回線が QPSK, 上り回線は HPSK で W-CDMA と同じである．しかし，基地局間同期方式であるから拡散符号（W-CDMA のスクランブルコード）は1種類で充分であり，M系列符号が，また OVSF に代わって cdmaOne と同じ **Walsh 符号**（Walsh 関数）が使われている．

音声符号化は cdmaOne で採用されている可変ビットレートの EVRC（**6.6 参照**）である．

9.4.1 無線構成

伝送レートは**無線構成**（**RC**: Radio Configuration）によって定義されている．表 9-6 に示すように，下り回線に9種類，上り回線に6種類の無線構成がある．

RC-1, RC-2 は cdmaOne のレートセット1, レートセット2に該当し, cdmaOne に対して後方互換のあるモードである．下り回線の RC-3〜RC-5, および上り回線の RC-3, RC-4 は cdma 2000 の1Xモードで使用され, 下り回線の RC-6〜RC-9, および上り回線の RC-5, RC-6 はマルチキャリアの3Xモードで使用される．

移動局が RC-1 あるいは RC-2 で伝送している場合は，基地局も移動局の使用モードにあわせて RC-1, RC-2 で対応する．移動局が RC-3 で伝送した場合，基地局は RC-3, RC-4, RC-6 あるいは RC-7 を使用して移動局に対応する．移

表9-6 無線構成

無線構成	拡散率（SF）	データレート（kbps）	符号化率
RC-1	1 X	1.2, 2.4, 4.8, 9.6	1/2
RC-2	1 X	1.8, 3.6, 7.2, 14.4	1/2
RC-3	1 X	1.2, 1.35, 1.5, 2.4, 2.7, 4.8, 9.6, 19.2, 38.4, 76.8, 153.6	1/4
RC-4	1 X	1.2, 1.35, 1.5, 2.4, 2.7, 4.8, 9.6, 19.2, 38.4, 76.8, 153.6, 307.2	1/2
RC-5	1 X	1.8, 3.6, 7.2, 14.4, 28.8, 57.6, 115.2, 230.4	1/4
RC-6	3 X	1.2, 1.35, 1.5, 2.4, 2.7, 4.8, 9.6, 19.2, 38.4, 76.8, 153.6, 307.2	1/6
RC-7	3 X	1.2, 1.35, 1.5, 2.4, 2.7, 4.8, 9.6, 19.2, 38.4, 76.8, 153.6, 307.2, 614.4	1/3
RC-8	3 X	1.8, 3.6, 7.2, 14.4, 28.8, 57.6, 115.2, 230.4, 460.8	1/4 (20 ms) 1/3 (5 ms)
RC-9	3 X	1.8, 3.6, 7.2, 14.4, 28.8, 57.6, 115.2, 230.4, 259.2, 460.8, 518.4, 1036.8	1/2 (20 ms) 1/3 (5 ms)

（a）下り回線

無線構成	拡散率（SF）	データレート（kbps）	符号化率
RC-1	1 X	1.2, 2.4, 4.8, 9.6	1/3
RC-2	1 X	1.8, 3.6, 7.2, 14.4	1/2
RC-3	1 X	1.2, 1.35, 1.5, 2.4, 2.7, 4.8, 9.6, 19.2, 38.4, 76.8, 153.6	1/4
		307.2	1/2
RC-4	1 X	1.8, 3.6, 7.2, 14.4, 28.8, 57.6, 115.2, 230.4	1/4
RC-5	3 X	1.2, 1.35, 1.5, 2.4, 2.7, 4.8, 9.6, 19.2, 38.4, 76.8, 153.6	1/4
		307.2, 614.4	1/3
RC-6	3 X	1.8, 3.6, 7.2, 14.4, 28.8, 57.6, 115.2, 230.4, 460.8	1/4
		1036.8	1/2

（b）上り回線

動局がRC-4で伝送した場合，基地局はRC-5，RC-8あるいはRC-9で対応する．移動局が拡散率3XモードのRC-5で伝送した場合，基地局も3XモードのRC-6またはRC-7で対応し，移動局がRC-6を使用すれば基地局はRC-8あるいはRC-9を使用して対応することになる．

このように，cdma 2000では多様なデータレートでの伝送が選択できるが，伝送レートが高くなるにしたがって符号誤りに対する耐性が弱くなる．

9.4.2　チャネル構造

　cdma 2000にはcdmaOneのチャネルがすべて含まれ，図9-37に示すようにF-PICH，F-SYNC，F-PCH，F/R-FCH，F/R-SCCH，R-ACHはcdmaOneと同じチャネルである．

　cdma 2000に新しく追加されたチャネルは，送信ダイバーシティパイロットチャネル（F-TDPICH），補助パイロットチャネル（F-APICH），補助送信ダイバーシティパイロットチャネル（F-ATDPICH），ブロードキャストコントロールチャネル（F-BCCH），クイックページングチャネル（F-QPCH），共通割当てチャネル（F-CACH），共通電力制御チャネル（F-CPCCH），エンハンスドアクセスチャネル（R-EACH），共通制御チャネル（F/R-CCCH），個別制御チャネル（F/R-DCCH），補足チャネル（F/R-SCH）である．

　上り回線に**上りパイロットチャネル**が追加されている．これは無線構成RC-3～RC-6で伝送する場合に移動局から送信され，基地局における受信性能を改善するためのチャネルである．

　送信ダイバーシティチャネル，補助パイロットチャネル，補助送信ダイバーシティパイロットチャネルの三つは，基地局において送信ダイバーシティを行う場合に使用するチャネルである．

　クイックページングチャネルはページングチャネルの補完を行う．cdmaOneでは，移動局の受信機は一定周期でページングチャネルを復号して，自局に関する情報をモニタしている．しかし，他局に関する情報であっても復号する必要があり，余分な電力を消費していることになる．これを解消するために，クイック

```
基地局 (BTS) ←→ 移動局 (MS)

  ← F/R-PICH (Forward/Reverse Pilot Channel) →
  ── F-TDPICH (Forward Transmit Diversity Pilot Channel) →
  ── F-APICH (Forward Auxiliary Pilot Channel) →
  ── F-ATDPICH (Forward Auxiliary Transmit Diversity Pilot Channel) →
  ── F-SYNC (Forward Sync Channel) →
  ── F-PCH (Forward Paging Channel) →
  ── F-QPCH (Forward Quick Paging Channel) →
  ── F-BCCH (Forward Broadcast Control Channel) →
  ── F-CACH (Forward Common Assignment Channel) →
  ── F-CPCCH (Forward Common Power Control Channel) →
  ← F/R-CCCH (Forward/Reverse Common Control Channel) →
  ← F/R-DCCH (Forward/Reverse Dedicated Control Channel) →
  ← F/R-FCH (Forward/Reverse Fundamental Channel) →
  ← F/R-SCCH (Forward/Reverse Supplemental Code Channel) →
  ← F/R-SCH (Forward/Reverse Supplemental Channel) →
  ← R-ACH (Reverse Access Channel) ──
  ← R-EACH (Reverse Enhanced Access Channel) ──
```

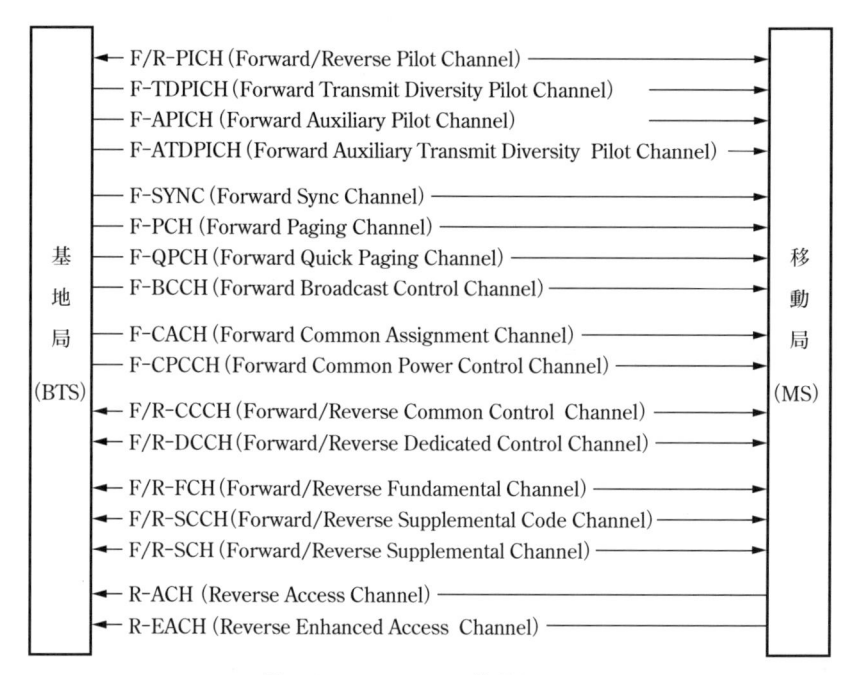

図 9-37　cdma 2000 の物理チャネル

ページングチャネルは，移動局に対して関連ある情報が存在することを通知しているチャネルである．関連がない情報ならばページングチャネルを復号する必要はなく，消費電力の節減に役立つことになる．

ブロードキャストコントロールチャネルは同期チャネルを補完するチャネルである．同期チャネルの伝送レートはcdmaOneと同じ 1.2 kbps の固定値であるが，ブロードキャストコントロールチャネルでは 19.2 kbps の伝送レートが可能になる．

移動局が制御データを上りの**共通制御チャネル**を使って伝送する場合，共通チャネルであるため，使用にあたっては許可を受ける必要がある．許可の請求はエンハンスドアクセスチャネルを使用して行われるが，基地局は許可請求に対して**共通割当てチャネル**によって対応する．

共通電力制御チャネルはすべての移動局に対して電力制御信号を送信し，エン

ハンドアクセスチャネルおよび共通制御チャネルの送信電力を制御する．複数の移動局に対する命令は，時分割によって処理している．

両方向に一つずつ**個別制御チャネル**が用意されている．このチャネルは，呼の途中で制御情報を伝送するためのチャネルである．

補足チャネルは高速データチャネルであり，0あるいは1，2チャネルが使用可能である．

エンハンスドアクセスチャネルはcdmaOneのアクセスチャネルを補完するチャネルである．このチャネルは長い制御データの伝送が可能であり，また，共通電力制御チャネルにより送信電力制御を受けるため，上り回線における干渉を最小限に抑えることができる．

cdma 2000の階層構造は図9-38のように構成されている．LAC（Link Access Control）サブレイヤおよびMAC（Medium Access Control）サブレイヤはOSIのレイヤ2（データリンク層）に相当し，上位層と物理層間において音声などの情報にCRCを付加するなど，物理層で規定するデータ構成に変換する．図9-38において小文字で表記しているf-csch（forward-common signaling channel），f/r-dsch（forward /reverse-dedicated signaling channel），f/r-dtch（forward /reverse-dedicated traffic channel）は論理チャネルであり，大文字で表記したチャネルは物理チャネルである．

図9-39はSR-1(1 X)モードにおける下り回線（基地局）の構成を示す．基本チャネルはcdmaOneと同じである．音声伝送の他にデータ伝送にも使用され，データレートは14.4 kbpsに制限されている．補足コードチャネルもcdmaOneと同じであり，無線構成RC-1，RC-2のみで使用される．データレートは最大14.4 kbpsに制限されている．

高速データチャネルである補足チャネルは無線構成RC-3〜RC-5で使用され，1チャネルあたりのデータレートは表9-6に示すように最大307.2 kbpsである．

cdma 2000においてはWalsh符号の符号長が64では対応できなくなり，SR-1モードでは符号長128，SR-3モードでは符号長256の符号も使用される．したがって，Walsh符号の表現は符号番号だけでなく符号長を右肩に記入し，W_X^Y

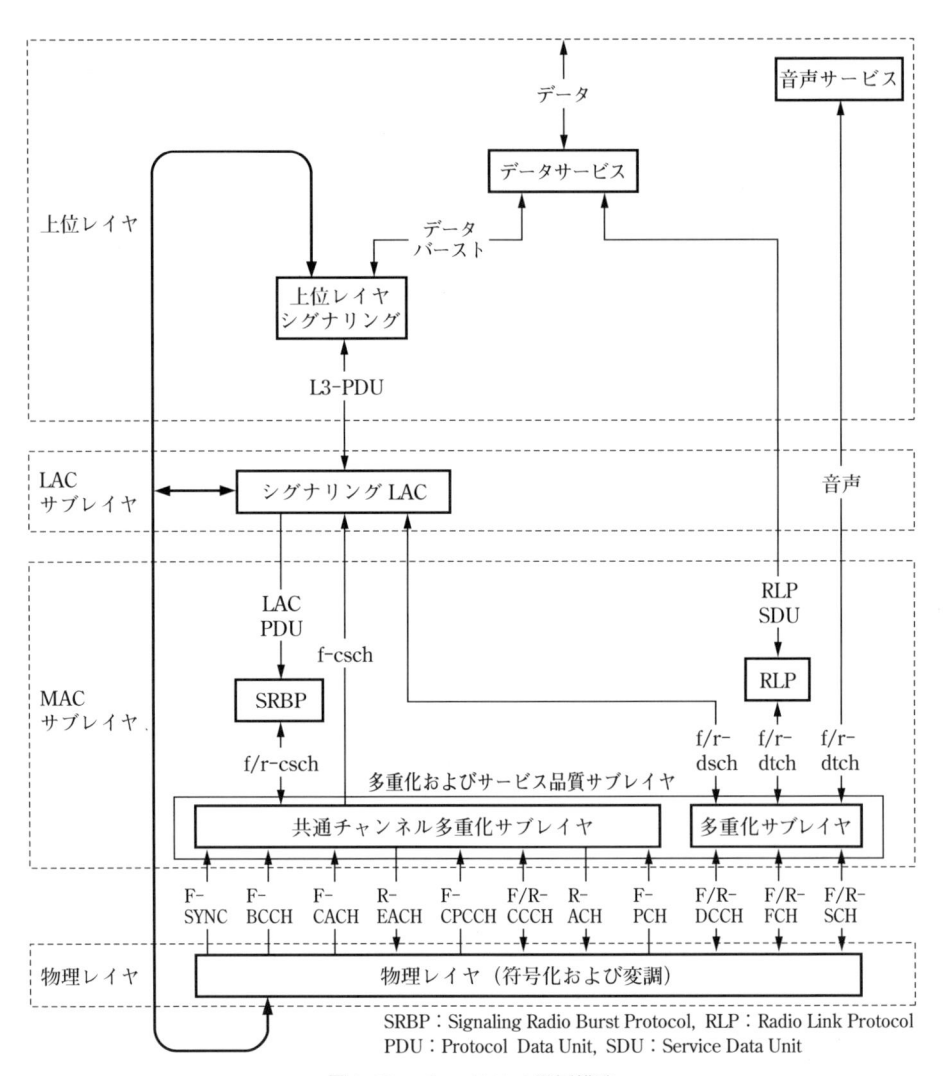

図9-38 cdma 2000 の階層構造

のように表している．たとえば，W_{32}^{64} は符号長64，符号番号32のWalsh符号である．

クイックページングチャネル，共通電力制御チャネルに対しては伝送路符号化

9.4 IMT-MC (cdma2000)

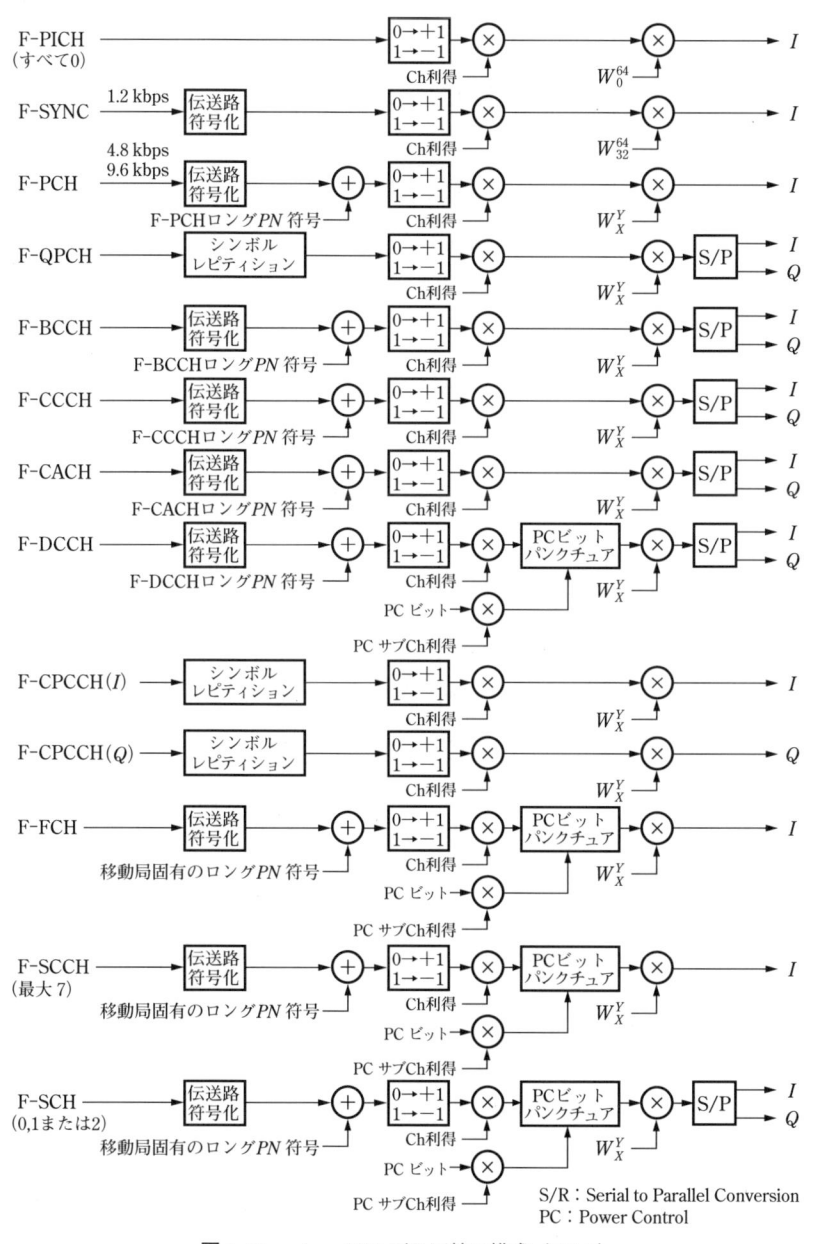

図 **9-39** cdma 2000 下り回線の構成 (SR-1)

S/R : Serial to Parallel Conversion
PC : Power Control

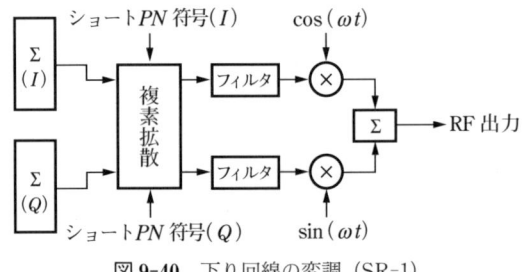

図 9-40 下り回線の変調（SR-1）

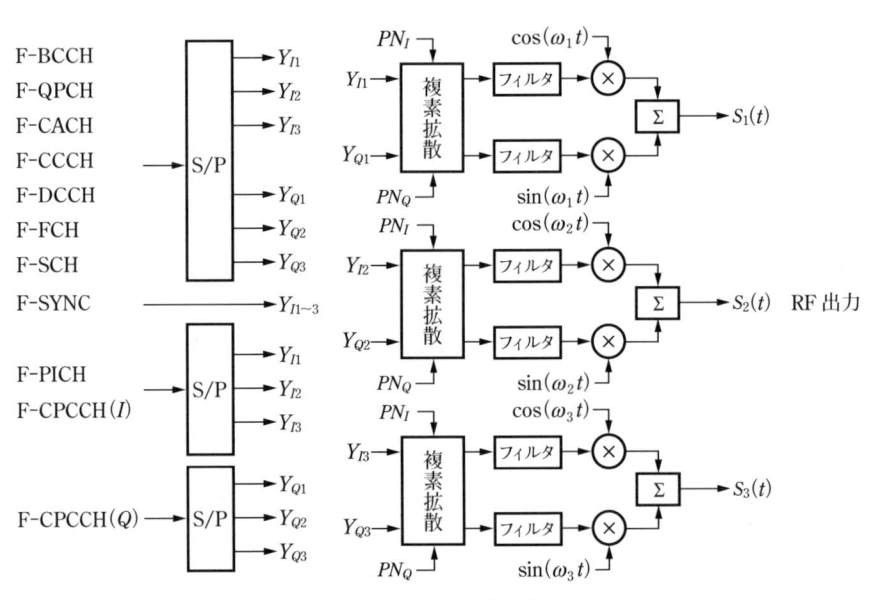

図 9-41 下り回線の変調（SR-3）

は施されず，情報シンボルの反復（シンボルレピティション）のみが用いられている．各チャネルは Walsh 符号を乗算する前にレベル変換（$0 \to +1$, $1 \to -1$）され，図 9-40 に示すように線形加算による合成を経て RF 変調が行われる．また，ショート PN 符号による乗算には W-CDMA と同じ複素拡散が使用されている．

9.4 IMT-MC (cdma2000)

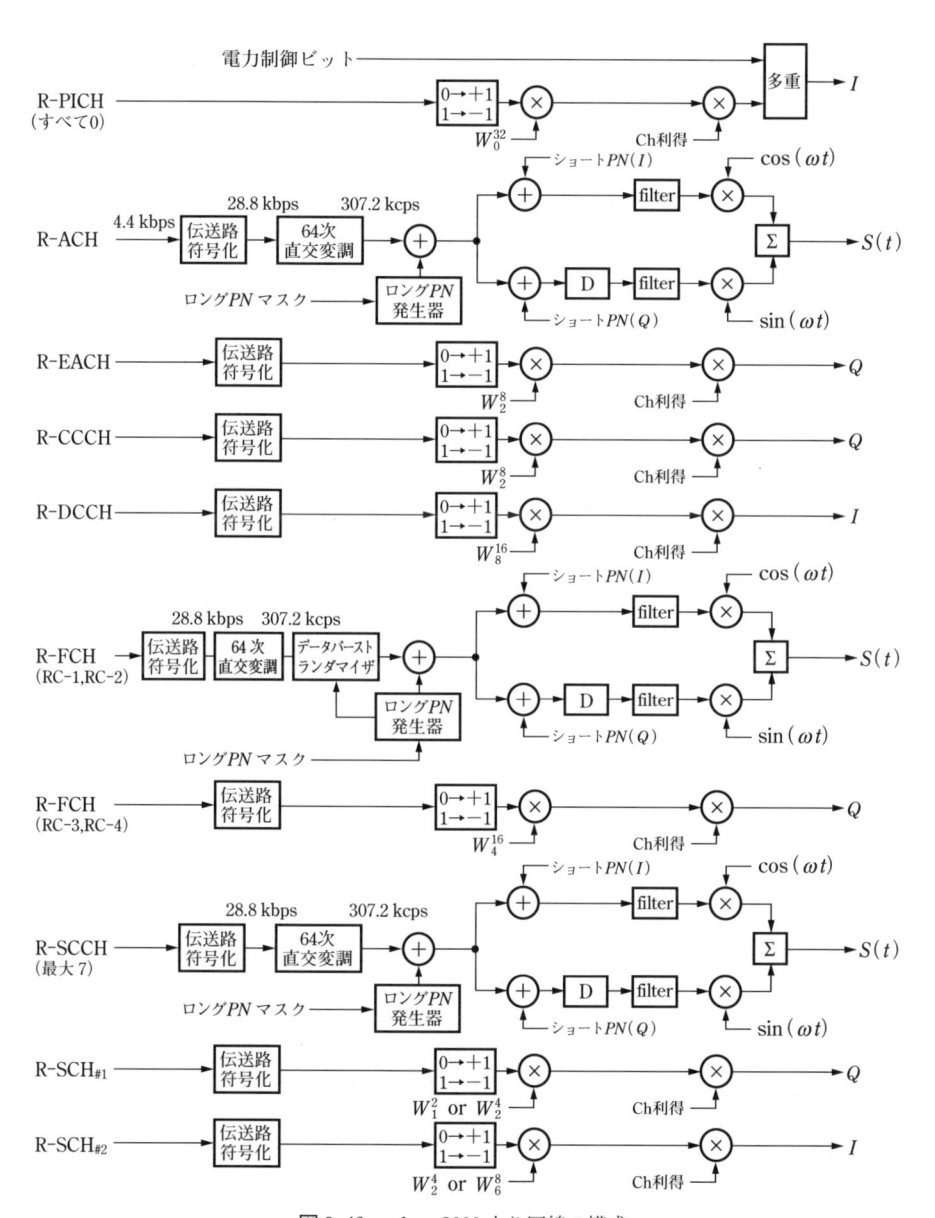

図 9-42 cdma 2000 上り回線の構成

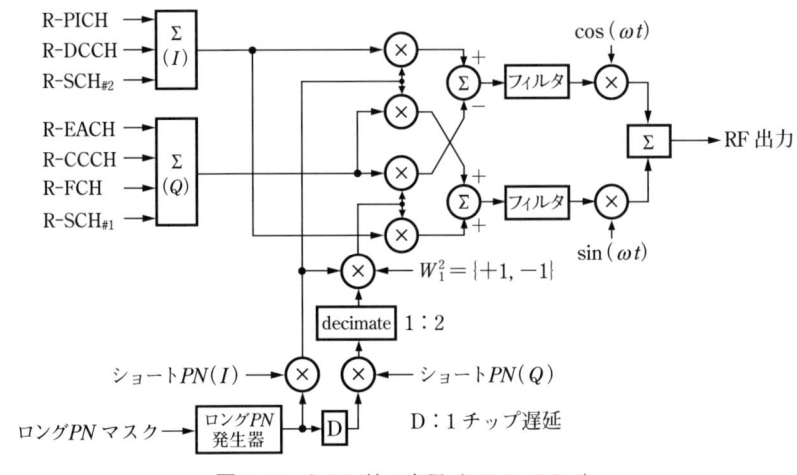

図 9-43 上り回線の変調（RC-3〜RC-6）

下り回線の SR-3 モードは，図 9-36 に示すように三つの搬送波により伝送される．SR-3 モードで使用されるチャネルは PICH，SYNC，BCCH，QPCH，CPCCH，CACH，CCCH，DCCH，FCH，SCH であり，送信ダイバーシティに関連するチャネルと補足コードチャネルは使用されていない．

SR-3 モードでは，図 9-41 に示すようにデータを三つの搬送波に対して分割することにより高速伝送を可能にし，各搬送波はそれぞれ 1.2288 Mcps で拡散される．

上り回線は図 9-42 のように構成される．RC-1，RC-2 による伝送では後方互換を保つため，R-ACH，R-FCH および R-SCCH に関しては cdmaOne と同じ構成になっている．その他のチャネルは拡散レート（SR）に関わらず RC-3〜RC-6 で使用され，チャネル識別は Walsh 符号によって行われる．

R-ACH，R-FCH，および R-SCCH の RF 変調は互換性を保つため，図 9-42 に示すように cdmaOne と同じ OQPSK が使用される．

RC-3〜RC-6 で使用される変調は，図 9-43 に示すように W-CDMA と同じ HPSK である．SR-1，SR-3 と同じ構成であるが，SR-3 モードではロング PN 符号が 3.6864 Mcps（1.2288×3）になることだけが異なっている．

9.4.3　伝送路符号化

cdmaOne における誤り訂正符号には畳み込み符号のみが採用されているが，cdma 2000 では補足チャネルにターボ符号が追加されている．下り回線に適用される誤り訂正符号を表 9-7，表 9-8 に示す．上り回線には表 9-9，表 9-10 のように誤り訂正符号が適用される．

誤り検出のために付加する CRC は，cdmaOne においては 12 ビット，10 ビット，8 ビット，6 ビットが規定されているが，cdma 2000 では 16 ビットが追加され，次の生成多項式が使用されている．

$$G(x)=x^{16}+x^{15}+x^{14}+x^{11}+x^6+x^5+x^2+x+1$$

また，下り回線の RC-3～RC-9，および上り回線の RC-3～RC-6 に関しては，6 ビットの CRC を生成する生成多項式が次のように変更されている．

表 9-7　下り回線の誤り訂正（SR-1）

チャネル	誤り訂正符号	符号化率（R）
同期チャネル（F-SYNC）	畳み込み符号	1/2
ページングチャネル（F-PCH）	畳み込み符号	1/2
ブロードキャストコントロールチャネル（F-BCCH）	畳み込み符号	1/4 or 1/2
クイックページングチャネル（F-QPCH）	なし	―
共通電力制御チャネル（F-CPCCH）	なし	―
共通割り当てチャネル（F-CACH）	畳み込み符号	1/4 or 1/2
共通制御チャネル（F-CCCH）	畳み込み符号	1/4 or 1/2
個別制御チャネル（F-DCCH）	畳み込み符号	1/4（RC-3 or 5） 1/2（RC-4）
基本チャネル（F-FCH）	畳み込み符号	1/2（RC-1, 2 or 4） 1/4（RC-3 or 5）
補足コードチャネル（F-SCCH）	畳み込み符号	1/2（RC-1 or 2）
補足チャンネル（F-SCH）	畳み込み符号，またはターボ符号（$N \geq 360$）	1/2（RC-4） 1/4（RC-3 or 5）

注：N はフレームあたりのビット数．

表 9-8　下り回線の誤り訂正（SR-3）

チャネル	誤り訂正符号	符号化率（R）
同期チャネル（F-SYNC）	畳み込み符号	1/2
ブロードキャストコントロールチャネル（F-BCCH）	畳み込み符号	1/3
クイックページングチャネル（F-QPCH）	なし	—
共通電力制御チャネル（F-CPCCH）	なし	—
共通割り当てチャネル（F-CACH）	畳み込み符号	1/3
共通制御チャネル（F-CCCH）	畳み込み符号	1/3
個別制御チャネル（F-DCCH）	畳み込み符号	1/6（RC-6） 1/3（RC-7） 1/4 or 1/3（RC-8） 1/2 or 1/3（RC-9）
基本チャネル（F-FCH）	畳み込み符号	1/6（RC-6） 1/3（RC-7） 1/4 or 1/3（RC-8） 1/2 or 1/3（RC-9）
補足チャネル（F-SCH）	畳み込み符号	1/6（RC-6）
	畳み込み符号 または ターボ符号（$N \geq 360$）	1/3（RC-7） 1/4（RC-8） 1/2（RC-9）

注：N はフレームあたりのビット数．

$$G(x) = x^6 + x^5 + x^2 + x + 1$$

CRC を計算する単位を cdma 2000 ではフレームと呼んでいる．CRC ビットを含むフレーム長には 5 ms，20 ms，40 ms，80 ms の 4 種類があり，フレーム構造は図 9-44 のように表される．

たとえば下り回線の補足チャネルのフレーム長は 20 ms，固定データレートにおけるフレームは表 9-11 のように構成されている．予約ビットは将来使用する可能性を考慮したビットであり，現時点においては 0 にセットして伝送する．また，フレームの最後に挿入されるテイルビットも 8 ビットすべて 0 にセットする．

9.4 IMT-MC（cdma2000）

表 9-9　上り回線の誤り訂正（SR-1）

チャネル	誤り訂正符号	符号化率（R）
アクセスチャネル（R-ACH）	畳み込み符号	1/3
エンハンスドアクセスチャネル（R-EACH）	畳み込み符号	1/4
共通制御チャネル（R-CCCH）	畳み込み符号	1/4
個別制御チャネル（R-DCCH）	畳み込み符号	1/4
基本チャネル（R-FCH）	畳み込み符号	1/3（RC-1） 1/2（RC-2） 1/4（RC-3, RC-4）
補足コードチャネル（R-SCCH）	畳み込み符号	1/3（RC-1） 1/2（RC-2）
補足チャネル（R-SCH）	畳み込み符号 または ターボ符号（$N \geq 360$）	1/4（RC-3, $N<6120$） 1/2（RC-3, $N=6120$） 1/4（RC-4）

注：N はフレームあたりのビット数．

表 9-10　上り回線の誤り訂正（SR-3）

チャネル	誤り訂正符号	符号化率（R）
エンハンスドアクセスチャネル（R-EACH）	畳み込み符号	1/4
共通制御チャネル（R-CCCH）	畳み込み符号	1/4
個別制御チャネル（R-DCCH）	畳み込み符号	1/4
基本チャネル（R-FCH）	畳み込み符号	1/4
補足チャネル（R-SCH）	畳み込み符号 または ターボ符号（$N \geq 360$）	1/4（RC-5, $N< 6120$） 1/3（RC-5, $N \geq 6120$） 1/4（RC-6, $N<20712$） 1/2（RC 6, $N=20712$）

注：N はフレームあたりのビット数．

予約ビット	情報ビット	CRC	テイルビット

図 9-44　フレーム構造

表 9-11 補足チャネルのフレーム構造

無線構成 (RC)	データレート (kbps)	フレームあたりのビット数			
		総数	予約	情報	CRC	テイル
下り回線 3, 4, 6, 7 (上り回線 3, 5)	614.4	12,288	0	12,264	16	8
	307.2	6,144	0	6,120	16	8
	153.6	3,072	0	3,048	16	8
	76.8	1,536	0	1,512	16	8
	38.4	768	0	744	16	8
	19.2	384	0	360	16	8
	9.6	192	0	172	12	8
	4.8	96	0	80	8	8
	2.7	54	0	40	6	8
	1.5	30	0	16	6	8
下り回線 5, 8, 9 (上り回線 4, 6)	1,036.8	20,736	0	20,712	16	8
	460.8	9,216	0	9,192	16	8
	230.4	4,608	0	4,584	16	8
	115.2	2,304	0	2,280	16	8
	57.6	1,152	0	1,128	16	8
	28.8	576	0	552	16	8
	14.4	288	1	267	12	8
	7.2	144	1	125	10	8
	3.6	72	1	55	8	8
	1.8	36	1	21	6	8

　上り回線のフレーム構造については，CRC の生成多項式も下り回線と差異はなく，たとえば上り回線の補足チャネルの固定データレート伝送におけるフレーム構造は，表 9-11 の無線構成の欄に括弧で示している．
　cdma 2000 における伝送路符号化の例を図 9-45 に示す．図 9-45 は表 9-11 に示す補足チャネル（上り回線，RC-3）の場合であり，伝送レート 76.8 kbps,

9.4 IMT-MC (cdma2000)

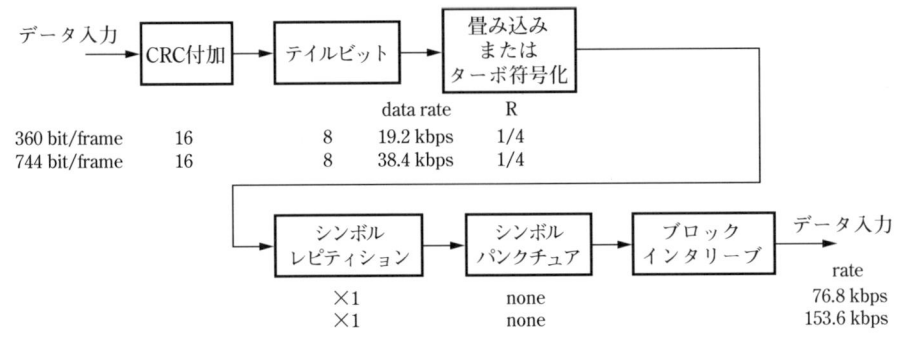

```
データ入力 → [CRC付加] → [テイルビット] → [畳み込み または ターボ符号化]
                                              data rate    R
360 bit/frame    16        8        19.2 kbps  1/4
744 bit/frame    16        8        38.4 kbps  1/4

→ [シンボル レピティション] → [シンボル パンクチュア] → [ブロック インタリーブ] → データ入力
                                                                                    rate
         ×1                      none                                            76.8 kbps
         ×1                      none                                            153.6 kbps
```

図 9-45 補足チャネルの伝送路符号化（上り回線，RC-3）

および 153.6 kbps の場合のみ数字を記載し，他は省略している．

9.4.4 拡散符号

下り回線および上り回線の SR-1 モードで用いられる cdma2000 の拡散符号は，ロング PN 符号，ショート PN 符号ともに **9.3.2** で述べた cdmaOne と同じ符号である．

上り回線の SR-3 モードで用いられるチップレート 3.6864 Mcps のロング PN 符号は，図 9-46 のように生成される．SR-1 モードの 1.2288 Mcps のロング PN 符号に，1/1.2288 μs 遅延させた符号と 2/1.2288 μs 遅延させた符号をそれぞれ mod 2 加算した符号を作成し，これら三つの符号を多重化して 3.6864 Mcps の符号を得ている．

上り回線の SR-3 モードのショート PN 符号は，生成多項式 $P(x)=x^{20}+x^9+x^5+x^3+1$ から生成される符号長 $2^{20}-1$ (1,048,575) の M 系列符号である．I PN 符号，Q PN 符号はともに同じ生成多項式が用いられ，Q PN 符号は I PN 符号を 2^{19} チップ遅延した符号である．SR-3 モードのチップレートは 3.6864 Mcps であり，SR-1 モードと同じ 26.66…ms 周期の符号を得るために，1,048,575 チップ周期の M 系列符号の頭から $3×2^{15}$ (98,304) チップを使用し，後は切り捨てている．したがって SR-3 モードにおけるショート PN 符号も 2 秒

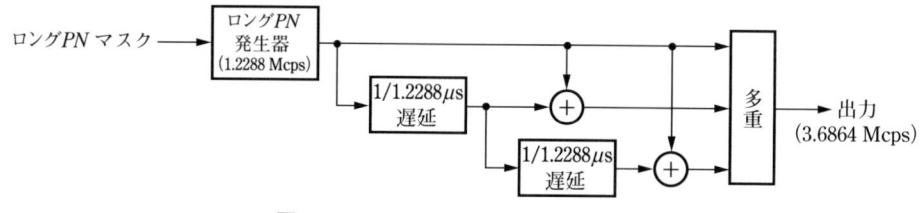

図 9-46 ロング PN 発生器（上り SR-3）

表 9-12 QOF マスク

関数	マスク関数																Walsh$_{rot}$
	QOF$_{sign}$ （16 進表示）																
0	0000	0000	0000	0000	0000	0000	0000	0000	0000	0000	0000	0000	0000	0000	0000	0000	W_0^{256}
1	7228	D772	4EEB	EBB1	EB4E	B1EB	D78D	8D28	2782	82D8	1B41	BE1B	411B	1BBE	7DD8	277D	W_{130}^{256}
2	114B	1E44	44E1	4BEE	EE4B	E144	BBE1	B4EE	DD87	2D77	882D	78DD	2287	D277	772D	87DD	W_{173}^{256}
3	1724	BD71	B281	18D4	8EBD	DB17	2B18	7EB2	E7D4	B27E	BD8E	E824	81B2	2BE7	DBE8	71BD	W_{47}^{256}

間に 75 回繰り返す符号であり，毎偶数秒ごとに 0 タイムシフトの符号が現れる．

　下り回線の無線構成 RC-1，RC-2 におけるチャネル識別は Walsh 符号によって行われるが，RC-3〜RC-9 においては Walsh 符号が限界に達すると，Walsh 符号を補完するために **QOF**（Quasi-Orthogonal Function：**準直交関数**）が使用される．Walsh 符号と QOF には互いに完全な直交性はないが，QOF 同士の直交性は確保されている．

　QOF の生成は，表 9-12 に示す QOF サイン（QOF$_{sign}$）と呼ばれる 2 進シンボルをもととなる Walsh 符号に乗算（マスク）した符号と，$(I+jQ)$ で表される入力データ信号を 90°回転した $(-Q+jI)$ への変換を駆動する Walsh$_{rot}$ 符号との組合せで生成される．この場合，図 9-40，図 9-41 に示す変調回路は，図 9-47 の構成になる．QOF$_{sign}$，および Walsh 符号は 0→+1，1→−1 にレベル変換した値であり，Walsh$_{rot}$ の値は 0,1 である．Walsh$_{rot}$ が 1 の場合，入力データ信号は 90°回転して $(-Q+jI)$ が出力され，Walsh$_{rot}$ が 0 の場合には回転は

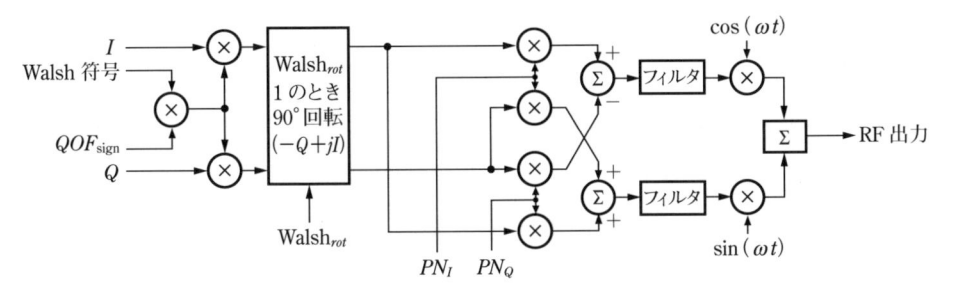

図9-47 QOFによる I, Q 軸へのマッピングと複素拡散

行われず，入力データはそのまま $(I+jQ)$ として出力される．すべて0の QOF$_{sign}$ と Walsh$_{rot}$ の組合せの場合は，もとの Walsh 符号をそのまま使用する通常の複素拡散である．

参考文献

[1] THE DAWN OF 3G MOBILE SYSTEMS. IMT-2000-From vision to reality, ITU NEWS No. 9/2000 http://www.itu.int/itunews/

[2] Mike Callendar: IMT-2000 STANDARDIZATION, Presentation at TELECOM 99. http://www.itu.int/imt/imt2kstd.doc

[3] 小泉修：図解でわかるデータ通信のすべて，日本実業出版 (1998)

[4] 岡部泰一：ネットワーク技術解説講座 詳説 TCP/IP プロトコル 第3回 OSI 参照モデル, http://www.atmarkit.co.jp/fwin2k/network/tcpip 003/tcpip 01.html〜tcpip 05.html

[5] 3G TS 25.201 V 3.1.0 (2000-06) Physical layer-General description

[6] 3GPP TS 25.211 V 3.7.0 (2001-06) Physical channels and mapping of transport channels onto physical channels (FDD)

[7] 3GPP TS 25.212 V 3.6.0 (2001-06) Multiplexing and channel coding (FDD)

[8] 3G TS 25.213 V 3.3.0 (2000-06) Spreading and modulation (FDD)

[9] 3GPP TR 25.944 V 3.5.0 (2001-06) Channel coding and multiplexing examples

[10] 3G TS 26.071 V 3.0.1 (1999-08) AMR Speech Codec; General Description

[11] Agilent Technologies: HPSK Spreading for 3G, Application Note Agilent AN 1335. http://literature.agilent.com/litweb/pdf/5968-8438E.pdf

[12] CDMA 方式携帯自動車電話システム標準規格 ARIB STD-T 53 2.0 版, 社団法人電波産業会

[13] 3 GPP 2 C. S 0001-A Introduction to cdma2000 Standards for Spread Spectrum Systems, Release A, June 2000

[14] 3 GPP 2 C. S 0002-A Physical Layer Standard for cdma2000 Spread Spectrum Systems, Release A, June 2000

[15] 3 GPP 2 C. S 0003-A-1 Medium Access Control (MAC) Standard for cdma2000 Spread Spectrum Systems, Release A-Addendum 1, September 2000

[16] 3 GPP 2 C. S 0014-0 Enhanced Variable Rate Codec, Speech Service Option 3 for Wideband Spread Spectrum Digital Systems, January 1997

[17] Agilent Technologies: 2001 3 G ワークショップ, 3 G ワイヤレス・テクノロジー・ワークショップ, パート 1, 2, 3. http://jp.tm.agilent.com/tmo/wireless/3 g/3 g.shtml

第10章

スペクトラム拡散方式の応用

10.1　スペクトラム拡散方式による距離測定

　正確な時刻を電波に乗せて送信し，送信された時刻情報と受信点における現在時刻との差を求めれば，2点間の距離を測定（**測距**：ranging）することができる．すなわち，送受信点間の時刻差により求めた電波の伝搬時間に電波の伝搬速度（2.997925×10^8 m/s）を乗算すれば，2点間の距離が求められる．この方法はどのような手段を用いても可能ではあるが，実用化するのは困難である．しかし，スペクトラム拡散方式ならば，2点間の伝搬速度が容易に測定可能である．スペクトラム拡散方式では，時刻情報をスペクトラム拡散符号におき換えることが可能であり，拡散符号のチップ速度が増加するにしたがって測定精度は向上する．

　図10-1に示す時計は，送受ともに現在の時間基準であるセシウム原子時計，あるいはルビジウム原子時計のような精密時計であり，この時計により送信側PN信号発生器のシフトレジスタは毎正秒ごとにすべて1にセットされるものとする．このようにして発生させたPN信号で拡散変調を受けた電波は，送受間の距離に応じた遅延を受けて受信側に到達する．受信側においては，破線で囲った遅延ロックループ（**5.3**参照）で同期保持が行われている．遅延ロックループのPN信号発生器には送信側と同じように構成したシフトレジスタがあり，このシフトレジスタがすべて1を出力するタイミングは送信における正秒を指示していることである．したがって，受信側の時計の正秒出力で距離測定カウンタをスタートさせ，遅延ロックループのPN信号発生器（シフトレジスタ）がすべ

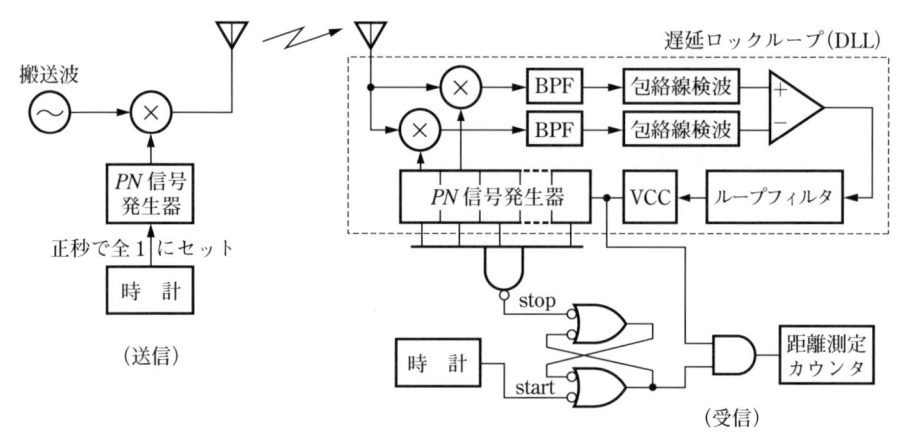

図 10-1 距離測定システム

て 1 を出力したタイミングでカウンタをストップして，チップレートに等しいクロック信号を数えれば，1 チップ区間の精度で電波の遅延時間が測定できる．計測した遅延時間に光の速度を掛ければ，2 点間の距離が求まる．しかし，この方法による距離の測定は，PN 信号の 1 周期よりも短い距離に限定される．もし，1 周期よりも長い距離を計測した場合には，シフトレジスタの出力がすべて 1 になる状態が実際の遅延時間よりも短くなり，正確な距離の計測は不可能になる．また，測定精度はチップ区間で確定するので，精度を上げるにはチップレートを速くする必要がある．

　この方法は測定対象が地球周辺である場合には何も問題は発生しないが，たとえば惑星探査のように電波の伝搬時間に数秒を要するような距離にある衛星と地球の間では，1 周期が数秒以上の符号が必要になる．このように周期の長い符号では同期捕捉に長時間を要し，測定に必要な時間が長くなることは避けられない．この問題を解決するために，ジェット推進研究所（JPL：Jet Propulsion Laboratories）が考案した **JPL 測距符号**がある．

　JPL 距測符号は，互いに素な長さの二つ以上の PN 符号を mod 2 加算することによって生成され，合成された符号の周期は各 PN 符号の周期の積になる．しがって，いくらでも長い周期の符号が生成可能である．その上に，この符号は

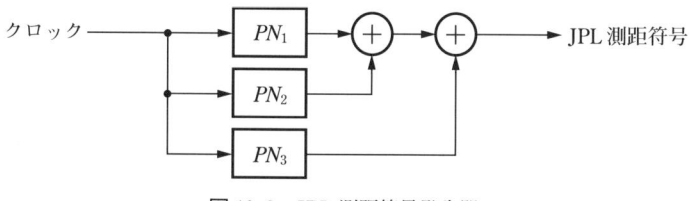

図10-2 JPL測距符号発生器

短周期の各PN符号に対して独立した同期を確立することが可能であり，同期捕捉の時間を短縮することができる．JPL符号発生器は，各符号の長さが異なっている以外はgold符号（**3.3**参照）発生器と同じであり，図10-2のように構成できる．

10.2　GPS

10.1で述べたスペクトラム拡散方式による距離測定の中で，最も一般に馴染みの深いのが**GPS**（Global Positioning System：全世界測位システム）であろう．

GPSが普及するまでの測位システムは，アメリカ，イギリスが第2次世界大戦初期に飛行機の長距離航行を援助するために軍事目的で共同開発したロラン（LORAN：Long Range Navigation）など，地上に設置した2個所の送信所からの到来電波を受信し，送信所からの電波の到達時間差から現在位置を求める双曲線航法が主流であった．GPSもアメリカ国防省が軍事目的で開発した3次元（緯度，経度，高度）測位システムで，情報を無料開放しているために民生利用が可能になっている．

GPSは60度間隔で地球を回る六つの円軌道に4個ずつ，合計24個の**NAVSTAR**（Navigation System with Time and Ranging）衛星で構成され，衛星は高度10,900海里（20,186.8 km），赤道に対して傾斜角55度の円軌道を約12時間（0.5恒星日＝0.5×23時間56分4.091秒）で地球を1周している．したがって，各衛星は毎日同一時刻には同じ位置に存在し，また，地球上のあらゆる場所

で常に5～8個の衛星を見通すことができる．このシステムをサポートするため，地上には軌道を測定する五つのモニタ局（Hawaii, Kwajalein, Ascension Island, Diego Garcia, Colorado Springs），軌道計算を行う主制御局（コロラド州Schriever空軍基地），および衛星に軌道情報を送る三つの送信局（Ascension Island, Diego Garcia, Kwajalein）が設置されている．

GPSには**標準測位サービス**（Standard Positioning Service : **SPS**）と**精密測位サービス**（Precise Positioning Service : **PPS**）の2種類がある．標準測位サービスは無料で開放され，その精度は水平方向で100 m，垂直方向で156 mであり，時間精度は**協定世界時**（**UTC** : Coordinated Universal Time）に対して340 ns以内であるといわれている．精密測位サービスは軍用であり，その精度は水平方向22 m，垂直方向27.7 m，時間200 ns以内であるが，一般には公開されていない．NAVSTAR衛星の発射している電波の周波数は，図10-3に示すように L_1 (=1575.42 MHz) と L_2 (=1227.6 MHz) の二つのLバンドである．各衛星にはセシウム（Cs）発振器が搭載され（他に予備としてセシウム発振器1台，およびルビジウム発振器2台を搭載），その発振周波数（10.23 MHz）を逓倍，分周して，L_1, L_2 の各搬送波およびクロック信号を得ている．すべての衛星の時計は，地上からの制御によって正確に同期している．L_1 は直交搬送波の

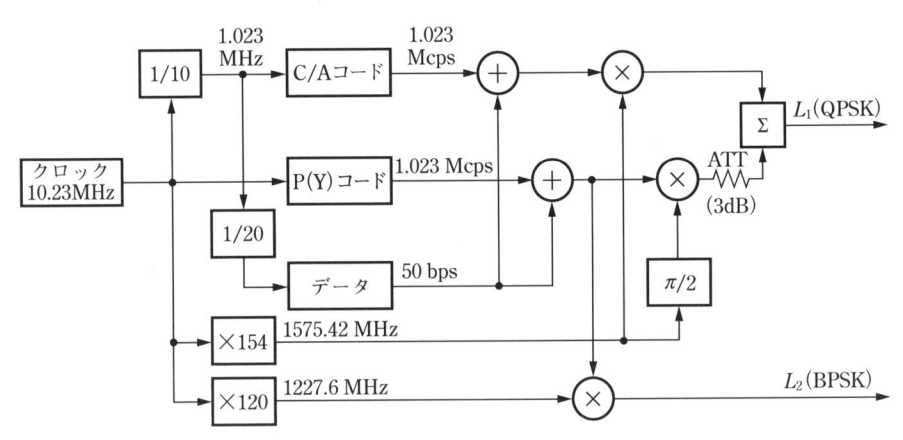

図10-3　GPS変調器の構成

電力を3dB低減したQPSKであり，伝送される情報は民生用の**C/A コード**（Coarse/Acquisition code，後述するように公開されている）と軍事用の**P コード**（Precision code，軍事機密のため非公開）と呼ばれるスペクトラム拡散符号および**航法メッセージ**（navigation message：衛星の軌道情報，搭載している原子時計の時間とその補正値等）である．L_2 はPコードと航法メッセージをBPSK で伝送している．Pコードを2波で伝送するのは，電波が電離層を通過するときの伝搬速度が周波数によって異なることを利用して減速量を推定し，より正確な測位を行うためである．なお，有事の場合，Pコードは敵に利用されないように**アンチスプーフィング**（anti-spoofing：欺き防止）モードに切り換えられ，このとき，Pコードに代わって使用されるのが**Y コード**である．

衛星から発射される情報は，表10-1に示すように非常に伝送速度の遅い航法データと2種類のスペクトラム拡散符号であり，極めて大きな**拡散比**が得られる．これにより，受信時の**処理利得**も大きくなるため，小さな受信アンテナが使用可能である．

C/Aコードは図10-4に示す回路で生成されるGold符号である．その符号長は$1,023 (2^{10}-1)$であるから，二つのM系列符号(G_1, G_2)の発生器を10段シフトレジスタで構成し，フィードバック回路に10次の原始多項式$(G_1 = x^{10}+x^3+1,\ G_2 = x^{10}+x^9+x^8+x^6+x^3+x^2+1)$による演算回路を挿入すればよい（**3.2**，および表3-4参照）．24個の衛星にはそれぞれ異なった符号を割り当て，受信している衛星の識別を可能にしている．そのため G_2 符号は，シフトレジスタの出力位相を G_1 符号と加算した場合に衛星固有の符号になるようにタップ位置を選択して出力する．図10-4では，レジスタ2と6の出力をmod 2加算して

表 10-1　コードおよびデータの構成

情　報	伝送速度	符　号　長	周　期
C/A コード	1.023 Mcps	1,023 チップ	1 msec
P(Y)コード	10.23 Mcps	$6,187,104 \times 10^6$ チップ	7 日
データ	50 bps	1,500 ビット	30 sec

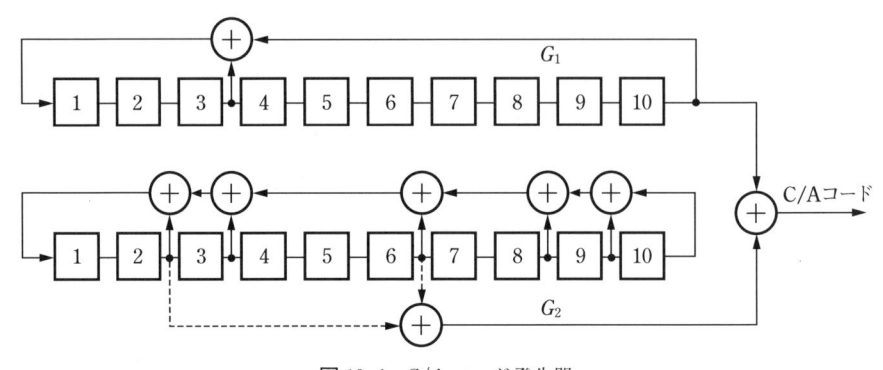

図10-4 C/Aコード発生器

G_2 符号の出力としているが，破線部分の接続を選択すれば，すべての衛星に異なった符号を割り当てることが可能である．二つのシフトレジスタ G_1，G_2 の初期状態は，ともにすべて 1 にセットする．したがって，G_2 符号をシフトレジスタ 2 と 6 から出力している図 10-4 における C/A コードの最初の 10 チップは 1100100000（出力を 3，7 から取り出せば 1110010000 が得られる）になり，これらの符号が 1 ms の周期ごとに繰り返される．C/A コードは民生用の粗い（coarse）精度の測定に用いられるだけでなく，周期が非常に長い 7 日である P(Y) コードの初期同期捕捉（acquisition）のためにも使用される．

　航法メッセージは，1 フレーム 1,500 ビットのデータを五つのサブフレーム（1 サブフレームは 300 ビット）に分割し，50 bps の非常にゆっくりしたビットレートで伝送している．このため，すべてのデータを伝送するには 30 秒を要する．サブフレーム 1 は時間の補正情報，サブフレーム 2 および 3 は衛星の詳細な軌道情報である．サブフレーム 4 は電離層を通過するときの電波の遅延量の補正パラメータなど，またサブフレーム 5 はすべての衛星の**アルマナック**（almanac：衛星の健康状態，すべての衛星の概略の軌道，拡散符号の番号などの衛星歴）を伝送するために使われている．サブフレーム 4 および 5 で伝送する情報量はサブフレーム 4 と 5 に割り当てられたビット数では不足し，すべてのデータを 1 度には伝送できない．そこで，情報を 25 フレームに分割して伝送しているた

め，完全な航法メッセージの伝送が完了するまでには12分30秒を要する．

民生用の標準測位サービスにおける測位精度は100 m程度と述べたが，これは衛星の軌道データならびにクロック周波数に**SA**（Selective Availability：**選択利用性**）と呼ばれる操作を施し，意識的に精度を悪くしていたためである．しかし，2000年5月2日，アメリカ東部標準時（夏時間）0時（日本時間5月2日13時）を期してSAは解除され，標準測位サービスの精度はC/Aコードによって本来測定できる精度（約30 m）になっている．

GPSによる測位は，衛星の宇宙空間上の位置，および地球上と衛星までの距離から三角測量によって求められる．サブフレーム2，3から伝送される詳細な軌道情報とアルマナックの情報から，衛星の位置は正確に確定できる．衛星の位置が確定すれば，測位点と衛星間の距離を求めることにより，測位点はピンポイントで特定できる．

図10-5においてSV（Space Vehicle）は衛星であり，dを測位点と衛星間の距離とする．いま，測位点からSV_1までの距離がd_1であれば，測位点はSV_1を中心とする半径d_1の球面上に存在していることになる．同様に衛星までの距離がd_2ならば，SV_2を中心とする半径d_2の球面上に測位点が存在している．したがって，測位点の位置はSV_1からd_1，SV_2からd_2の距離にある地点であり，この条件を満足する地点は，二つの球が交わることによってできる円cの円周上のどこかである．次に，第3の衛星SV_3との距離d_3を半径とする球を重ね合

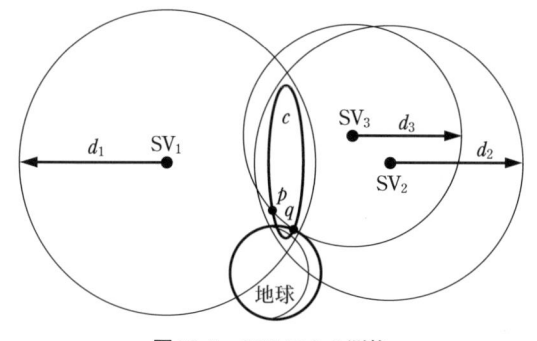

図**10-5** GPSによる測位

わせ，この球面と c の円周が交わる二つの交点 p, q を求めれば，交点のどちらかが測位点である．しかし，二つの交点の一つは地球上とはまったく違った点を指すことになり，測位点はピンポイントで確定できる．

GPS は 3 次元の測位であるが，海上に位置しているように高度が既知である場合には地球そのものを衛星を中心とする球に置き換えることができ，二つの衛星を観測することで 2 次元の測位は可能になる．

10.1 で述べたように，スペクトラム拡散方式を利用した測距には精密な時計を用いるのが前提になっている．衛星にはセシウム原子時計を搭載しているからこの条件を満足しているが，すべての GPS 受信機に高価な原子時計を適応することは困難である．しかし，GPS 受信機に内蔵する時計には，原子時計のような精度は必ずしも必要ない．なぜならば，UTC に対する時間のずれが短時間で安定している時計ならば，第 4 の衛星を計測することにより時間情報の補正が可能であり，水晶時計程度の精度があれば正確な測位が行える．

図 10-6 において，GPS 受信機の時計で測定した衛星から測位点までの電波の到達時間を t_1〜t_4 とし，GPS 受信機の時計には真の時間とは Δ_t のずれがあると

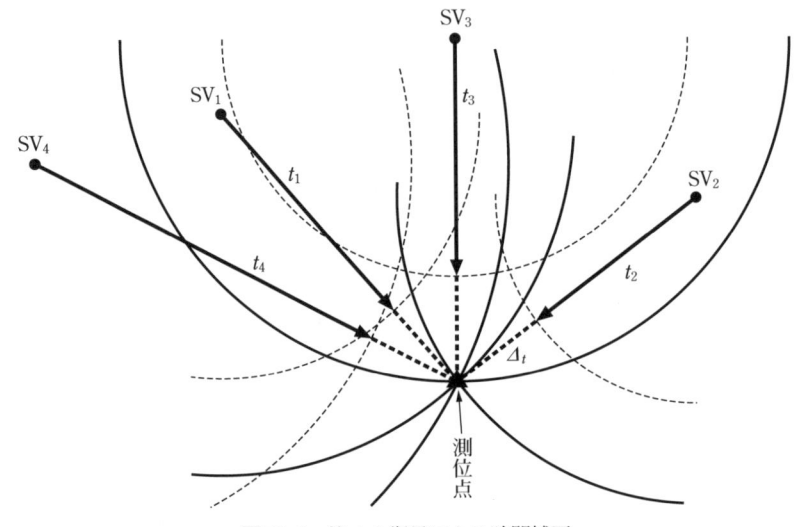

図 10-6 第 4 の衛星による時間補正

しよう．もし，GPS 受信機が計測した電波の到達時間が正しければ，各衛星の位置を中心とした円は太線で示したように1点で交わらなければならない．しかし，GPS 受信機には Δ_t のずれがあり，図 10-6 の場合には衛星から測位点までの距離を Δ_t だけ短く計測している．この場合，衛星を中心とする円は破線で示すように1点で交わることはない．したがって，1点で交わらない場合にはGPS 受信機内蔵の時計に誤差があることになり，GPS 受信機は衛星の位置を半径とする各円が1点で交わるまで計測時間に対して補正を繰り返す．各円が1点で交わるようになったときの補正した時間が真の時間であり，この時間から求めた距離が衛星までの正確な距離になる．

　GPS による測量には，搬送波の位相を用いることも可能である．L_1 搬送波の1波長は 19 cm であり，C/A コードのクロック周波数 1.023 MHz の 1 波長は 293 m であるから，位相計測による衛星までの距離ははるかに精密な値を得られる．ただし，この場合には搬送波位相が計測できる受信機が必要であり，また，測定にはある程度の時間を要する．

　いま，測量しようとする 2 点に受信機を設置した場合，一つの衛星から発射された電波は，衛星に近い位置に設置した受信機には早く到着し，遠い位置にある受信機には遅れて到着する．2 点における衛星までの距離差を四つの衛星について位相計測により求めれば，精密な 2 点間の距離と方向を測定できる．このようにして求めた場合の精度は 2 点間の距離の 10^{-6} といわれ，2 点間の距離が 10 km ならば 1 cm の精度になる．ただし，この方法は電波の伝搬状況による影響を受けやすく，良好な受信条件が得られる場合のみ有効であり，また，受信機が高価になるのは否めない．

10.3　電子透かし

　あらゆる分野においてディジタル化が進んでコピーによる品質劣化がなくなり，不正コピーの横行も無視できなくなっている．映像，音声など著作物の違法コピーを防止し，また知的所有権を明確にするため，目立たないような方法で電

図10-7(a) サンプル値に埋め込み　(b) 周波数成分に埋め込み

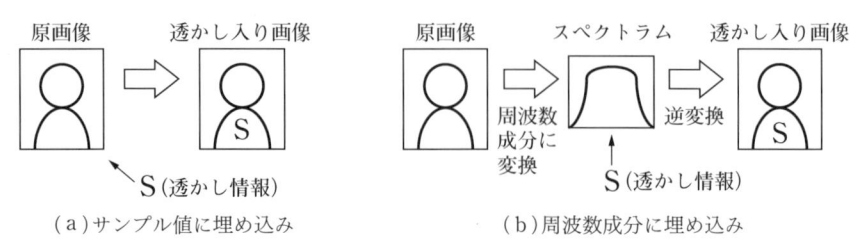

図 10-7　電子透かし

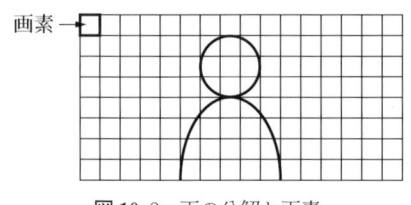

図 10-8　画の分解と画素

　子的透かしを著作物に埋め込み，必要に応じて透かし情報を復号し，著作権者を特定できる方策が重要な課題になっている．**電子透かし**（digital watermark）には大きく分類して，図10-7(a)に示すように画像，音声のサンプル値に直接透かし情報を埋め込む方法と，図10-7(b)のように画像，音声データを周波数成分に分解して特定の周波数成分に透かし情報を埋め込む方法の2種類があり，周波数成分に透かしを埋め込む方法にスペクトラム拡散を応用した方式がある．ここでは，スペクトラム拡散を利用して静止画に電子透かしを埋め込む方法を考えてみよう．

　図10-8に示すように1枚の画を縦横にスライスしてできる小さな正方形を**画素**（picture element，省略して**ピクセル**（**pixel**）またはペル（pel）と呼ぶ）という．画素の明るさを数値で表し，数値化した画素の集合が静止画である．したがって，単位面積あたりの画素数が多いほど画面は精細になり，画素の明るさを示す数値を2進数で表現した場合のビット数が多くなるほど画像は滑らかになる．また，各画素を光の3原色，赤(R)，緑(G)，青(B)の組合せで表現すればカラー画像になる．静止画を電気信号として伝送するには画素の明るさを表す数

値を順次送り出せばよく，順次送り出された数値をアナログ変換すれば歪波交流になる．このように，画像信号が歪波交流で表せるならば，この信号はフーリエ変換などを行うことによって周波数成分に分解し，スペクトラム強度で画像を表すことができる．ただし，フーリエ変換ではsinとcosの項が表れて取り扱いが煩雑になるため，**JPEG**（Joint Photographic Experts Group）や**MPEG**（Moving Picture image coding Experts Group）方式の画像データ圧縮ではcosの項のみで処理できる**DCT**（Discrete Cosine Transform：**離散コサイン変換**）による方法が使われている．DCTは自然画像の統計的な性質に比較的よく適合し，他の変換方式よりも演算量が少なくてすむ．そのため，ハードウェア化による高速演算処理が可能であり，すでに多くの専用LSIも製造されている．

　画像をDCTによって周波数成分へ変換するには，まず画像を構成するすべての画素を図10-9に示すように8×8画素のブロック（block）に分割する．画像処理の最小単位であるブロックについて，横方向に第1行から順に次式による演算を行う．この式において，$f(i)$は画素iの明るさの値（振幅）であり，$f(i)$に$\cos(2i+1)n\pi/16$を乗算することによって歪波交流をcos成分による表現に変換し，DCT係数$F(n)$を求める．

$$F(n) = \frac{1}{2} \cdot C(n) \cdot \sum_{i=0}^{7} f(i) \cdot \cos\frac{(2i+1)n\pi}{16}$$

ただし，$n, i = 0, 1, 2, \cdots, 7$

$$C(n) = \frac{1}{\sqrt{2}} \quad (n=0), \quad C(n) = 1 \quad (n \neq 0)$$

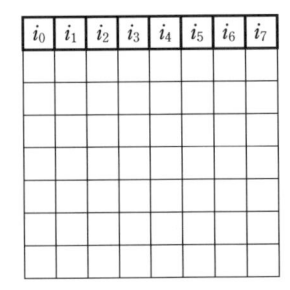

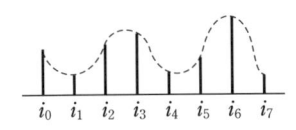

図10-9 ブロックと第1行の画像信号

図10-10 2次元DCT演算

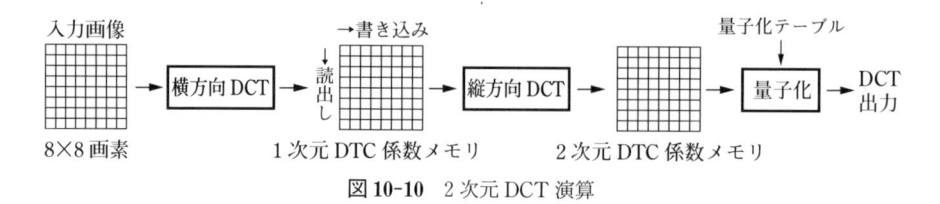

　この演算により画素数に等しい64個のDCT係数を求め，図10-10に示すように1次元のDCT係数をメモリに蓄える．次に，メモリされた64個の1次元DCT係数を画像データとして縦方向にDCT演算すれば，2次元のDCT変換が行われたことになり，64個の2次元DCT係数が得られる．
　2次元DCT演算は1次元の演算を2回繰り返して得られるので，これを式で表せば次式のようになる．

$$F(n,m) = \frac{1}{4} \cdot C(n) \cdot C(m) \cdot \sum_{i=0}^{7}\sum_{j=0}^{7} f(i,j) \cdot \cos\frac{(2i+1)n\pi}{16} \cdot \cos\frac{(2j+1)m\pi}{16}$$

ただし，$i, j, n, m = 0, 1, 2, \cdots, 7$

$$C(n) = \frac{1}{\sqrt{2}} \quad (n=0), \quad C(n) = 1 \quad (n \neq 0)$$

$$C(m) = \frac{1}{\sqrt{2}} \quad (m=0), \quad C(m) = 1 \quad (m \neq 0)$$

　上の式において$f(i,j)$は，図10-11(a)の8×8画素ブロックのi行j列画素の明るさの値（振幅）を表す．$F(n,m)$は変換されたDCT係数で，$F(0,0)$は図10-11(b)の最上，最左のDCT係数を指し，ブロックの直流（DC）成分を表す．n, mともに数字が大きくなれば周波数が高くなり，$F(0,0)$以外の63個はブロックの交流（AC）成分を表している．
　2次元DCTで得られる$F(n,m)$は広い範囲に分布しているため，このまま保存，あるいは伝送しようとするとデータ量が多くなり過ぎ，通常は図10-10に示すように，2次元DCT係数を量子化と呼ぶ操作によってデータの圧縮を行っている．人間の目の知覚特性はDC成分ならびにACの低域成分に対して敏感であり，これらの部分に多くのビットを割り当てる．逆に，高域成分に対しては鈍感

(j) 水平画素 → 右　　　　　　　　(m) 水平周波数 → 高

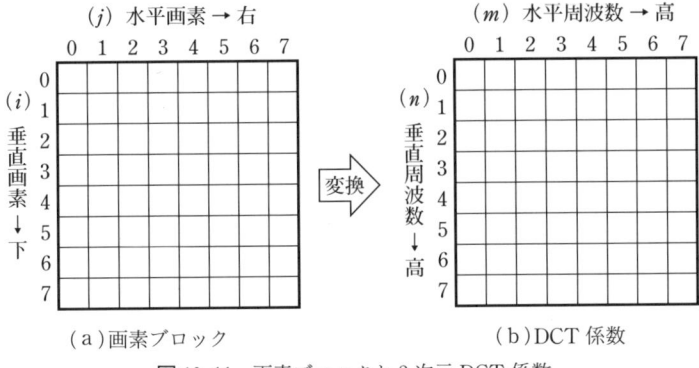

(a) 画素ブロック　　　　　　　　(b) DCT係数

図10-11　画素ブロックと2次元DCT係数

表10-2　量子化テーブルの例（JPEG）

16	11	10	16	24	40	51	61
12	12	14	19	26	58	60	55
14	13	16	24	40	57	69	56
14	17	22	29	51	87	80	62
18	22	37	56	68	109	103	77
24	35	55	64	81	104	113	92
49	64	78	87	103	121	120	101
72	92	95	98	112	100	103	99

であり，これらの部分を粗く量子化することにより効率のよいデータ圧縮を行う．このため，各DCT係数 $F(n, m)$ ごとにステップサイズ $Q(n, m)$ を指定し，2次元DCT係数が $Q(n, m)$ の何倍であるかを求め，その値を四捨五入した整数値でもって量子化データ $R(n, m)$ としている．ステップサイズ $Q(n, m)$ を一覧表にしたものを**量子化テーブル**（quantization weighting matrix）と呼び，JPEGでは表10-2のようになっている．したがって，量子化データは $R(n, m) = F(n, m)/Q(n, m)$ を四捨五入して整数値になるように丸め込まれる．

このようにして求めた量子化データは各周波数成分のスペクトル強度である

が，量子化および丸め込みによって大きな誤差を生じることになる．それでも，再生画像に対してそんなに違和感を覚えることはない．そこで量子化データを細工し，著作物の品質劣化を知覚させることなく透かし情報を埋め込むことが可能になる．

透かし情報を埋め込む方法はいろいろと考えられるが，最も単純で簡単な方法は量子化データを直接制御することである．いま，埋め込む透かし情報のビットが 0 ならば量子化データに最も近い偶数（量子化データの LSB を 0 にする）に設定し，1 ならば量子化データに最も近い奇数（量子化データの LSB を 1 にする）に設定する．かりに 1 画面を 256×256 画素で構成すれば，ブロックあたり 1 ビットを埋め込んだとしても 1,024 ビットの透かし情報を潜り込ませることができる．

図 10-12 に示す 8×8 画素ブロックの L の領域はスペクトラムの低周波域であり，画像の最も主要な部分の情報を含む領域である．また，M の領域はスペクトラムの中間周波数成分を表し，画像の細かな部分の情報が含まれている．しかし，画像の解像度を犠牲にしても高いデータ圧縮率を優先する場合には，この部分を削除することがある．H の領域はスペクトラムの高い周波数成分である．この部分の DCT 係数を量子化した場合のデータはほとんど 0 になり，データ圧縮にあたっては削除されるのが普通である．したがって，透かし情報は L の領域に埋め込むのが最も安全であり，場合によっては M の領域を利用することも可能である．

ブロックにまたがって透かし情報を埋め込んだ場合，画像をトリミング

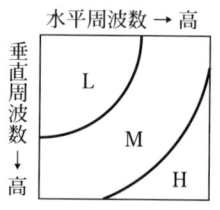

図 10-12 量子化データの周波数領域

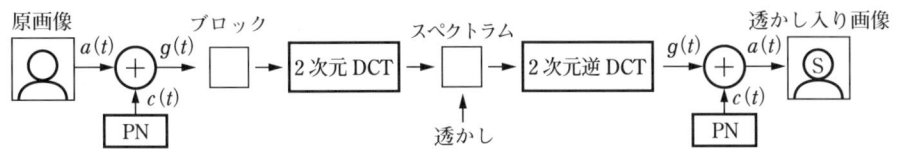

図 10-13 スペクトラム拡散による透かし埋め込み

(trimming) して一部を切り取った場合には透かし情報を復元できないことがある．したがって透かし情報は，編集などの処理が行われて，データの一部が消滅した場合においても復元できることが望ましい．このため，透かし情報は画像の隅々に繰り返し埋め込むことが必要である．

いま，図 10-13 に示すように画像信号を $a(t)$ とし，PN 信号を $c(t)$ としよう．$a(t)$ と $c(t)$ の EXOR をとれば（表 2-1 に示すように EXOR は乗算に等しく，スペクトラム拡散変調を行うことになる），スペクトラム拡散された画像信号 $g(t)$ が得られる．一般に，画素を 6 ビット（64 階調）以上で符号化すれば，人間の目には画質の劣化は判別できなくなるといわれている．そこで，画素の明るさを 6 ビットで表し，PN 信号を周期 7 の M 系列符号とするならば，スペクトラム拡散によって 1 画素を 6 ビット表現から 42 ビット表現に変換したことになる（図 2-4 参照）．1 画素が 42 ビット表現に拡散された画像信号をブロックに分割し，図 10-10 と同じ手順で周波数成分に変換すれば，2 次元 DCT 係数が求められる．

ここで，透かし信号を $j(t)$ とし，図 10-13 に示すように拡散した画像信号のスペクトラムに $j(t)$ を埋め込むと，$j(t)$ は図 10-14（a）のようにスペクトラム拡散信号に混入した外来の妨害波とみなせる．したがって，**2.5** で述べたように図 10-14（a）の状態にある画像信号のスペクトラムを逆拡散すれば，図 10-14（b）のように $j(t)$ のスペクトラムは拡散され，画像信号に埋め込まれる．埋め込まれた透かし情報は低レベルのノイズとなって幅広く画像信号の中に紛れ込むため，原画像に与える透かしの影響は軽微なもので，ほとんど原画の画質を損ねることはない．

透かし情報の復号は図 10-13 の逆の順序で行う．そのため，透かしの入った画

(a) 妨害波混入　　　　　(b) 逆拡散

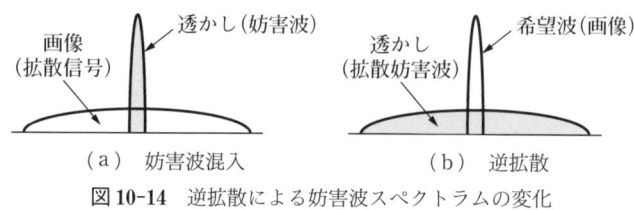

図10-14 逆拡散による妨害波スペクトラムの変化

像にPN信号を用いて透かし情報を狭帯域信号にしなければならず，PN符号を秘密にすれば，透かし情報を削除するなどの改竄が簡単にはできなくなる．

10.4　Bluetooth

　ディジタル機器の普及に伴って増加した機器間を接続する配線は，室内の美観を損ない，またレイアウトにも制限を与えている．このため，機器間の接続を無線で行い，これらの障害を解消するためにERICSSON（スエーデン），NOKIA（フィンランド），IBM（アメリカ），Intel（アメリカ），および，東芝（日本）の5社が**Bluetooth SIG**（the Bluetooth Special Interest Group）を結成し，1998年から標準化活動を行っているスペクトラム拡散方式の近距離無線通信技術が**Bluetooth**である．1999年にはアメリカのMOTOROLA，3 COM，Agere Systems（旧 Lucent Technologies Microelectronics），Microsoftの4社が参加し，9社がプロモータとして標準化作業を行っている．現在では2,000を超える企業がBluetooth SIGに参加している．

　Bluetoothの名称は，10世紀にデンマークとノルウェーを統一し，統治したデンマークのバイキング王Harald Blåtand（英語でBluetooth，ブルーベリーを好んで食べたために歯が青く染まっていたといわれる）にちなみ，通信業界とコンピュータ業界の統一を願ってERICSSON社が命名したという．

　これまでに述べたのは，すべて直接拡散（DS）によるスペクトラム拡散方式の応用であったが，Bluetoothの無線伝送は2次変調に周波数ホッピング（FH）によるスペクトラム拡散を用いている．周波数ホッピング方式は図1-4

表10-3 Bluetoothの諸元

項目		仕様	
無線部	使用周波数帯	ISM帯 (2.400 GHz〜2.4835 GHz)	
	伝送レート	1 Mbps	
	1次変調	GFSK	
	2次(拡散)変調	周波数ホッピング方式	
	ホッピング速度	1,600 hop/s (625 μs)	
伝送速度	同期モード	音声 64 kbps	
	非同期モード	対称	433.9 kbps
		非対称	下り 723.2 kbps, 上り 57.6 kbps

に示すように,時間経過にしたがって狭帯域信号の搬送波周波数が変化している通信方式である.したがって遠近問題による障害に強く,回路構成が簡単であり,低消費電力が期待できる.また,複数の信号が存在した場合でも,同一時刻に搬送波周波数が一致(衝突:hit)しない限りデータ誤りは発生しない.1次変調はBT積(Bandwidth-Time Product)0.5のガウシアンフィルタによってベースバンド信号の帯域制限を行ったGFSK(Gaussian filtered Frequency Shift Keying)による2値FSKが用いられる.

Bluetoothの使用周波数帯は,無線局免許が不要のISM帯(Industrial Scientific Medical band,日本では1999年10月の省令改正により,スペイン,フランスを除くすべての国と同じ2.400 GHz〜2.4835 GHzが割り当てられている)を使用する.

Bluetoothには64 kbpsの音声リンクが三つ,データ通信のために最大723.2 kbps/57.6 kbps(非対称),433.9 kbps(対称)のリンクがある.これら技術仕様の緒元を表10-3に示す.

10.4.1　Bluetoothの階層構造

　Bluetoothの核（core）となるプロトコルのコア部分は，図10-15(a)に示す階層から構成される．**物理層**（RF）は，周波数ホッピングによるスペクトラム拡散方式の無線部分を規定している．**ベースバンド層**（baseband）はデータ伝送を行うパケットの構造，誤り検出，訂正など，Bluetoothにおけるデータ信号処理の基礎となる部分である．**リンク管理層**（**LMP**: Link Manager Protocol）は通信の接続，切断など，通信リンクに関する制御を行う．**論理リンク管理層**（**L2CAP**: Logical Link Control and Adaptation Protocol）は音声以外のユー

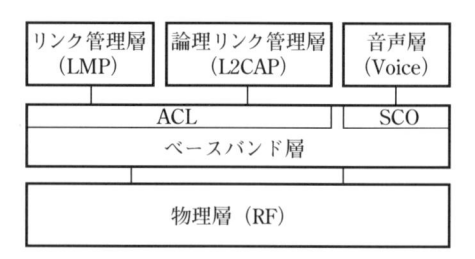

（a）Buetoothプロトコル（コア）

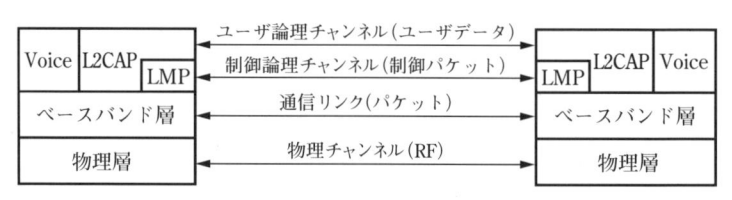

（b）Bluetoothのデータ伝送

図 10-15　Bluetoothプロトコル階層とデータ伝送

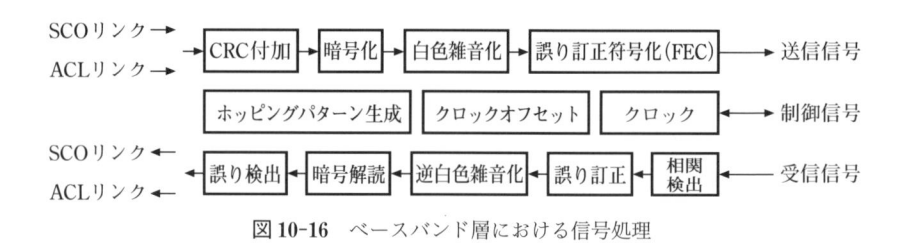

図 10-16　ベースバンド層における信号処理

ザデータを管理し，データの分割，再構成などの処理を行う．**音声層**（voice）は，リンク管理層が音声リンクを設定した場合，符号化音声の受け渡しを行う部分である．また，Bluetooth 機器間のデータ伝送は図 10-15 (b)のように行われる．

　Bluetooth のデータ伝送の基礎となるベースバンド層においては，誤り検出のための CRC 付加，セキュリティのためのデータ暗号化，特定のスペクトラムにエネルギーが集中するのを避けるためのデータスクランブル（白色雑音化），誤り訂正符号化が行われ，ベースバンド信号は図 10-16 のように処理される．

10.4.2　BluetoothのネットワークとBluetoothアドレス

　Bluetooth は近距離における無線ネットワークであり，伝送距離は約 10 m，25 m，100 m の三つのクラスを想定し，これに対応する送信電力は 1 mW（0 dBm），2.5 mW（4 dBm），100 mW（20 dBm）が用意されている．しかし，2.5 mW，100 mW 出力は消費電力，他の無線機器へ与える障害が激しいため，屋外での特定用途以外には推奨されていない．したがって，実質的には 1 mW（伝送距離 10 m）が一般的な用途になる．

　これら微少電力による Bluetooth の無線ネットワークは，図 10-17 に示す**ピコネット**（piconet）と称する通信路で形成している．ピコネットでは，**マスタ**（master：主人）となった 1 台の親機を中心にして 7 台までの**スレーブ**（slave：奴隷）が子機として接続できる．マスタは，同時に他のピコネットのス

(a) シングル　　(b) マルチスレーブ　　(c) スキャッタネット
　　スレーブ

●：マスタ
○：スレーブ

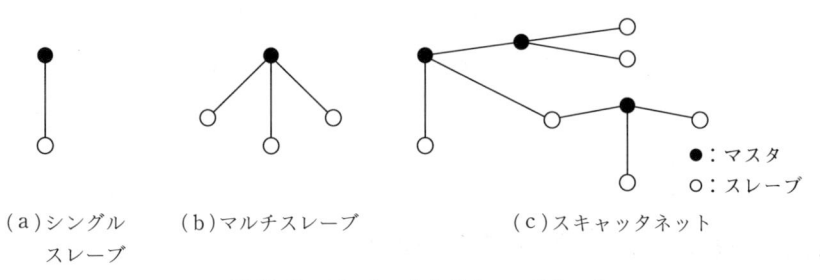

図 10-17　ピコネットとスキャッタネット

LSB		MSB
企業が独自に決定できるコード	企業に対して個別に与えられる ID	
LAP (24 bit)	UAP (8 bit)	NAP (16 bit)

図 10-18　Bluetooth アドレス

レーブになることも可能であり，複数のピコネットを数珠つなぎにしたネットワークも存在可能である．図 10-17(c)のようにピコネットを数珠つなぎにして構成したネットワークを**スキャッタネット**（scatternet）という．

　ピコネットにおける通信の制御はすべてマスタが行い，スレーブはすべてマスタの指示によってのみ動作が許可される．したがって，スレーブ同士の通信も必ずマスタを経由して行わなければならない．ピコネット内においてマスタは必ず一つであり，スキャッタネットにおいてもスレーブは複数のマスタの命令に同時に従うことはできない．このため，他のピコネットのマスタの下で動作するときは，二つのマスタの指令を時分割で処理することになる．

　Bluetooth の端末にはマスタ，スレーブそれぞれに 48 ビットのユニークなハードウェア固有の **Bluetooth アドレス**（**BD_ADDR**：Bluetooth Device Address）が与えられる．BD_ADDR は，図 10-18 に示すように三つの部分から構成される．

　下位 24 ビットの **LAP**（Lower Address Part）は企業が独自に決定できる部分であるが，上位 8 ビットの **UAP**（Upper Address Part），および 16 ビットの **NAP**（Non-significant Address Part）は，**IEEE**（Institute of Electrical and Electronic Engineers：アメリカの電子電気学会）802 規格に基づいて各企業に個別に ID（Identification：機器の識別子）が指定される．LAP，UAP は重要な部分であり，後述する周波数ホッピングパターン，アクセスコードの生成などに重要な役割を果たす．

10.4.3　パケットの構成と誤り検出

　Bluetooth のデータ伝送はすべてパケット通信である．Bluetooth のパケット

10.4 Bluetooth

アクセスコード (68/72 bit)	パケットヘッダ (54 bit)	ペイロード (0〜2,475 bit)

LSB ← → MSB

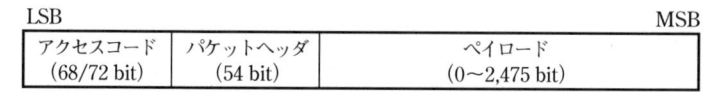

図10-19 パケットの構成

プリアンブル (4 bit)	シンクワード (64 bit)	トレーラ (4 bit)

LSB ← → MSB

図10-20 アクセスコードの構成

プリアンブル 1010	シンクワード 1···

プリアンブル 0101	シンクワード 0···

(a) プリアンブル

シンクワード ···1	トレーラ 0101

シンクワード ···0	トレーラ 1010

(b) トレーラ

図10-21 プリアンブルとトレーラの構成

は図10-19に示すように，大きく分けて三つの部分から構成される．

アクセスコード（access code）は図10-20のように三つの部分から構成されている．**シンクワード**（synchronization word）は，名前のとおり同期を確立するための信号であり，BluetoothアドレスのLAP 24ビットから生成される（**10.4.6**参照）．

図10-21(a)に示すようにシンクワードのLSBが1の場合，**プリアンブル**（preamble）は1010，LSBが0の場合は0101の4ビットを配置する．また，図10-21(b)に示すように**トレーラ**（trailer）は，シンクワードのMSBが1の場合は0101，0の場合には1010を配置するように定義されている．このようなビット配置を行うことによりアクセスコード全体の直流成分の補償を行っている．

アクセスコードに続いてヘッダが伝送される場合，72ビットすべてをアクセ

LSB						MSB
AM_ADDR (3bit)	TYPE (4bit)	FLOW (1bit)	ARQN (1bit)	SEQN (1bit)	HEC (8bit)	

図 10-22　パケットヘッダの構成

スコードに使用する．しかし，**10.4.9** で述べる接続制御（同期確立）を行う場合のパケットはアクセスコードのみで構成され，この場合にはトレーラを除いた 68 ビットの構成になる．

パケットヘッダ（packet header）は図 10-22 のように，六つの部分で構成される．アクセスコードは自分が所属するピコネットを特定するためのコードであり，マスタとスレーブは同じコードを使用する．そのため，ピコネット内の通信管理はパケットヘッダで行われる．

AM_ADDR（Active Member Address）は，ピコネット内において通信動作を行っている（active）スレーブを識別するために，マスタがスレーブに対して割り与える 3 ビットのコードである．3 ビットすべて 0 のアドレスは同報通信の場合に使用するため，ピコネットを形成するスレーブは最大 7 になる．AM_ADDR は通信中のみ有効な暫定的コードであり，通信が終了すればマスタはアドレスを取り上げスレーブを解放する．したがって，マスタは別のスレーブに対して同じアドレスを与えることが可能である．また，解放したスレーブと再び通信を行う場合は，改めてアドレスを割り与える．

TYPE は，ペイロードを含むパケット全体がどのような種別であるかを識別する 4 ビットのコードである．パケットのタイプには表 10-4 に示す 16 種類があり，現在通信を行っているパケットがどのタイプであるかを指示している．

Bluetooth には **SCO リンク**（Synchronous Connection-Oriented link）と **ACL リンク**（Asynchronous Connection-Less link）の 2 種類の回線接続のタイプがあり，用途によって選択できる．

SCO リンクは回線交換型の接続であり，主に音声などのリアルタイム性を要求される場合に使用され，マスタとスレーブ間を 1 対 1 で通信する point to point の接続タイプである．

表 10-4　タイプコードで定義されるパケット

パケットの種別		TYPE コード $b_3\ b_2\ b_1\ b_0$	占有スロット数	SCO リンク	ACL リンク
1	共通	0 0 0 0	1	NULL（payloadがなく，パケット長は126ビット固定．受信確認応答は不要）	
		0 0 0 1	1	POLL（NULLと同じ構成．受信確認応答が必要）	
		0 0 1 0	1	FHS (Frequency Hopping Synchronization)	
		0 0 1 1	1	DM 1 (Data-Medium rate)	
2	ACL	0 1 0 0	1	未定義	DH 1 (Data-High rate)
	SCO	0 1 0 1	1	HV 1 (High quality Voice)	未定義
		0 1 1 0	1	HV 2	未定義
		0 1 1 1	1	HV 3	未定義
		1 0 0 0	1	DV (Data Voice)	未定義
3	ACL	1 0 0 1	1	未定義	AUX 1
		1 0 1 0	3	未定義	DM 3
		1 0 1 1	3	未定義	DH 3
		1 1 0 0	3	未定義	未定義
		1 1 0 1	3	未定義	未定義
4		1 1 1 0	5	未定義	DM 5
		1 1 1 1	5	未定義	DH 5

　ALCリンクはパケット交換型の接続であり，リアルタイム性をあまり要求されないデータ伝送などに使用される point to multipoint の接続タイプである．
　表10-4に示すように，パケットのタイプはSCOリンク，ACLリンクにグル

ープ分けされ，また周波数ホッピングにおいて同一搬送波周波数にとどまっている時間の基本単位（625 μs）である**スロット**（slot）の占有数によって，1～4のセグメント（segment，切片）に分類している．

FLOW は，受信バッファの容量が満杯になってデータ処理が限界に達したとき，送信側に対して送信停止（FLOW＝0）を返送してデータ伝送を一時中断させるコードである．受信バッファに余裕ができれば送信開始（FLOW＝1）を伝送し，送信の再開を要求する．

ARQN（Automatic Repeat Request Number）は受信確認のために用いられる．受信パケットに誤りがなければ ARQN＝1 を，誤りがあれば ARQN＝0 を返送する．

SEQN（Sequential Number）は，新しいパケットを送信するごとに 1 と 0 を交互に反転させる．ARQN＝0 によりパケットを再送信したときは，SEQN を反転させずに 1 または 0 を連続して送信する．したがって，SEQN の値が連続する場合は再送パケットであることが確認でき，また，再送回数も認識できる．マスタ，スレーブともに通信開始時には SEQN の初期値を 1 に設定しなければならない．

HEC（Header-Error-Check）は，AM_ADDR，TYPE，FLOW，ARQN，および SEQN の合計 10 ビットに対して付加する 8 ビットの誤り検出符号である．HEC は次の生成多項式によって生成される．

$$G(x)=(x+1)(x^7+x^4+x^3+x^2+1)=x^8+x^7+x^5+x^2+x+1$$

生成多項式による演算回路は，**8.6** で述べた多項式による割り算回路により図 10-23 のように構成できる．

生成にあたっては，Bluetooth アドレスの UAP（8 ビット）をシフトレジスタの初期値としてプリセットして演算を行う．スイッチ s を 1 にセットしてシフトを繰り返し，最後のデータビット（10 ビット目）による演算が終了した時点で割り算の余り（HEC）がシフトレジスタに現れる．このとき，スイッチを 2 に切り換えてシフトを繰り返せば，HEC が取り出せる．

受信側で伝送誤りを検出するために図 10-23 の回路で割り算を行うには，

図 10-23 HEC の符号化器

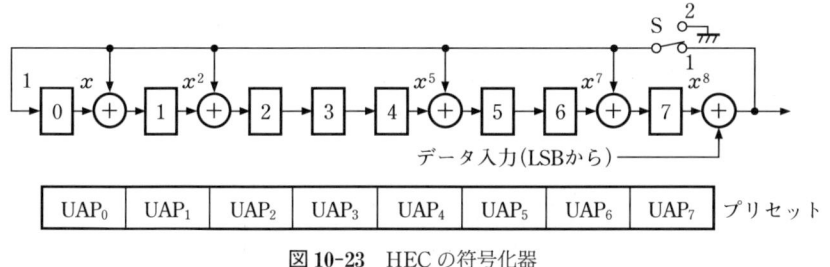

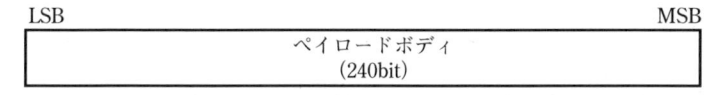

図 10-24 SCO パケットのペイロード構成

UAP をシフトレジスタにプリセットして演算しなければならない．プリセットを怠ると，誤りなく受信した場合でも割り算の余りが 0 にならず，伝送誤りとして処理される．UAP がシフトレジスタにプリセットされていれば，異なった UAP の端末を受信した場合にも常に受信誤りとなる．

ペイロード（payload）はユーザが実際に使用できる領域であり，端末間で送受信されるユーザデータ，あるいは制御データが収納される．ユーザデータには，リアルタイム性を要求される回線交換型の SCO リンクで伝送される SCO パケットデータと，リアルタイム性があまり重要でないパケット交換型の ACL リンクで伝送される ACL パケットデータがある．

SCO パケットはリアルタイム性を要求されるため，パケットの再送を求めることはできない．したがって，図 10-24 に示すように CRC は付加されず，また，ヘッダもないペイロード全体がデータ領域である 240 ビット（固定長）のペイロードボディのみの構成となる．

ACL パケットのペイロードは図 10-25 のように三つの部分で構成され，ペイロードの長さは可変である．

ペイロードヘッダ（payload header）は図 10-26 に示すように，三つの部分から構成される．表 10-4 に示すパケットの種別がセグメント 1，2 の場合は図

LSB		MSB
ペイロードヘッダ (8/16 bit)	ペイロードボディ (可変長)	CRC (16bit)

図 10-25　ACL パケットのペイロード構成

LSB			MSB
L_CH (2bit)	FLOW (1bit)	LENGTH (5bit)	

(a) シングルスロット

LSB				MSB
L_CH (2bit)	FLOW (1bit)	LENGTH (9bit)	未定義 (4bit)	

(b) マルチスロット

図 10-26　ペイロードヘッダの構成

10-26(a) の 1 バイト (8 ビット), セグメント 3, 4 の場合は図 10-26(b) の 2 バイト (16 ビット) 構成になる. 2 バイトのヘッダの場合, 未定義の 4 ビットは将来の拡張のために予約されたビットであり, 現時点では 4 ビットすべてを 0 にセットして使用する.

　L_CH (Logical Channel：論理チャネル) は図 10-15(b) に示すように, ベースバンド層の上位に位置する論理チャネルを識別, 管理するコードである. ユーザデータは論理リンク管理層 (L2CAP) において, パケットに分割 (fragmentation) して伝送される. 一方, 受信側においては, パケットに分割されたデータを再構成 (reassembly) しなければならない. そのため, データがどのように分割処理されたかを指示しているのが L_CH である.

　FLOW は論理チャネルのデータあふれを管理する. FLOW＝1 は受信バッファに余裕があり受信可能な状態を, FLOW＝0 はバッファに余裕がなく送信停止を要求している状態である. ペイロードヘッダの FLOW 制御はリアルタイム性を必ずしも要求されない. リアルタイム性が必要な FLOW 制御は, パケットヘッダの FLOW 制御が行う.

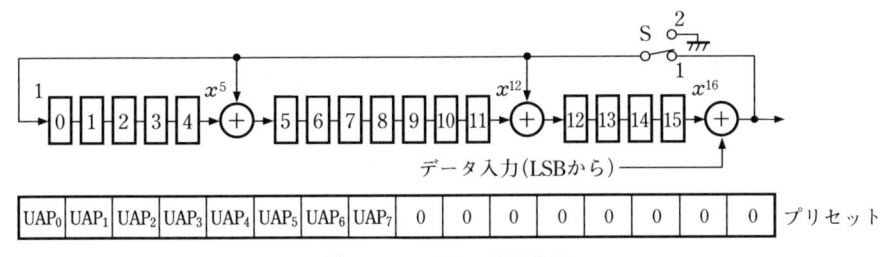

図 10-27 CRC の符号化器

　LENGTH は，ペイロードヘッダ，CRC を除くペイロードボディのみのデータ長をバイト（8 ビット）単位で表す．シングルスロットパケットの場合は 5 ビット，マルチスロットパケットの場合は 9 ビットが割り当てられている．

　ペイロードボディ（payload body）には，ペイロードヘッダの LENGTH が指定する長さのユーザデータが収納される．

　CRC（Cyclic Redundancy Check）は，ペイロードヘッダとペイロードボディを合計した全ビットに対して，ITU-T（International Telecommunication Union Telecommunication standardization sector：ITU 電気通信標準化部門）が推奨する生成多項式 $G(x)=x^{16}+x^{12}+x^5+1$ から生成される 16 ビットの誤り検出符号であり，符号化器は図 10-27 のように構成される．

　パケットヘッダの HEC と同じように，Bluetooth アドレスの UAP（8 ビット）をシフトレジスタにプリセットし，残りのシフトレジスタはリセット（0 にセット）して演算を行う．受信側においても同じ状態にプリセットして演算し，誤り検出を行う．

10.4.4　データの白色雑音化

　パケットヘッダおよびペイロードに対してパケットの直流成分を減少させ，また，特殊なパターンのデータ列によるスペクトラムの偏りを防ぐために，データスクランブルを行う．スクランブルは，生成多項式 $G(x)=x^7+x^4+1$ から構成されるシフトレジスタ回路の出力とデータ信号を mod 2 加算（EXOR）して行われる．スクランブルにあたってシフトレジスタは，マスタの Bluetooth クロ

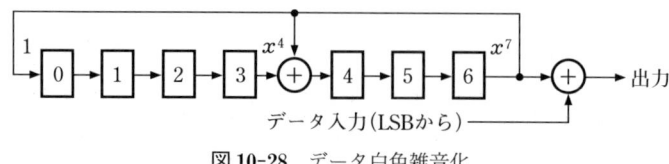

図10-28 データ白色雑音化

ック $CLK_{6～1}$（**10.4.7** 参照）を7ビットに拡大（シフトレジスタ6を1にセットする）して初期化する．ただし，後述する同期確立のための接続制御において，FHS パケットを伝送する場合は，問い合わせ応答あるいは呼び出し応答で使用する表10-8 の X（5ビット）を7ビットに拡大（シフトレジスタ5，6を1にセットする）して初期化する．初期化した後にパケットヘッダ，CRC を含むペイロードに対してスクランブルが行われ，**10.4.5** で述べる誤り訂正符号化はスクランブルの後に実施される．

受信側では，同じ回路において逆の操作が行われる．図10-28 の mod 2 加算は，シフトレジスタ出力とスクランブル信号とで行われ，出力にはもとのデータ信号が復元できる．

10.4.5　誤り訂正

Bluetooth の誤り訂正（FEC: Forward Error Correction）には，符号化率 1/3 のビット反復（bit-repetition）による方法と，符号化率 2/3 の (15, 10) 短縮化ハミング符号（shortened Hamming code）が使用される．FEC の目的は，誤り検出によるデータ再送信の回数を減少させることにある．

1/3 ビット反復符号は図10-29 に示すように，データ列の同じビットを3回繰り返して送信し，受信側では3ビット中2ビットまでが同じであれば正しいと判断する多数決論理による単純な反復符号である．

短縮化ハミング (15, 10) 符号は，1ビットの誤り訂正と2ビットの誤り検出が可能である．表8-3 に示すように，符号長15 のハミング符号は情報ビットを11 ビット含むことができる．また，符号長が15 ならば検査ビットは4ビットで，すべての誤りビットの位置が判別できる（**8.4** 参照）．いま，11 ビットの情

報から MSB は 0 であるとして符号化し，MSB を送信しなければ，(14,10) 符号が生成できる．このように，情報ビットを短縮した符号を**短縮化符号**（shortened code）という．受信側では，送信されなかった MSB を 0 として復号を行う．

ハミング符号に偶数パリティを付加し，検査ビットを 1 ビット多くすれば，(16,11) 符号が生成できる．この場合には，1 ビット誤り訂正と 2 ビットの誤り検出が可能な符号となり，これを**拡大符号**（extended code）という．

Bluetooth のハミング符号は拡大と短縮化を同時に行った符号であり，**短縮化拡大ハミング符号**である．生成多項式には，偶数パリティを生成するために $G_1=x+1$，ハミング符号を生成するために $G_2=x^4+x+1$ が使用される．Bluetooth の短縮化ハミング (15,10) 符号の生成は，G_1，G_2 の積を生成多項式として符号化され，$G(x)=G_1 \times G_2=(x+1)(x^4+x+1)=x^5+x^4+x^2+1$ による割り算回路から，符号化器は図 10-30 のように構成できる．

シフトレジスタをすべてリセットし，スイッチ s_1，s_2 を共に 1 に倒して，情報ビットを 10 ビット入力する．情報データはそのまま出力されるが，シフトレジスタにおいては生成多項式による割り算が実行される．情報データの 10 ビット目による演算が終了した時点でスイッチを共に 2 に切り換えてシフトを続行すれば，情報ビットに続いて割り算の余り（検査ビット）が出力され，短縮化ハミング (15,10) 符号が生成できる．

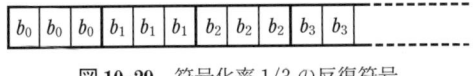

図 10-29 符号化率 1/3 の反復符号

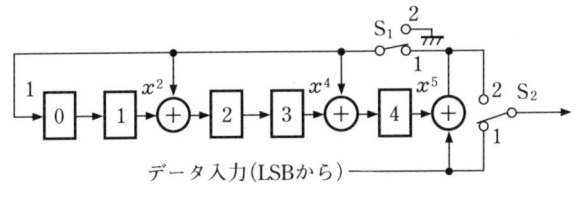

図 10-30 短縮化拡大ハミング (15,10) 符号の符号化器

受信側では，受信誤りがなければ G_1，G_2 のどちらでも割り切れる．1 ビットの誤りであれば，G_1 による割り算では余りが 1 になるが，G_2 で割り算した余りから誤りの訂正が可能である．受信信号が G_2 では割り切れず G_1 では割り切れる場合には，2 ビット誤りがあったことになり，誤りの訂正はできないが，2 ビット誤りの検出は可能である．

ビット反復符号は，すべてのパケットヘッダ（図 10-22 に示すように 18 ビットで構成されるが，ビット反復が行われ，最終的には図 10-19 に示すように 18 × 3 = 54 ビットのパケットヘッダになる）と，表 10-4 に示す HV 1（High quality Voice, SCO パケットであり，図 10-24 に示すようにペイロードボディのみの構成である．パケット長は 240 ビット固定であるから，80 ビットの符号化音声の伝送パケットである）パケットに適用される．

短縮化ハミング符号は表 10-4 の DM（Data-Medium rate），DV（Data Voice）のデータ部分，および FHS（Frequency Hopping Synchronization）の各パケットに対して CRC を付加した後に，CRC を含めて符号化が行われる．また，240 ビット固定長のペイロードボディのみで構成される HV 2 パケットに対しても適用される．したがって，HV 2 パケットには 160 ビットの情報ビットが収納可能である．

10.4.6　アクセスコード

アクセスコードは図 10-20 に示すように，プリアンブル（4 ビット），シンクワード（64 ビット）およびトレーラ（4 ビット）で構成され，**DAC**（Device Access Code），**CAC**（Channel Access Code），**IAC**（Inquiry Access Code）の 3 種類が定義されている．IAC には，**10.4.9** で述べる同期確立においてすべてのスレーブに対して問合せを行う 1 種類の **GIAC**（General IAC）と，特定グループを対象とする 63 種類の **DIAC**（Dedicated IAC）がある．DAC は同期確立の呼出しで，CAC は通信接続状態で使用される．

シンクワードは名前のとおり，ピコネット内の同期を確立するための信号であり，Bluetooth アドレスの LAP 24 ビットから生成されるブロック符号である．

10.4 Bluetooth

いま，Bleutoothアドレスの LAP を a_0(LSB), a_1, ⋯, a_{23}(MSB) とする．このLAPに対して6ビットを付加した情報ビット（30ビット）を次のように構成する．

$a_0, a_1, \cdots, a_{23}$ 1 1 0 0 1 0 ── a_{23} が1の場合

$a_0, a_1, \cdots, a_{23}$ 0 0 1 1 0 1 ── a_{23} が0の場合

a_{23} と付加した6ビットを合わせた7ビットは，鋭い自己相関特性（**3.1**参照）を有する**バーカー系列**（Barker sequence：時間シフト0以外における自己相関関数が0，または±1になる符号列．符号長2，3，4，5，7，11，13の場合について存在が知られている）を形成する．

情報ビット30ビットに対して生成多項式 $G(x) = x^6 + x^4 + x^3 + x + 1$ から生成される63ビットのPN符号に0を追加した64ビット符号 $p_0, p_1, \cdots, p_{62}, p_{63}(=0)$ をビットごとにmod 2加算して，情報ビットを次のようにスクランブルする．

```
   a₀   a₁   ⋯   a₂₃  1 1 0 0 1 0  ── a₂₃ が1の場合
   a₀   a₁   ⋯   a₂₃  0 0 1 1 0 1  ── a₂₃ が0の場合
 ⊕ p₃₄  p₃₅  ⋯   p₅₇  p₅₈    ⋯    p₆₃
   ─────────────────────────────────
   s₀   s₁   ⋯   s₂₃  s₂₄    ⋯    s₂₉
```

スクランブルされた情報符号 $s_0, s_1, \cdots, s_{23}, s_{24}, \cdots, s_{29}$ に対して，次の生成多項式によりBCH符号（**8.7**参照）に変換する．

$$G(x) = (x+1)(x^6+x+1)(x^6+x^4+x^2+x+1)(x^6+x^5+x^2+x+1)$$
$$\times (x^6+x^3+1)(x^3+x^2+1)(x^6+x^5+x^3+x^2+1)$$

この生成多項式から得られるBCH符号は，符号間最小ハミング距離14の6ビットの誤り訂正が可能なBCH (63,30) 符号を拡大して，6ビットの誤り訂正と7ビットの誤り検出を可能にした拡大BCH (64,30) 符号である．符号化によって得られた検査ビットを $c'_0, \cdots, c'_{33}$ とすれば，拡大BCH (64,30) 符号は次のように表せる．

$c'_0, \cdots, c'_{33}, s_0, s_1, \cdots, s_{23}, s_{24}, \cdots, s_{29}$

この64ビットの拡大BCH (64,30) 符号に対して，再び64ビットのPN符号をすべて使用し，ビットごとにmod 2加算して情報ビットを復号すると，次

のようにシンクワードが得られる．

$$
\begin{array}{cccccccc}
& c'_0 & \cdots & c'_{33} & s_0 & s_1 & \cdots & s_{23} & s_{24} & \cdots & s_{29} \\
\oplus & p_0 & \cdots & p_{33} & p_{34} & p_{35} & \cdots & p_{57} & p_{58} & \cdots & p_{63} \\
\hline
& c_0 & \cdots & c_{33} & a_0 & a_1 & \cdots & a_{23} & 1\,1\,0\,0\,1\,0 & & \text{―― } a_{23}\text{が1の場合} \\
& c_0 & \cdots & c_{33} & a_0 & a_1 & \cdots & a_{23} & 0\,0\,1\,1\,0\,1 & & \text{―― } a_{23}\text{が0の場合}
\end{array}
$$

したがって，アクセスコードは図10-31のように構成される．

LSB					MSB
プリアンブル	シンクワード			トレーラ
	検査ビット	LAP(BD_ADDR)	付加ビット	
1 0 1 0	$c_0 \cdots\cdots c_{33}$	$a_0\,a_1 \cdots\cdots a_{23}$	1 1 0 0 1 0	1 0 1 0

(a) $c_0=1$, $a_{23}=1$ の場合

LSB					MSB
プリアンブル	シンクワード			トレーラ
	検査ビット	LAP(BD_ADDR)	付加ビット	
1 0 1 0	$c_0 \cdots\cdots c_{33}$	$a_0\,a_1 \cdots\cdots a_{23}$	0 0 1 1 0 1	0 1 0 1

(b) $c_0=1$, $a_{23}=0$ の場合

LSB					MSB
プリアンブル	シンクワード			トレーラ
	検査ビット	LAP(BD_ADDR)	付加ビット	
0 1 0 1	$c_0 \cdots\cdots c_{33}$	$a_0\,a_1 \cdots\cdots a_{23}$	1 1 0 0 1 0	1 0 1 0

(c) $c_0=0$, $a_{23}=1$ の場合

LSB					MSB
プリアンブル	シンクワード			トレーラ
	検査ビット	LAP(BD_ADDR)	付加ビット	
0 1 0 1	$c_0 \cdots\cdots c_{33}$	$a_0\,a_1 \cdots\cdots a_{23}$	0 0 1 1 0 1	0 1 0 1

(d) $c_0=0$, $a_{23}=0$ の場合

図 10-31 アクセスコードの構成

10.4.7　Bluetoothクロック

すべての Bluetooth ユニットは，Bluetooth クロックと呼ばれるシステムクロック（system clock）を内蔵している．各ユニットのクロックは，それぞれ他のユニットとの相関関係はなく，また，内蔵している水晶発振器は何も調整されない，フリーランで動作する機器固有のクロックである．Bluetooth システムでは，ユニットに内蔵している固有のクロックを**ネイティブクロック**（native clock）と呼んでいる．ユニット間のクロック同期は，スレーブがマスタとの**クロックオフセット**（clock offset：タイマ値の差）を算出し，オフセット値をネイティブクロックに加算することによって行う．**Bluetooth クロック**は，図 10-32 に示すように 3.2 kHz を入力とする 28 段の 2 進カウンタから構成される 28 ビットの信号であり，325.5 μs を 1 刻とするタイマといえる．このタイマは約

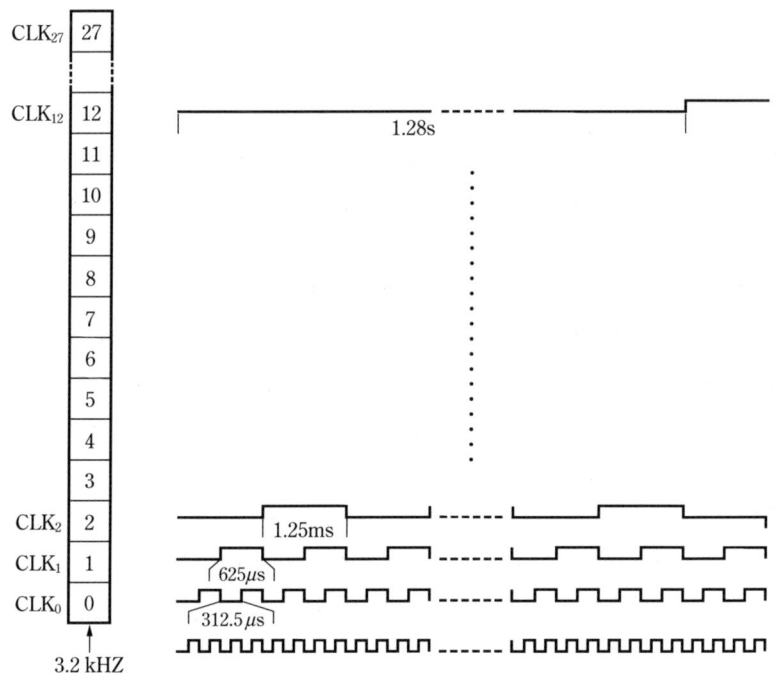

図 10-32　Bluetooth クロック

23時間18分にもおよぶ長い周期で一周することになる．

　ピコネット内のタイミング，周波数ホッピングパターンはマスタのクロックが決定している．ピコネットが形成されると，スレーブはマスタのクロックにタイミングを同期させるためクロックオフセットを常に算出し，ネイティブクロックに加算するオフセット値を更新している．

　クロックは，Bluetooth受信機が必要とするタイミングの周期を決定する．Bluetoothシステムで重要なのは，図10-32にCLK$_0$，CLK$_1$，CLK$_2$，CLK$_{12}$で示した312.5 μs，625 μs，1.25 ms，1.28 sの四つである．たとえば，マスタからスレーブへの送信は，CLK$_0$とCLK$_1$がともに0であるときに偶数番号を割り当てたスロットから開始される．

　Bluetoothクロックでは，Bluetooth機器の状態によって次の三つのクロックが使い分けられる．

　　CLKN（Clock Native）　　　　ネイティブクロック
　　CLKE（Clock Estimate）　　　推定クロック
　　CLK（Clock）　　　　　　　　マスタのクロック

　CLKNはフリーランの水晶発振器で駆動されるネイティブクロックである．Bluetoothユニットが動作中は，周波数精度±20 ppmの水晶発振器で駆動される．待機中などのような省電力モードでは，周波数精度±250 ppmの低電力発振器（LPO：Low Power Oscillator）で駆動される．

　CLKEは**推定クロック**（estimated clock）であり，呼出し時に受信側のCLKNを推定し，推定のクロックオフセット値を加算して生成する．受信側のCLKNを使用することにより，呼び出し時の同期確立時間をスピードアップしている．

　CLKはピコネットのマスタのクロックである．CLKはマスタのCLKNにクロックオフセット値として0を加算して生成する．CLKはピコネットの送受信スケジュール，およびタイミングをすべてまかなっている．

10.4.8　Bluetoothの無線伝送

　Bluetoothの無線伝送は，帯域幅1MHzの狭帯域2値FSK信号を79チャネル（フランス，スペインは23チャネル）使用した**周波数ホッピングスペクトラム拡散方式**（FH）である．Bluetoothの使用周波数帯は表10-3に示すようにISM帯であり，79チャネルの狭帯域搬送波周波数 $f_{(k)}$ は次のように規定されている．

$$f_{(k)} = 2,402 + k \text{(MHz)} \quad k = 0, 1, 2, \cdots, 78$$

　マスタとスレーブ間の通信は625μsごとに送受が切り替わる**時分割復信方式**（TDD：Time Division Duplex）で行われ，送信継続時間（625μs）を**時間スロット**（time slot）という．通常，1パケットを1スロットで伝送する**シングルスロットパケット**（single-slot packet）伝送が図10-33(a)のように行われるが，3スロット，5スロットを占有する**マルチスロットパケット**（multi-slot packet）伝送も図10-33(b)のように可能である．いずれの場合もパケット伝送中は同一周波数にとどまり，周波数はホップしない．

　Bluetoothの時分割多重は，スロット番号が偶数のときマスタからスレーブへ，奇数の場合はスレーブからマスタへの送信が行われる．したがって，マルチパケット伝送において連続するパケット数が3または5になっているのは，シングルパケット伝送の場合と一様性をもたせるためである．スレーブが複数存在するときは，マスタのパケットを受信したスレーブのみが直後の奇数時間スロットにおいて応答できる．

10.4.9　Bluetoothの接続制御（同期捕捉と保持）

　Bluetooth機器には，電源投入直後の待機（standby）状態からピコネットの同期が確立し，通信を実行する接続（connection）状態まで，さまざまな状態がある．その中で，ピコネット内において同期を確立して通信を開始するまでの接続制御には，大きく分けて**問合せ**（inquiry），**呼出し**（page），および**接続**（connection）の三つのステップがある．

　接続制御にはDM1パケットを除く表10-4の共通パケットと，表には記載さ

（a）シングルスロット伝送

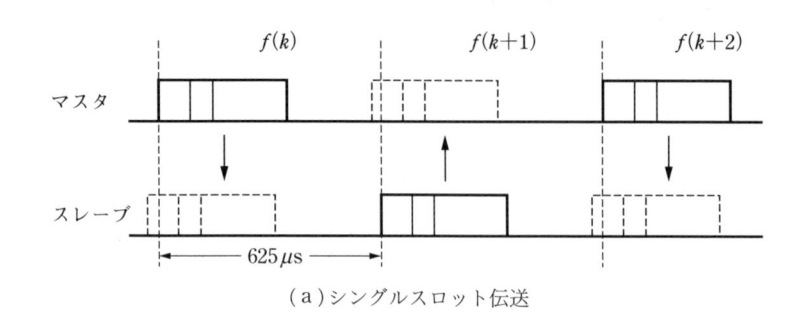

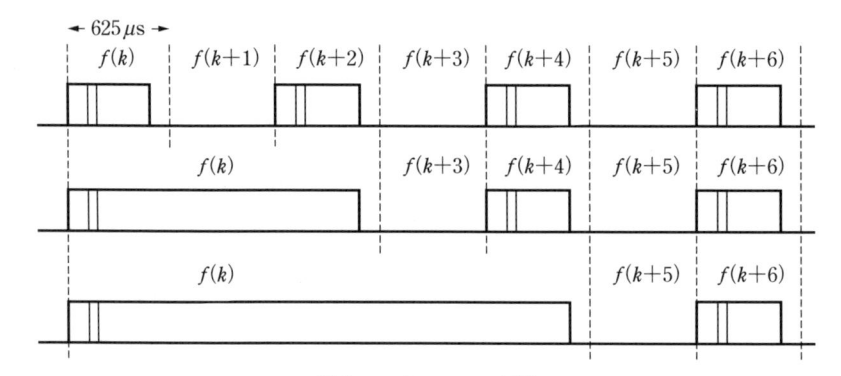

（b）マルチスロット伝送

図 10-33 Bluetooth の TDD 方式

れていない IQ, ID パケットが利用される．

IQ（Inquiry：問合せ）**パケット**は問合せ状態で使用され，トレーラを除く 68 ビット固定の問合せアクセスコード（**IAC**）のみで構成される．IAC にはすべてのスレーブに問い合わせるための **GIAC** と，特定グループにのみ問い合わせる **DIAC** がある．アクセスコードの生成は，あらかじめ予約された Bluetooth アドレスの LAP から行われ，GIAC には1種類（9 E 8 B 33），DIAC には 63 種類（9 E 8 B 33 を除く 9 E 8 B 00〜9 E 8 B 3 F）が規定されている．

ID（Identity）**パケット**は呼出し状態で使用され，IQ パケットと同様に，トレーラを除く 68 ビット固定のアクセスコード（**DAC**）で構成される．アクセス

コードの生成は，スレーブ機器の Bluetooth アドレスの LAP から行われる．

NULL パケットはアクセスコードとパケットヘッダのみで構成される 126 ビット固定のパケットであり，ペイロードのないパケットである．受信確認，フロー制御などを相手に通知するために使用される．ただし，このパケットを受信したことに対する受信確認を返送する必要はない．

POLL パケットもアクセスコードとパケットヘッダのみで構成される 126 ビット固定のパケットであり，ペイロードはない．NULL パケットと同様，通信状態を管理するために使用されるが，受信した場合には受信確認応答を返送しなければならない．

FHS（Frequency Hopping Synchronization）パケットは，ピコネット内同期をとるために重要なパケットである．FHS パケットのペイロードは図 10-34 のように構成され，FHS パケットを送信した端末の Bluetooth アドレス，送信ごとに更新されるリアルタイムのクロック，送信端末の種別などを開示する．ペイロードは 144 ビットの情報に対して 16 ビットの CRC が付加されるが，図 10-34 のパリティビットにはアクセスコードのシンクワードに対するパリティビットも含まれている．CRC を含むペイロードに対して短縮化ハミング（15,10）符号による誤り訂正符号化が行われ，ペイロードの符号長は 240 ビットになる．FHS パケットはシングルタイムスロットで伝送される．

(1) 問合せ

ピコネット内の同期を確立するために行われる最初の段階が問合せである．問合せは，マスタが周辺に存在するスレーブを調査して存在を確認する動作であり，この時点においては，スレーブはマスタの Bluetooth アドレスも周波数がホップするタイミングも未知の状態である．したがってマスタは，IQ パケット

LSB									MSB
パリティビット (34bit)	LAP (24bit)	未定義 (2bit)	SR (2bit)	SP (2bit)	UAP (8bit)	NAP (16bit)	端末種別 (24bit)	AM_ADDR (3bit)	CLK$_{27\sim2}$ (26bit)	呼出走査モード (3bit)

図 **10-34** FHS パケットのペイロード

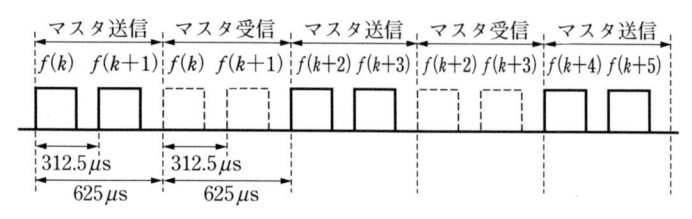

図 10-35 問合せ時の送受信

を連続送信することによりスレーブに対して問合せを行う．これに対し，スレーブはゆっくりとした速度で ISM 帯を走査（scan）して IQ パケットを受信し，IQ パケットが受信できればスレーブはマスタに対して FHS パケットを返送する．マスタとスレーブが通信状態のときは，**10.4.8** で述べたように 625 μs ごとに周波数ホッピングが行われるが，問合せでは図 10-35 に示すように 312.5 μs ごとにホッピングが行われる．この場合でも送受信は 625 μs ごとに実行され，1 タイムスロット内で周波数が 2 回変化することになる．図 10-35 に示すように，IQ パケットを受信したスレーブは直後のスロットで FHS パケットを返送するが，この場合，スレーブは受信周波数と同一周波数を使用して返送する．

問合せには，Bluetooth に設定されている 79 チャネルの中から 32 チャネルが使用され，32 チャネルはさらに図 10-36 に示すように 16 チャネルずつ A 列（A train），B 列（B train）に分割される．IQ パケットは A 列，B 列の 10 ms を単位周期として，それぞれ 256 回（2.56 秒）繰り返し送信される．この送信は少なくとも 2 回行わなければならない．そのため，問合せ処理は 10.24 秒間継続して動作していることになる．

（2）問合せ走査

スレーブは，マスタからの問合せに応答するために問合せ走査（inquiry scan）を行う．このときスレーブは，問合せ状態で使用する Bluetooth アドレス（9 E 8 B 33）以外に IQ パケットを送信しているマスタの情報を何も与えられていない．したがって，スレーブは 9 E 8 B 33 からマスタと同じホッピングパターン（**10.4.10** 参照）を生成し，マスタに比較して非常に遅い速度で周波数を

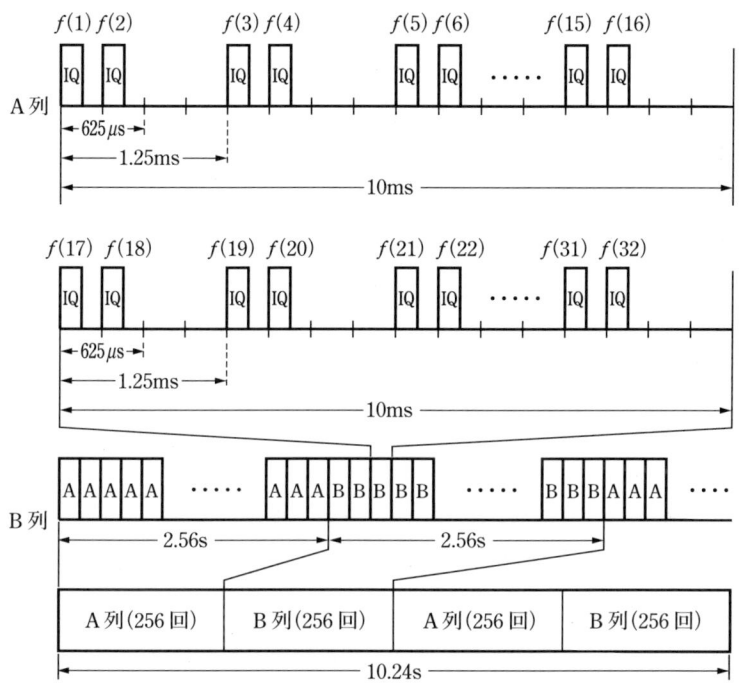

図10-36 A，B列によるIQパケット送信

ホップさせてマスタの送信するIQパケットが受信できるタイミングを抽出する．

スレーブが行う走査継続時間（**スキャンウィンドウ**：scan window）を $T_{\text{w\_inquiry\_scan}}$ とすれば，$T_{\text{w\_inquiry\_scan}}$ は問合せのための16チャネルをカバーできる充分に長い時間が必要であり，少なくとも11.25 ms（18スロット）に設定する．問合せ走査における $T_{\text{w\_inquiry\_scan}}$ 区間内の受信周波数は単一周波数に固定され，IQパケットが受信されなければ1.28秒ごとに受信周波数を変化させる．したがって，IQパケットが存在すれば $T_{\text{w\_inquiry\_scan}}$ 区間内において確実に受信できる．問合せ走査を繰り返し行う場合の時間間隔（$T_{\text{inquiry scan}}$）は，最大2.56秒と定義されている．

マスタが問合せのために送信周波数をホップさせる間隔に比較して，受信周波

数は 1.28 秒ごとに変化しているから，問合せ走査は非常に遅い速度で行われている．なお，問合せ走査における周波数ホッピングには A 列，B 列の区別はなく，32 の周波数を 1.28 秒ごとに切り換えている．

(3) 問合せ応答

問合せ走査によって IQ パケットを受信したスレーブが，マスタに対して FHS パケットを返送するのが問合せ応答（inquiry response）である．

スレーブは自身のネイティブクロックによって動作している．したがって，複数のスレーブが同期した Bluetooth クロックで動作することは非常に稀であろう．しかし，偶然にもスレーブ同士の位相が一致した場合，まったく同じタイミングで FHS パケットを送信することになる．この場合にはパケットの衝突（collision）が発生し，マスタはいつまでたっても FHS パケットを受信できなくなる恐れがある．そこで，図 10-37 に示すように，スレーブは IQ パケットを受信した場合には 0～1023 の乱数（random number：**RAND**）を発生させ，RAND で指定されたスロット数が経過するまで問合せ走査を中断する．中断時間が経過すればスレーブは走査を再開し，再開後の最初に IQ パケットを受信した直後のスロットで FHS パケットをマスタに送信する．走査を中断しても受信周波数はそのまま保持し，再開後に FHS パケットの送信が終了した時点で受信周波数を一つホップさせる．

(4) 呼出し

問合せ応答が終了すれば，マスタは FHS パケットによりスレーブの情報をすべて把握でき，スレーブに関するデータベースの構築が可能である．マスタがデ

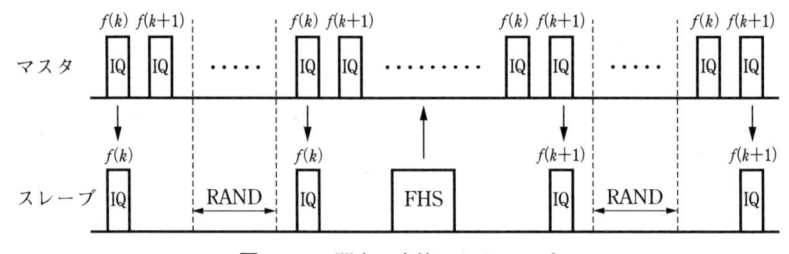

図 10-37 問合せ応答のタイミング

10.4 Bluetooth

ータベースからピコネットを形成するために必要とするスレーブを選択し，スレーブと1対1でピコネット内の同期を確立させるのが**呼出し状態**（page state）である．呼出し状態には，問合せ状態と同じようにマスタが行う呼出し（page），マスタの呼出しに対してスレーブが実施する呼出し走査（page scan），および呼出し走査の結果に基づいてスレーブとマスタがお互いに実施する呼出し応答（page response）の3種類の処理がある．

マスタが行う呼出しは既にスレーブの情報を把握しているので，特定のスレーブに対してIDパケットを送信することからスタートする．呼出しには問合せと同じように32チャネルが使用され，16チャネルずつA列，B列に分割される．マスタにとっては既にスレーブのBluetoothクロック，アドレスは既知の情報であり，呼出しにおけるホッピングパターンはスレーブのBluetoothアドレスから生成される．また，IDパケットを送信するタイミングはスレーブのクロックを予測した推定クロックCLKEを使用し，スレーブが設定していると予測される受信周波数 $f_{(k)}$ の周辺16の周波数をA列，その他をB列として，図10-38のように配列する．これにより，スレーブがIDパケットを捕捉するまでの時間が短縮できる．

呼出しにおけるA列，B列のIDパケット送信の繰返し回数 N_{page} は，表10-

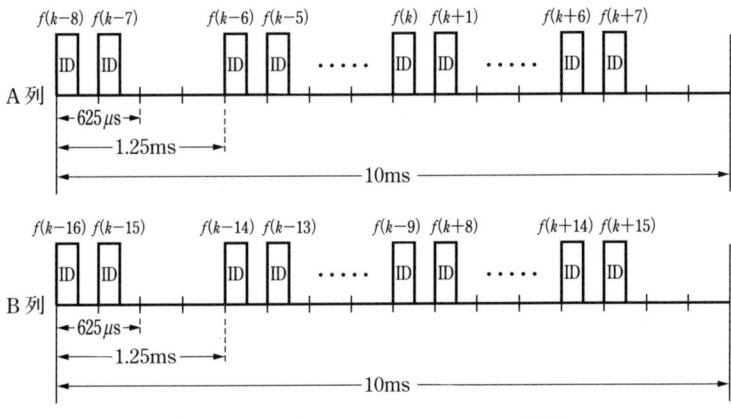

図10-38 呼出しにおけるIDパケット送信

表10-5 IDパケットの繰返し回数

FHSパケット SRビット	SRモード	繰返し回数 N_{page}
0 0	R 0	1 (10 ms)
0 1	R 1	128 (1.28 s)
1 0	R 2	256 (2.56 s)
1 1	予約	予約

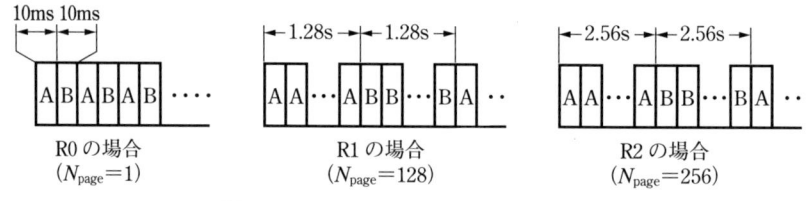

図10-39 IDパケットの繰返しパターン

5に示すように問合せ応答においてマスタがスレーブから受信したFHSパケットのSR（Scan Repetition）ビットにより指定され，図10-39のように実行される．

(5) 呼出し走査

マスタからの呼出しに対して，スレーブは問合せの場合と同様に非常に遅い速度で周波数をホップさせて呼出し走査を行う．走査を行うスキャンウィンドウ $T_{W\,page\,scan}$ は，問合せと同様に11.25 ms以上に設定する．走査を繰り返す場合の時間間隔 $T_{page\,scan}$ は，問合せ応答でスレーブが指定したFHSパケットのSRビットにより，表10-6のように実行される．SRモードがR 0の場合は，図10-39に示すように $T_{W\,page\,scan}$ と $T_{page\,scan}$ が一致し，呼出し走査は連続して行われる．また，R 1，R 2の場合は，それぞれ1.28秒，2.56秒以下でなければならない．

問合せにおいては，図10-36のようにA列，B列ともに256回連続送信を繰り返しているが，呼出しでは，図10-39に示すように短い間隔で繰り返すモード

表10-6 呼出し走査の時間間隔

FHSパケット SRビット	SRモード	繰返し間隔 $T_{\text{page scan}}$
0 0	R 0	連 続
0 1	R 1	1.28 s
1 0	R 2	2.56 s
1 1	予約	予約

が含まれている．これは，マスタの送信相手は特定されたスレーブであり，Bluetoothクロックを事前に予測できるために可能になる．

呼出し走査においても，スキャンウィンドウ区間における受信周波数は単一周波数に固定され，また，1.28秒ごとに受信周波数をホップさせる．

(6) 呼出し応答

呼出し走査によってスレーブがIDパケットを受信できたならば，呼出し応答へ移行する．まず最初に図10-40のステップ2において，スレーブはマスタに受信確認のために受信したパケットと同じIDパケットを返送する．これに対してマスタはFHSパケットをスレーブに送信し（ステップ3），この段階でスレーブにマスタの情報が伝達される．FHSパケットを受信したスレーブは，受信確認のため再度IDパケットを返送する（ステップ4）．この後は，図10-40に示すようにマスタからスレーブに情報データが送信され，79チャネルホッピング $g_{(m)}$ の通信接続状態に移行する．

IDパケットを受信したスレーブは，受信直後のスロットで受信した周波数を使用してIDパケットを返送するが，このときマスタが1スロットに2回送信するIDパケットの1回目を受信した場合と2回目を受信した場合では，図10-40に示すように返送するタイミングが異なっている．どちらの場合であっても，マスタがFHSパケットの送信に使用する周波数には，IDパケットを受信した周波数の次にホップした周波数が使用される．これに対するIDパケットによるスレーブの応答は，FHSパケットを受信した周波数によって行われる．

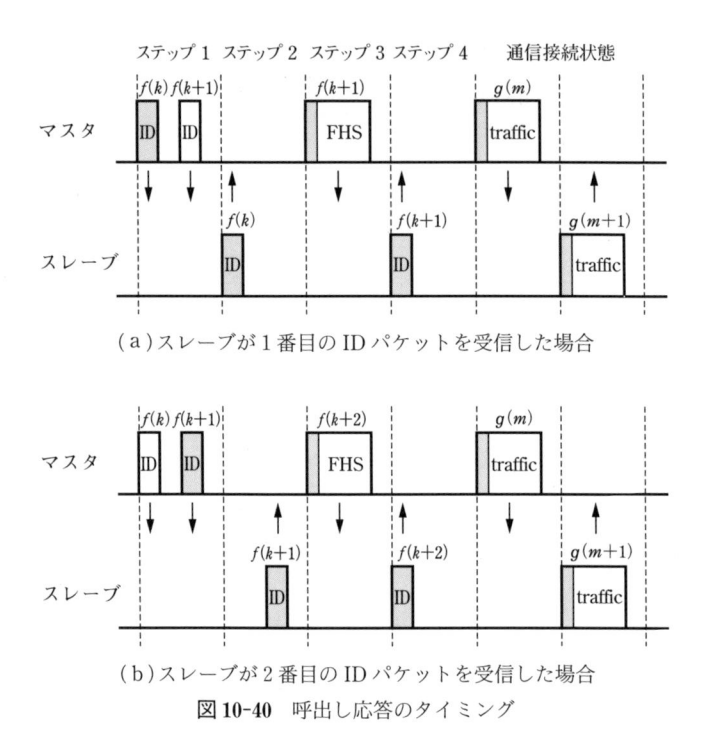

(a) スレーブが 1 番目の ID パケットを受信した場合

(b) スレーブが 2 番目の ID パケットを受信した場合

図 10-40　呼出し応答のタイミング

通信接続状態に移行した場合のホッピングパターンは，マスタの Bluetooth アドレスから生成される 79 チャネルのホッピングパターンに移行する．また，クロックもマスタのクロック CLK が使用される．

10.4.10　ホッピングパターン

Bluetooth のホッピングパターンは，Bluetooth アドレスと Bluetooth クロックから生成される．ピコネット内の同期を確立するためには，前述したように問合せ，呼出し状態を経て通信接続が行われる．これら三つの状態に対してそれぞれ異なったホッピングパターンがあり，図 10-41 に示すように，周波数選択器の入力情報によって異なったパターンを生成している．

周波数選択器は図 10-42 のように構成される．図 10-42 において，X は 32 チ

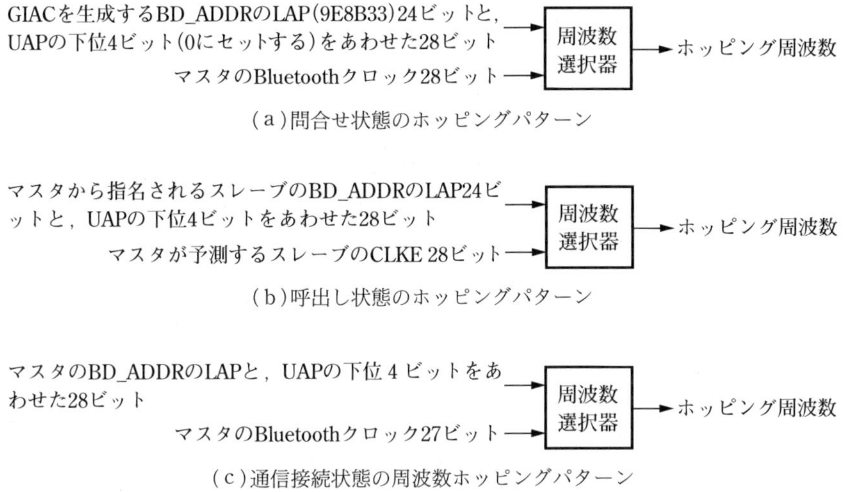

10.4 Bluetooth

GIACを生成するBD_ADDRのLAP(9E8B33)24ビットと、UAPの下位4ビット(0にセットする)をあわせた28ビット → 周波数選択器 → ホッピング周波数
マスタのBluetoothクロック28ビット →

(a) 問合せ状態のホッピングパターン

マスタから指名されるスレーブのBD_ADDRのLAP24ビットと、UAPの下位4ビットをあわせた28ビット → 周波数選択器 → ホッピング周波数
マスタが予測するスレーブのCLKE 28ビット →

(b) 呼出し状態のホッピングパターン

マスタのBD_ADDRのLAPと、UAPの下位4ビットをあわせた28ビット → 周波数選択器 → ホッピング周波数
マスタのBluetoothクロック27ビット →

(c) 通信接続状態の周波数ホッピングパターン

図10-41 ホッピングパターンの発生

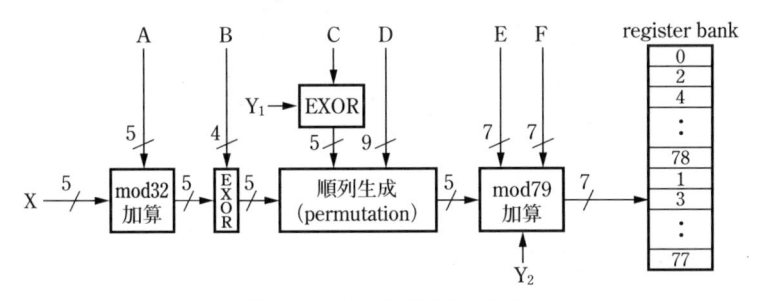

図10-42 周波数選択器の構成

ャネルで構成するセグメントの位相を決定し，Y_1，Y_2 はマスタからスレーブへの送信であるか，あるいはスレーブからマスタへの送信かを選択する．A～Dはセグメント内のホッピング順序を決定し，E～Fはホップ周波数へのマッピングを行う．レジスタバンクの内容はホップ周波数であり，図10-42では最初に偶数スロットの周波数が，続いて奇数スロットの周波数が収納されている．周波数選択器は，modulo加算（**3.2.1**参照）とスイッチ回路による順列生成から構成されている．

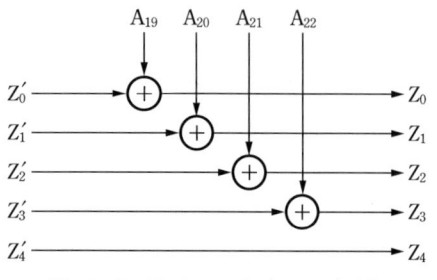

図 10-43 EXOR 回路 (mod 2 加算)

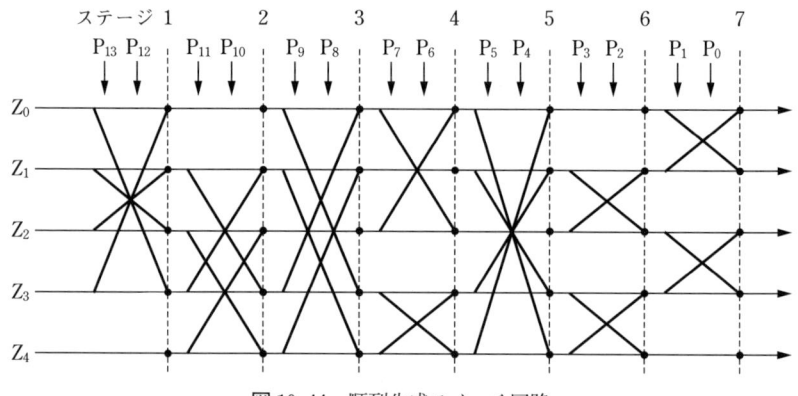

図 10-44 順列生成スイッチ回路

mod 32 加算出力における EXOR は，図 10-43 に示す mod 2 加算である．Z' は mod 32 加算の出力であり，$A_{22\sim19}$ は Bluetooth アドレスのビットである．

順列生成回路は 5 入力，5 出力のスイッチ回路であり，構成を図 10-44 に示す．スイッチ回路はステージ 1～7 の 7 段階で構成され，制御信号 $P_{0\sim13}$ によって表 10-7 のようにビット切り換えを行う．切り換え回路は図 10-45 のように構成され，左の図が蝶の羽根を広げた姿に似ているところから**バタフライ** (butterfly) と呼ばれる．表 10-7，図 10-44 の $P_{0\sim8}$ は図 10-42 の $D_{0\sim8}$ に対応し，P_{i+9} が $C_i \oplus Y_1 (i=0, 1, \cdots, 4)$ に対応する．

順列生成の出力に定数 E，F を mod 79 加算する．これにより 32 チャネルホップしているセグメントは，接続状態の 79 チャネルホップ周波数に移行する．

表 10-7　バタフライの制御

制御信号	P_0	P_1	P_2	P_3	P_4	P_5	P_6	P_7	P_8	P_9	P_{10}	P_{11}	P_{12}	P_{13}
バタフライ	Z_0, Z_1	Z_2, Z_3	Z_1, Z_2	Z_3, Z_4	Z_0, Z_4	Z_1, Z_3	Z_0, Z_2	Z_3, Z_4	Z_1, Z_4	Z_0, Z_3	Z_2, Z_4	Z_1, Z_3	Z_0, Z_3	Z_1, Z_2

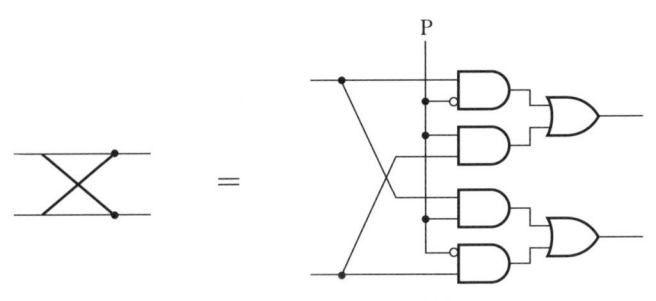

図 10-45　バタフライの構成

mod 79 加算出力はレジスタバンクのアドレスを指示する．レジスタバンクには，周波数シンセサイザの発振周波数に対応したコードがメモリされている．

制御信号 X, Y_1, Y_2, および A～F は，表 10-8 に示すように定義されている．問合せ，呼出し状態における制御信号 A～E には，表 10-8 に示すように Bluetooth アドレスが使用される．また，X, Y_1, Y_2 に関しては，Bluetooth クロックから表 10-8 のように生成される．接続状態においてはクロックビット $CLK_{6\sim 2}$ が制御信号 X として使用されるが，これは 1.25 ms ごとに 32 チャネル周波数列の位相を指定している．Y_1, Y_2 には CLK_1 が使用され，625 μs ごとの送信と受信の切り換えに使用される．アドレス入力はセグメント内における周波数列の順序を決定し，送信周波数はレジスタにメモリされたコード値によって指定される周波数シンセサイザの発振周波数によって決定される．

接続状態において A, C および D は，表 10-8 に示すようにクロックビットとアドレスビットがビットごとに mod 2 加算 (EXOR) されている．したがって，32 タイムスロットを経過するごとに新しい 32 チャネルのセグメントを選択することになる．選択されたセグメント内におけるチャネル周波数列の順序が同じになるパターンは，非常に長期間にわたって現れることはない．そのため，全体の

表 10-8 ホッピング制御信号

	問合せ	問合せ走査	問合せ応答	呼出し	呼出し走査	呼出し応答 (マスタ/スレーブ)	接続
X	$X_{i4\sim0}$	$X_{ir4\sim0}$	$X_{ir4\sim0}$	$X_{p4\sim0}$	$CLKN_{16\sim12}$	$X_{prm4\sim0}$ / $X_{prs4\sim0}$	$CLK_{6\sim2}$
Y_1	$CLKN_1$	0	1	$CLKE_1$	0	$CLKE_1$ / $CLKN_1$	CLK_1
Y_2	$32 \times CLKN_1$	0	32×1	$32 \times CLKE_1$	0	$32 \times CLKE_1$ / $32 \times CLKE_1$	$32 \times CLK_1$
A	$A_{27\sim23}$						$A_{27\sim23} \oplus CLK_{25\sim21}$
B	$A_{22\sim19}$						$A_{22\sim19}$
C	$A_{8,6,4,2,0}$						$A_{8,6,4,2,0} \oplus CLK_{20\sim16}$
D	$A_{18\sim10}$						$A_{18\sim10} \oplus CLK_{15\sim7}$
E	$A_{13,11,9,7,5,3,1}$						$A_{13,11,9,7,5,3,1}$
F	0						$16 \times CLK_{27\sim7}$ mod 79

$X_i = [CLK_{16\sim12} + k_{offset} + (CLKN_{4\sim2,0} - CLKN_{6\sim12}) \mod 16] \mod 32$
　　$k_{offset} = \{24:A 列, 8:B 列\}$
$X_{ir} = [CLK_{16\sim12} + N] \mod 32$
$X_p = [CLK_{16\sim12} + k_{offset} + (CLKN_{4\sim2,0} - CLK_{16\sim12}) \mod 16] \mod 32$
　　$k_{offset} = \{24:A 列, 8:B 列\}$
$X_{prm} = [CLK_{16\sim12} + k_{offset} + (CLKN_{4\sim2,0} - CLK_{16\sim12}) \mod 16 + N] \mod 32$
$X_{prs} = [CLK_{16\sim12} + N] \mod 32$

ホッピングパターンは，32 ホップのセグメントを互いに連結した形の構成になる．32 チャネルのスパンは約 64 MHz であり，79 MHz 幅の 80%以上をカバーしている．そのため，79 チャネルホッピングに拡散することは短時間で移行可能である．

(1) 問合せ

　問合せの時点においては，どの Bluetooth 機器も互いに他の機器の情報は未知である．したがって，問合せを開始するマスタは自身のネイティブクロック CLKN を使用し，また，アドレスビットには，GIAC を生成する Bluetooth アドレスの LAP 24 ビット（9 E 8 B 33）と，UAP の下位 4 ビット（$A_{27～24}$）を 0 にセットした 28 ビットを使用する．なお，アドレスビットは問合せに続く問合せ走査，問合せ応答の場合にも共通に用いられる．問合せの時点ではスレーブがどの周波数で待ち受けているかも不明であるから，A 列，B 列の初期オフセット値も不定である．そこで，問合せにおける X 入力 X_i を次式のように設定する．

$$X_i = [CLK_{16～12} + k_{offset} + (CLKN_{4～2,0} - CLK_{16～12}) \bmod 16] \bmod 32$$

$$k_{offset} = \begin{cases} 24 & \text{A 列} \\ 8 & \text{B 列} \end{cases}$$

　上式の $CLKN_{4～2,0}$ において図 10-32 に示すように，$CLKN_0$ は 312.5 μs ごとに 0 と 1 を繰り返す信号であり，$CLKN_2$ は 1.25 ms 間は同じ値を維持している．一方，表 10-8 に示すように Y 入力には CLK_1 が使用されているから，625 μs ごとに送信，受信が切り換わる．したがって，1 スロット（625 μs）に 2 回送信した直後のスロットでは，送信と同じ周波数で受信することになる．

　k_{offset} は A 列に対して 24（mod 32 演算では 24 = -8），B 列に対して 8 を設定し，クロックタイマ値の周辺 16 周波数を A 列，それに続く 16 周波数を B 列としている．

(2) 問合せ走査

　問合せ走査はスレーブのみが行う受信操作である．問合せ走査においては，A 列，B 列の区別なく受信周波数を 1.28 秒ごとに切り換えるから，X 入力は次式で与えられる．

$$X_{ir} = [CLK_{16～12} + N] \bmod 32$$

　しかし，1.28 秒以内にマスタの送信する IQ パケットが受信できれば受信周波数を一つホップさせるから，X_{ir} の値を一つ増加させなければならない．したが

って，Nはカウンタであり，マスタが問合せ送信するIQパケットを受信し，FHSパケットの返送が終了した時点でNの値を一つ増加させる．

(3) 問合せ応答

問合せ応答は，問合せ走査によってIQパケットを受信したスレーブがマスタに対してFHSパケットを返送する操作であり，X入力X_{ir}の値は，問合せ走査と同じ次式で与えられる．

$$X_{ir} = [CLK_{16\sim12} + N] \bmod 32$$

(4) 呼出し

問合せにおいて，マスタは既にスレーブの情報を認識しているから，呼出し，呼出し走査，呼出し応答を通じて使用するアドレス情報は，スレーブのBD_ADDRのLAP 24ビットとUAPの下位4ビットの28ビットである．したがって，マスタが送信するIDパケットはスレーブのBluetoothアドレスから生成されるから，呼出しに応じるスレーブは自分の名前が呼ばれるのを待っていることになる．また，使用するクロックは，スレーブのクロックを予測した推定クロックCLKEである．マスタはA列$\{f(k-8), \cdots, f(k), \cdots, f(k+7)\}$から呼出しを開始するよう規定されている．$f(k)$はスレーブの受信機が受信していると思われる予測周波数である．A列に属さない周波数列$\{f(k+8), \cdots, f(k+15), f(k-16), \cdots, f(k-9)\}$をB列とする．

呼出しのために行う動作は問合せとよく似ている．したがって，呼出し時のX入力X_pは問合せ時と同じ形に設定でき，次式のようになる．

$$X_p = [CLK_{16\sim12} + k_{offset} + (CLKN_{4\sim2,0} - CLK_{16\sim12}) \bmod 16] \bmod 32$$

$$k_{offset} = \begin{cases} 24 & \text{A列} \\ 8 & \text{B列} \end{cases}$$

$f(k)$が予測可能であるから，A列に対してオフセット値k_{offset}を$24(=-8 \bmod 32)$に設定することにより，スレーブが呼出し送信を行っているマスタのIDパケットを捕捉する時間が短縮できる．B列に対するオフセット値は明らかに8である．

(5) 呼出し走査

　呼出し走査も問合せ走査によく似た動作である．しかし，呼出し走査では，スレーブがマスタのFHSパケットを受信し，受信確認のためにIDパケットを返送すれば，続いて通信が開始される．したがって，問合せ走査のようにカウンタNは必要でなく，単に1.28秒ごとに受信周波数をホップさせれば充分であるから，X入力は表10-8に示すようにスレーブ自身のネイティブクロック$CLKN_{16\sim12}$が使用される．

(6) 呼出し応答

　呼出し応答には，マスタがFHSパケットをスレーブに送信する**マスタ応答**（master response）と，スレーブが受信確認のためにマスタにIDパケット返送する**スレーブ応答**（slave response）がある．

(6-1) スレーブ応答

　呼出し走査において，スレーブは自身のネイティブクロックCLKNで動作し，マスタはスレーブのクロックを推定したCLKEで動作している．したがって，CLKNとCLKEの不一致により接続が切断される可能性を排除するため，図10-40に示すように，スレーブの$CLKN_{16\sim12}$はIDパケットが検出できるまでその値を固定している．そして，IDパケットを検出し，マスタに受信確認のためIDパケットを返送した直後のスロットで，X入力の値を一つ増加（mod 32）させてFHSパケットの受信に対応している．そこで，スレーブ応答におけるX入力X_{prs}を次式のように設定し，マスタがIDパケットを送信するスロットのタイミングに一致するCLK_1が0になるごとにカウンタNを一つ増加させる．

$$X_{prs} = [CLK_{16\sim12} + N] \bmod 32$$

　FHSパケットを検出した直後のスロットでIDパケットを返送するまで，この動作を繰り返す．ただしNは，スレーブがIDパケットを検出したスロット内で0にセットする．以後はマスタのFHSパケットの情報により接続状態に移行する．

(6-2) マスタ応答

　図10-40に示すように，マスタはIDパケットを送信した直後のスロットをク

ロック（CLKE）の値およびオフセット値に固定して受信に対応し，自身がスロットを送信するタイミングである $CLKE_1$ が 0 のときに一つ増加させている．そこで，マスタ応答における X 入力 X_{prm} を次式のように設定し，$CLKE_1$ が 0 になるごとにカウンタ N の値を一つ増加させる．

$$X_{prm}=[CLK_{16\sim12}+k_{offset}+(CLKN_{4\sim2,0}-CLK_{16\sim12}) \bmod 16+N] \bmod 32$$

参考文献

[1] Roberto C. Dixon（山之内和彦，竹内嘉彦訳）：スペクトル拡散通信の基礎，科学技術出版 (1999)

[2] Peter H. Dana : Global Positioning System Overview, http://www.colorado.edu/geography/gcraft/notes/gps/gps_f.html

[3] U. S. Naval Observatory : NAVSTAR GPS Operations, http://tycho.usno.navy.mil/gpsinfo.html

[4] 林　良治：新・航行援助無線，CQ出版 (1981)

[5] 松井甲子雄：電子透かしの基礎，森北出版 (1998)

[6] 高嶋洋一，仲西　正：電子透かし：NTT技術ジャーナル，(2000-11)

[7] 松尾憲一：ディジタル放送技術，東京電機大学出版局 (1997)

[8] 伊藤春彦，竹林洋一他：Bluetoothの技術動向と将来展望，東芝レビュー 2001 VOL. 56 No. 4

[9] Bluetooth Resource Center : What Is Bluetooth ?, http://www.infotooth.com/infotooth/

[10] Bluetooth Resource Center : Bluetooth Tutorial, http://www.infotooth.com/infotooth/

[11] Specification of the Bluetooth System Version 1. 1 (Feb. 2001), http://www.bluetooth.com/pdf/Bluetooth_11_Specifications_Book. pdf

索引

【ア行】

アウターループ　229
アクセスコード　281, 290
アクセススロット　228
アダマール行列　207
誤り位置多項式　176
誤りシンドローム　160
誤り訂正符号　155
誤りトラップ復号法　167
アルマナック　266
アロハ　229
アンチエイリアシングフィルタ　113
アンチスプーフィング　265

生き残りパス　181
一次PN信号　217
一次変調　12
インタリーブ　185
インナーループ　229
インパルス　124

ウンガーベック符号　180

遠近問題　143
エンコーダ　158

オープンループ送信電力制御　229
オリジナルハミング符号　155

折返し現象　112
折返しノイズ　113
音声層　279

【カ行】

外符号　185
拡散比　9
拡散変調　12
拡散率　9
拡大体　37
拡大符号　289
掛け算回路　161
画素　270
過負荷ノイズ　114
ガロア体　33
間接合成法　103

疑似雑音信号　24
疑似ランダムノイズ　24
基礎体　37
逆拡散　10
既約多項式　27
協定世界時　264

下り回線　144
クラスタ　145
グレイ符号　61
グレースフルデグラデーション　151

索引

クローズドループ送信電力制御　229
クロックオフセット　293

原始元　37
原始多項式　27

合成による分析　130
拘束長　178
航法メッセージ　265
国際電気通信連合電気通信標準化部門　197
国際電気通信連合無線通信部門　191
国際標準化機構　197
コサインロールオフフィルタ　121
コスタスループ　57
コンスタレーション　54
コンボルバ　94

【サ行】

最小多項式　46
最大事後確率復号　189
最大長シフトレジスタ系列　23
サイドローブ　14
最尤復号　181
サウンダ　139
鎖状符号　185
差動位相検波　60
差動符号化　58
差分 PCM　123
サンプリング　112
サンプリング周波数　112
サンプリングパルス　112
サンプルホールド　112

時間スロット　295
事後確率　188

自己相関関数　20
自動再送要求　204
時分割多元接続　1
時分割多重　2
時分割復信方式　144,295
シャノンのサンプリング定理　112
シャフリング　185
自由距離　183
周波数シンセサイザ　102
周波数分割多元接続　1
周波数分割多重　1,141
周波数分割復信方式　144
周波数弁別器　79
周波数ホッピング　4
巡回置換　152
巡回ハミング符号　157
巡回符号　152
準直交関数　256
乗積検波　55
冗長性　44
衝突　228
情報源の符号化　111,151
ショート PN 符号　238
ショートコード　207
処理利得　11
シングルキャリア　141
シングルスロットパケット　295
シンクワード　281
信号対量子化雑音比　132
シンドローム　160

水平垂直パリティチェック符号　184
スカラー量子化　130
スキャッタネット　280
スキャンウィンドウ　299

スクランブルコード　207
スプリットビット型保持回路　107
スペクトラム拡散　3
スペースダイバーシティ　138
スライディング相関器　86
スレーブ　279
スレーブ応答　311
スロッテドアロハ　229

整合フィルタ　86
生成多項式　46, 155
精密測位サービス　264
積符号　184
セクタ化　146
接続　295
セル　144
セルラーシステム　145
全加算器　41
線形符号　152
線形予測符号化　130
選択利用性　267

相互相関関数　21
送信電力制御　228
組織符号　186
ソフトハンドオフ　145

【タ行】

体　33
体生成多項式　37
ダイバーシティ受信　138
タイムスロット　202
タウ・ディザループ　96
多元接続数　147
畳み込み符号　178

多値FSK　80
多値M系列符号　33
ターボ符号　186
短縮化拡大ハミング符号　289
短縮化符号　289

遅延検波　60
チェン探査　177
遅延ロックループ　96
逐次比較型A/D変換器　115
チップ区間　9
チップ信号　211
チップ速度　9
チャネライゼーションコード　207
チャープ変調　4
聴覚補正　132
直接拡散　5
直接合成法　103
直交位相変調　60
直交可変拡散率　207
直交周波数分割多重　141
直交符号　207

追従比較型A/D変換器　117

ディジタル合成法　103
ディジタルフィルタ　124
停留時間　87
適応差分PCM　126
デコーダ　161
デシャフリング　186
データバーストランダマイザ　236
電圧制御クロック発生器　97
電圧制御発振器　57
電子透かし　270

索引　317

伝送路符号化　111, 151
電波産業会　192

問合せ　295, 309
問合せ応答　300, 310
問合せ走査　298, 309
同期　85
同期 CDMA　19
同期検波　55
同期保持　86
同期補足　86
トランスポートチャネル　199
トランスポートブロック　204
トランスポートブロック長　205
トレーラ　281
トレリス線図　179
トレリス符号　179

【ナ行】

ナイキスト間隔　120
ナイキスト速度　120
ナイキストフィルタ　121
内符号　186

二次変調　12

ネイティブクロック　293

ノイズシェービング　132
上り回線　144
ノンコヒーレント DLL　96

【ハ行】

バーカー系列　291
波形符号化　111

パケット　296
パスダイバーシティ　138
バースト誤り　183
バタフライ　306
ハミング重み　183
ハミング距離　38
ハミング符号　45, 155
パワーコントロール　143
半加算器　41
パンクチュアド符号　188
ハンドオーバ　230
ハンドオフ　145, 230

ピクセル　270
ピーク電力対平均電力比　217
ピコネット　279
ビタビ復号　181
ピッチ同期雑音励振 CELP　134
ビット区間　9
ビット速度　9
非同期 CDMA　19
ピュアアロハ　229
標準測位サービス　264

フォルマント　128
復号器　161
復信方式　144
複素スクランブル　212
符号化　44
符号化器　158
符号化率　179
符号間干渉　120
符号語　44
符号分割多元接続　1
符号励振線形予測　130

物理層　278
物理チャネル　199
プリアンブル　281
プリファードペア　30
プリファード M 系列　30
ブロック符号　157
分析合成符号化　111, 130

ベイズの定理　188
並列比較型 A/D 変換器　118
ベクトル表現　38
ベクトル量子化　130
ベクトル和励振線形予測　133
ベースバンド DLL　96
ベースバンド層　278

ボイスアクティベーション　146
補間誤差　115
補間ノイズ　115
ポストフィルタ　132

【マ行】

マスタ　279
マスタ応答　311
マルチキャリア　141
マルチスロットパケット　295
マルチパスフェージング　137

無限インパルス応答　125
無線インタフェース　196
無線構成　241
無線フレーム　202

メインローブ　14
メギット復号法　167

メトリック　181

モデューロ演算　24

【ヤ行】

有限インパルス応答　125
有限体　34
ユークリッド距離　38

呼出し　295, 310
呼出し応答　303, 311
呼出し状態　301
呼出し走査　302, 311
ヨーロッパ電気通信標準化機構　192

【ラ行】

ランダム誤り　183

離散コサイン変換　271
利得係数　211
リードソロモン符号　33, 46, 173
量子化　114
量子化誤差　114
量子化テーブル　273
量子化ノイズ　114
リンク管理層　278

レートセット　236
レートマッチング　205
連接符号　185

ロング PN 符号　238
ロングコード　207
論理チャネル　199
論理リンク管理層　278

索引

【ワ行】

割り算回路　163

【英数字】

1/3 ビット反復符号　288
1 X　194
1 次スクランブルコード　209
2 次拡散符号　219
2 次スクランブルコード　209
2 を法とする演算　25
3 GPP　192
3 GPP 2　192
3 X　194
4 相 PSK　62
64 次直交変調　234

A-b-S　130
ACELP　135
ACL リンク　282
ADPCM　126
A/D 変換器　114
AM　53
AM_ADDR　282
AMR　135
ARIB　192
ARQ　204
ASK　53

BCH 符号　168
BD_ADDR　280
Bluetooth　276
Bluetooth SIG　276
Bluetooth アドレス　280
Bluetooth クロック　293
Bluetooth の誤り訂正　288
Bluetooth のホッピングパターン　304
BPSK　54

CAC　290
C/A コード　265
CC　197
CCD　93
CDMA　1
cdma 2000　192
cell phone　144
celluler　145
CELP　130
CLK　294
CLKE　294
CLKN　294
CRC　204
CRCC　155
CWTS　192

DAC　290
DAMA　1
D/A 変換器　115
DBPSK　60
DCT　271
DECT　193
DIAC　290
DLL　96
down link　144
DPCM　123
DPSK　60
DS　5
DS-CDMA　192

ETSI　192
EVRC　135

FBI 204
FDD 144
FDM 1, 141
FDMA 1
FEC 151
FH 4
FHS パケット 297
FH 方式における整合フィルタ 104
FH 方式の同期保持 104
FIR 125
FM 53
forward link 240
FPLMTS 191
FSK 53

$GF(q)$ 上の多項式 44
GIAC 290
Gold 系列 30
Gold 系列符号 30
GPS 231, 263

HPSK 214

IAC 290
ID パケット 296
IEEE 280
IIR 125
IMT-2000 191
IMT-DS 192
IMT-FT 193
IMT-MC 192
IMT-SC 192
IMT-TC 192
IQ パケット 296
I/Q 多重 202

ISO 197
ITU-R 191
ITU-T 196

JPEG 271
JPL 測距符号 262

Kasami 符号 32

L2CAP 278
LAP 280
LMP 278
LPC 130

MAC 199
MAP 復号 189
MC-CDMA 192
MM 197
mod 2 25
MPEG 271
M 系列 23
M 系列符号 22

NAP 280
NAVSTAR 263
NULL パケット 297

OFDM 141
OQPSK 214
OSI 参照モデル 197
OVSF 207

PAPR 217
PCM 112
PDI 140

Pilot 204
PLL 57
PM 53
PN 信号 24
POLL パケット 297
PPS 264
PSC 225
PSI-CELP 134
PSK 53
P コード 265

QCELP 135
QOF 256
QoS 205
QPSK 60

R-$2R$ ラダー変換器 115
raised cosine フィルタ 121
RAKE 138
RAND 300
RC 241
RCELP 135
reverse link 240
RLC 199
RNC 199
root-raised cosine 122
RRC 197
RS 236
RS 符号 33, 46, 173

SA 267
SAW 93
SCO リンク 282
SIR 229
SPS 264

SSC 226
SSMA 3

TDD 144
TDM 2
TDMA 1
TD-SCDMA 192
TFCI 204
TIA 192
TPC 204

UAP 280
UE 194
up link 144
UTC 264
UTRA 192
UTRA-TDD 192
UWC-136 192
UWCC 193

VCC 97
VCO 57
VQ 130
VSELP 133

Walsh 関数 207
Walsh 符号 241
Walsh ローテータ 214
WCDMA 192
W-CDMA 192

Y コード 265

$\pi/4$ シフト DQPSK 72
$\pi/4$ シフト QPSK 71, 214

〈著者紹介〉

松尾　憲一
（まつお　けんいち）

学　歴　　東京電機大学工学部電気通信工学科卒業（1962年）
職　歴　　関西テレビ放送株式会社（1962年）
　　　　　日本エレクトロニツクシステムズ株式会社（1997年）
　　　　　（財）電波技術協会（2003年）

スペクトラム拡散技術のすべて
── CDMA から IMT-2000, Bluetooth まで ──

2002年5月30日　第1版1刷発行	著　者　松　尾　憲　一
2004年6月20日　第1版3刷発行	

発行者　学校法人　東京電機大学
　　　　代表者　加藤康太郎
発行所　東京電機大学出版局
　　　　〒101-8457
　　　　東京都千代田区神田錦町2-2
　　　　振替口座　00160-5- 71715
　　　　電話　（03）5280-3433（営業）
　　　　　　　（03）5280-3422（編集）

印刷　三美印刷㈱
製本　渡辺製本㈱
装丁　高橋壮一

© Matsuo Ken-ichi　2002

Printed in Japan

＊無断で転載することを禁じます．
＊落丁・乱丁本はお取替えいたします．

ISBN4-501-32240-3　C3055

データ通信図書／ネットワーク技術解説書

ディジタル移動通信方式　第2版
基本技術からIMT-2000まで

山内雪路　著
A5判　160頁

工科系の大学生や移動体通信関連産業に従事する初級技術者を対象として、ディジタル方式による現代の移動体通信システムを概説し、そのためのディジタル変復調技術を解説する。

モバイルコンピュータの　　　　データ通信

山内雪路　著
A5判　288頁

モバイルコンピューティング環境を支える要素技術であるデータ通信プロトコルを中心に、データ通信技術全般を平易に解説した。

理工学講座
電気通信概論　第3版
通信システム・ネットワーク・マルチメディア通信

荒谷孝夫　著
A5判　226頁　2色刷

全面的に見直し、特にインターネット・ISDN等マルチメディア通信について大きく書き改めた。

ネットワーカーのための
IPv6とWWW

都丸敬介　著
A5判　196頁

インターネットの爆発的普及に伴って開発された新世代プロトコル：IPv6の機能を中心に、アプリケーション機能の実現にかかわるプロトコル全般について解説。

ギガビット時代の
LANテキスト

日本ユニシス情報技術研究会　編
B5変型　240頁

LANの原理を技術的な観点からわかりやすく解説した。最新のLAN技術を含んだLAN全体の理解ができるように構成している。

スペクトラム拡散通信　第2版
高性能ディジタル通信方式に向けて

山内雪路　著
A5判　180頁

次世代無線通信システムの基幹技術となるスペクトラム拡散通信方式について、最新のCDMA応用技術を含めてその特徴や原理を解説する。

MATLAB/SimulinkによるCDMA

サイバネットシステム梶E真田幸俊　共著
A5判　186頁

次世代移動通信方式として注目されているCDMAの複雑なシステムを、アルゴリズム開発言語「MATLAB」とブロック線図シミュレータ「Simulink」を用いて解説。

理工学講座
アンテナおよび電波伝搬

三輪　進・加来信之　共著
A5判　176頁

アンテナと電波伝搬の主要な項目を平易に解説。解説と関連図表を見開きに配して、見やすさ・わかりやすさに配慮した。

ネットワーカーのための
イントラネット入門

日本ユニシス情報技術研究会　編
B5変型　194頁

イントラネットの技術を構成する二つの技術的観点、インターネットの技術とアプリケーションレベルの技術から解説。イントラネットの構築に必要な知識をわかりやすくまとめた。

ネットワークエンジニアのための
TCP/IP入門

都丸敬介　著
A5判　200頁

多くのネットワークシステムで使われるようになったTCP/IP。この主なプロトコルの機能と構成に重点をおいて説明した。

数学関係図書

電気・電子・情報系の
基礎数学 I
線形数学と微分・積分

安藤　豊／松田信行　共著
A5 判　288 頁
「公式」「例題」「解説」の順序で学習を進めて，さらに具体的な応用にも重点が置かれているので演習にも最適な教科書である。

電気・電子・情報系の
基礎数学 III
複素関数と偏微分方程式

安藤　豊／中野　實　共著
A5 判　288 頁
複素関数の微積分と偏微分方程式を主題とするシリーズ第 3 巻。単なる公式の羅列ではなく，系統的な理解が進むように内容を配列し解説した。

工科系数学セミナー
統計学の基礎

鈴木晥之　著
A5 判　216 頁
統計学とそれに関わる確率論を平易に解説。例題や問題も豊富でテキストとして最適。

工科系数学セミナー
フーリエ解析と偏微分方程式

数学教育研究会　編
A5 判　148 頁
フーリエ級数，フーリエ変換・積分，偏微分方程式における境界値問題の解法の教科書，演習書として最適。

工科系数学セミナー
常微分方程式

鶴見和之　他著
A5 判　184 頁
微積分学や線形代数学を学んだ学生のための常微分方程式のテキスト。問題を多数掲載し，計算により内容理解が深まるよう配慮した。

電気・電子・情報系の
基礎数学 II
応用解析と情報数学

安藤　豊／大沢秀雄　共著
A5 判　298 頁
数学の理論的・抽象的な面をできるだけ避け，具体的な応用に重点を置いた教科書。内容を理解する上で重要と思われる事項に的を絞っている。

見る微積分学
Mathematica によるイメージトレーニング

井上　真　著
A5 判　274 頁
多くの図やアニメーションを用いて微積分学の概念を表現し，読者が自分のイメージを作るための場を提供する。CD-ROM 付き。

工科系数学セミナー
微分・積分学の基礎

数学教育研究会　編
A5 判　158 頁
数学の厳密な論証は避け，公式を自由に使って理解できる工科系の数学の教科書である。

工科系数学セミナー
複素解析学

安達謙三　他共著
A5 判　144 頁
複素数の導入から留数解析までに限定して理工学の基本的な問題解決に応用でき，講習書として最適。

数理科学セミナー
ウォルシュ解析

遠藤　靖　著
A5 判　218 頁
PCM 信号などの離散データの解析に最適であり，過渡的・衝撃的現象や脳波等の解析にも応用されている，ウォルシュ解析の基礎理論を解説。

無線技術士・通信士試験受験参考書

1,2陸技受験教室1
無線工学の基礎
安達宏司 著
A5判 252頁

これまでに学んだ知識を確認する基礎学習と基本問題練習で構成した，無線従事者試験受験教室シリーズの第1巻。無線工学の基礎となる電気物理・電気回路・電気磁気測定をわかりやすく解説。

1,2陸技受験教室2
無線工学A
横山重明/吉川忠久 共著
A5判 280頁

無線設備と測定機器の理論，構造及び性能，測定機器の保守及び運用の解説と基本問題の解答解説を収録。これまでの試験を分析した結果に基づき，出題範囲・レベル・傾向にあわせた内容となっている。

1,2陸技受験教室3
無線工学B
吉川忠久 著
A5判 240頁

空中線系等とその測定機器の理論，構造及び機能，保守及び運用の解説と基本問題の解答解説。参考書としての総まとめ，問題集としての既出問題の研究とを兼ねているので，効率的に学習することができる。

1,2陸技受験教室4
電波法規
吉川忠久 著
A5判 148頁

電波法および関係法規，国際電気通信条約について，出題頻度の高いポイントの詳細な解説と，豊富な練習問題を収録した。既出問題の出題分析に基づいて構成した，合格への必携の書。

1陸技・2陸技・1総通・2総通
無線従事者試験問題の徹底研究
松原孝之 著
A5判 418頁

無線従事者試験を受験される人のために，出題範囲・程度・傾向などを十分に検討して執筆。これをマスターすれば，合格に必要な実力が養える。

1・2陸技・1総通の徹底研究
無線工学A
横山重明 著
A5判 228頁

過去10年間に行われた1・2陸技1総通「無線工学A」の試験問題を徹底的に分析し，これに詳しい「解答」，「参考」等がつけてある。

1・2陸技・1総通の徹底研究
無線工学B
安達宏司 著
A5判 184頁

過去6年間に行われた1・2陸技「無線工学B」の試験問題を徹底分析し，これに詳しい解答，解説・参考がつけてある。

1・2陸技の徹底研究
電波法規 第3版
吉川忠久 著
A5判 140頁

過去10年間に行われた1・2陸技「電波法規」の試験問題を徹底分析し，これに詳しい解答，解説・参考がつけてある。

合格精選300題 試験問題集
第一級陸上無線技術士
吉川忠久 著
B6判 312頁

これまでに実施された一陸技試験の既出問題を分野ごとに分類し，頻出問題と重要問題にしぼって300題を抽出した。小さなサイズに重要なエッセンスを詰め込んだ，携帯性に優れた学習ツール。

合格精選300題 試験問題集
第二級陸上無線技術士
吉川忠久 著
B6判 312頁

頻出問題・重要問題の問題と解説をページの裏表に収録して，効率よく学習できるように配慮。重要ポイントを繰り返し学習することで合格できるよう構成した。

＊定価，図書目録のお問い合わせ・ご要望は出版局までお願い致します。